“产科教”农业园区融合育人模式研究

“CHAN－KE－JIAO” NONGYE YUANQU RONGHE YUREN MOSHI YANJIU

谈建成 朱德全 彭寿清 等 编著

中国地质大学出版社
ZHONGGUO DIZHI DAXUE CHUBANSHE

图书在版编目(CIP)数据

“产科教”农业园区融合育人模式研究/谈建成等编著. — 武汉 ：中国地质大学出版社，2025. 4. — ISBN 978-7-5625-6205-4

Ⅰ. S-4

中国国家版本馆 CIP 数据核字第 20257RJ196 号

“产科教”农业园区融合育人模式研究 谈建成 朱德全 彭寿清 **等编著**

责任编辑:周 豪 选题策划:周 豪 责任校对:徐蕾蕾

出版发行:中国地质大学出版社(武汉市洪山区鲁磨路 388 号) 邮编:430074

电 话:(027)67883511 传 真:(027)67883580 E-mail:cbb@cug.edu.cn

经 销:全国新华书店 http://cugp.cug.edu.cn

开本:787mm×1092mm 1/16 字数:365 千字 印张:14.25

版次:2025 年 4 月第 1 版 印次:2025 年 4 月第 1 次印刷

印刷:湖北睿智印务有限公司

ISBN 978-7-5625-6205-4 定价:78.00 元

《“产科教”农业园区融合育人模式研究》

编委会

前言

PREFACE

重庆三峡职业学院肇始于1936年创建的四川省九区农林实验学校。八十九载薪火相传，始终恪守“立德树人、强农兴农”办学理念，矢志践行“教育强国、农业强国、科技强国、人才强国”建设使命。学院立足三峡库区乡村振兴战略需求，聚焦“未来谁来种地”“如何种好地”“粮食饭碗谁来端，如何端得稳”等时代命题，创新构建“产科教”三位一体农业职业教育新范式。

历经十余载探索实践，学院育人模式实现三次跨越式发展：从“院校地”三方联动的中高职衔接模式(1.0版)，到田间学院“五融合·五重构·五联动”育人体系(2.0版)，最终迭代为“产科教”农业园区融合育人模式(3.0版)。3.0版模式以国家级现代农业产业园为载体，深度融合学院专业群与“生产＋加工＋经营＋科技”全产业链，通过“三园融通”沉浸式场景构建、“教育＋科技＋人才＋产业”四位一体综合育人体系，显著提升人才培养质量。其成效体现在四方面：一是助推区域农业产业智能化、生态化转型升级；二是破解城乡教育资源结构性失衡难题；三是构建起绿色高效的现代农业可持续发展路径；四是从办学的角度推动城乡融合发展。该模式已成功输出至国内众多涉农院校和斯里兰卡、斐济等共建“一带一路”国家，成为重庆农业职业教育的亮丽名片。

为深化模式推广，学院联合地方政府、产业园区、龙头企业、科研院所及兄弟院校，系统总结实践经验，编撰《“产科教”农业园区融合育人模式研究》一书。全书共十章：第一章由杨易昆撰写；第二章由郎朗撰写；第三章由张恩广撰写；第四章由余淼撰写；第五章由赵杰撰写；第六章由陈亚强编写；第七章由陈雪儿撰写；第八章由潘军撰写；第九章由刘一丁撰写；第十章由彭钦撰写。全书由谈建成、张传师、赵福奎统筹审定。编委会其他成员对书中内容进行了校核。

教育创新非一日之功，必须久久为功。重庆三峡职业学院在“耕读相济，躬耜天下”的办学精神引领下，在数十载坚守中淬炼出将职业教育深植田间地头、紧扣“三农”需求、服务产业振兴的示范样本。本书期冀为农业职业教育工作者、科研人员、产业从业者及政策制定者提供实践参考，助力构建更具中国特色、世界水准的现代农业职业教育体系，共同谱写中国式农业现代化新篇章。

限于编著者学识，书中难免存在疏漏，恳请各界同仁不吝指正。

目录

CONTENTS

第一章

奋进历程:农业职业教育从“1.0”到“3.0”的蝶变

重庆三峡职业学院,始建于1936年,历经近一个世纪的风雨洗礼,始终坚守教育初心,传承使命担当。2003年,学院迎来历史性跨越——国家级重点中专“重庆市万县农业学校”与省部级重点中专“重庆三峡农业机械学校”合并升格为高等职业院校,开启了服务区域经济与农业现代化的新征程。此后,学院发展步伐稳健:2010年入选重庆市示范性高等职业院校立项建设单位,迈出内涵式发展的坚实步伐;2018年跻身重庆市优质高等职业院校建设行列,教育质量与社会影响力显著提升;2019年成功入选中国特色高水平高职学校和专业建设计划(“双高计划”)建设单位,正式迈入全国职业教育“第一方阵”;2021年荣膺全国乡村振兴人才培养优质校、重庆市高水平高职学校称号,持续为农业职业教育事业注入新动能。

长期以来,学院牢牢扎根三峡库区,坚守“立德树人、强农兴农”办学初心,聚焦“未来谁来种地”“如何种好地”“粮食饭碗谁来端、如何端得稳”等时代命题,深耕农业职业教育,为国家农业现代化和乡村振兴事业输送了数万名高素质技术技能人才,构筑起坚实的农业人才保障。党的十八大以来,学院紧扣党中央“三农”工作部署,主动对接乡村振兴、长江经济带发展、西部大开发、成渝地区双城经济圈建设等国家战略,紧密围绕国情、农情与市情,持续深化人才培养模式改革:打破传统校园界限,将课堂延伸至田间地头;深化产教融合,将科研成果转化为乡村振兴动力;强化“三农”担当,将教育使命融入库区发展血脉。在柑橘种植、智慧农业、农机研发、农村电商等领域,三峡职院人用脚步丈量土地,用技术赋能乡村发展,在三峡库区的广袤田野上书写着农业、农村、农民的生动故事,为乡村振兴蓄势赋能,为教育强国、农业强国建设贡献着不可替代的“三峡职院力量”。

第一节 "1.0"阶段:三方联动育人

2003—2014 年,重庆三峡职业学院围绕三峡库区的支柱及特色产业布局,依托现代农业办学特色与优势,整合职业教育资源,开创性地构建了中高职衔接的"院校地"三方联动育人模式[1]。2014 年该模式荣获国家级教学成果二等奖,其核心路径是通过系统规划人才培养的专业方向、目标及层次定位,构建一个"以院带校、以校促地、以人才为核心驱动"的联动体系,其中,"以院带人"与"以人带人"为核心环节,促进了"以人带地"的全面发展。

一、三峡库区中高职衔接三方联动育人模式的实践背景

(一)区域经济社会发展的迫切需求

三峡库区集大城市、大农村、大库区、大山区、民族地区为一体,经济发展具有典型的城乡二元结构特点。这一区域不仅要完成经济发展方式转变和产业结构调整,还要承担库区环境保护、库区移民安稳致富等多重任务。这些任务的完成迫切需要职业教育的有力支撑。然而,库区职业教育整体吸引力不强、地位不高,中等和高等职业教育在专业设置、课程体系构建、教学与考试评价等方面存在脱节、断层或重复等问题,无法满足库区经济社会发展的需求。因此,构建中高职衔接的三方联动育人模式成为库区职业教育改革发展的必然选择。

(二)职业教育改革发展的内在要求

《教育部关于推进中等和高等职业教育协调发展的指导意见》明确将中高职协调发展作为构建现代职业教育体系的战略任务[2]。这一政策要求职业院校抓住机遇,通过提高人才培养质量,与区域经济社会发展形成良性互动,成为有力支撑。三峡库区职业院校要响应政策号召,积极探索中高职衔接的有效途径,打造具有区域、行业特征的发展模式,形成具有中国特色的现代职业教育体系。

(三)教育资源整合与共享的现实需求

三峡库区职业教育资源相对分散,中职学校、高职学校、地方政府和企业之间缺乏有效的衔接与合作。这导致教育资源无法充分利用,人才培养质量不高。通过构建三方联动育人模式,可以整合库区内的职业教育资源,实现资源共享、优势互补。地方政府可以发挥主导作

---

[1] "院校地"三方联动育人模式:"院"代表高职院校;"校"代表中等职业学校;"地"代表地方政府、地方行业企业等。三峡库区"院校地"三位一体联动发展,三方价值取向融为一体,又和而不同。通过人才流、技术流、资源流的合理流动共享机制,构建以人为本、利益共赢、中高职衔接的"院校地"三方联动教学模式的实施平台,最终实现学生受益。

[2] 教育部.教育部关于推进中等和高等职业教育协调发展的指导意见[EB/OL].(2011-12-30)[2025-01-17].http://www.moe.gov.cn/srcsite/A07/s7055/201112/t20111230_171564.html.

用，协调相关部门和机构，为职业教育提供更多的政策支持和资源保障；企业可以积极参与人才培养，提供实践机会和就业岗位；中职、高职学校则可以加强衔接和合作，共同制订人才培养方案和教学计划，提高人才培养质量。

二、三峡库区中高职衔接三方联动育人模式的实践探索

（一）中高职衔接搭建涉农人才培养"立交桥"

学院积极与库区中职学校建立紧密合作关系，搭建人才培养"立交桥"。通过签订合作协议，明确双方在招生、教学、管理等方面的职责与分工。在招生环节，制定统一招生政策与选拔标准，拓宽招生渠道，保障中职生源向高职有序流动。教学过程中，开展中高职课程衔接研讨活动，共同制订课程标准与教学计划，确保知识与技能培养的连贯性和递进性。例如，在农业类专业教学中，中职阶段注重基础农业知识传授与技能实训，高职阶段则深化农业科技应用与经营管理能力培养，实现城乡职业教育资源共享与优势互补，促进城乡学生职业发展机会均等。

（二）整合农业行业资源，组建职教集团

学院牵头联合地方政府职能部门、行业协会、企业与中职学校组建职教集团。地方政府发挥政策引导与资源整合作用，为职教集团发展提供土地、资金等支持，协调各方利益关系。行业协会发挥桥梁纽带作用，提供行业动态信息与技术标准，参与人才培养方案制订和教学评价。企业以多种形式参与职教集团运作，如共建实训基地、提供实习岗位、参与课程开发等。以机械制造专业为例，企业将生产车间引入校园实训基地，按照企业生产流程与岗位需求，与学院教师共同开发实训课程，使学生在真实生产环境中提升职业技能，同时企业也储备了符合自身需求的技术技能人才，实现互利共赢，推动职教集团可持续发展。

（三）紧密对接农业产业，三方协同推进课程体系改革

依据三峡库区产业结构调整与升级需求，学院联合各方重构课程体系。深入调研库区农业、制造业、服务业等主导产业岗位群，分析岗位所需知识、技能与素养，将职业标准融入课程内容。采用项目化教学、案例教学、情境教学等新型教学模式，提高教学效果。例如，在旅游服务专业课程教学中，引入三峡库区旅游景点开发与服务案例，组织学生分组完成旅游线路设计、导游服务模拟等项目任务，邀请旅游企业专家现场点评指导。同时，充分利用现代信息技术，开发数字化教学资源，建设在线开放课程平台，满足学生个性化学习需求，提升人才培养质量与适应性。

三、三峡库区中高职衔接三方联动育人模式的实践成效

（一）院校地联合成立三峡库区职教集团

2011 年，重庆三峡职业学院联合库区 15 所中高职院校、2 个地方政府和 17 个龙头企业，共同签署《三峡库区职教集团战略合作协议》，标志着三峡库区职教集团的正式成立，以"平等

互利、资源共享、共同发展"为原则，构建了"校企合作、工学结合、优势互补、资源共享、多赢共进"的三峡库区职业教育新格局，实现了资源的优化配置。众多中高职院校、企业及相关行业协会在集团框架下开展深度合作。通过共享实训设施、师资力量以及课程资源等，拓宽了学生的学习与实践渠道。院校地共建"红池坝生态农业园区"等 3 个农业(工业)园区，参与建设教师 756 名，参与实训学生 24 370 名。职教集团内中高职联合培养学生 2350 名；院校企联合培养学生 1265 名；政府与院校合作开展"星火计划"，培养农机高端应用人才 48 名，在全国率先开展农业职业经理人培训，参训者 300 名；中高职衔接联合培养库区移民、企业职工共 35 000名。

(二)院校地联合开展技术研发与推广

学院依托地方政府的政策支持与企业的技术需求，深入开展技术研发与推广工作。一方面，学院教师与企业技术人员组成联合研发团队，共建食用菌研究所、古红橘研究所、现代农业应用技术推广中心、三峡兴农网，积极开展技术研发与推广，获"全国农牧渔业丰收奖"一等奖 1 项；另一方面，共同研发及应用专利 62 项，共同研发及推广科技项目 35 项，承担的项目"高职教育服务库区经济社会发展探索研究"获重庆市科技进步奖三等奖。

(三)高职学院与中职学校的提档升格

在三方联动育人模式推动下，高职学院与中职学校均实现了显著发展。重庆市开县职教中心等 3 所中职学校成为国家示范性中职学校，重庆三峡职业学院等 3 所高职学校成为重庆市级示范性高职学校，重庆万州职教中心等 3 所中职学校升格为高职学校。构建了中高职衔接的"经验主导、五线并举"课程体系，建成重庆市(省)级精品资源共享课 4 门、市(省)级教学团队 2 个，结题市级教改项目 20 项，编著教材 18 部。获重庆市(省)级教学成果奖一等奖 1 项，全国农业职业教育教学成果奖二等奖 1 项，全国职业院校信息化教学大赛二等奖 1 项，中高职衔接培养的学生获国家职业技能大赛一等奖 2 项、二等奖 6 项。

四、三峡库区中高职衔接三方联动育人模式的实践反思

虽然三方联动育人模式取得了显著成效，但在实践过程中也存在一些值得反思与改进的问题。首先，在联动机制的运行效率方面，虽然各方建立了合作关系，但在信息沟通、决策协调等环节有时仍存在不畅。例如，在技术研发项目合作中，学校与企业的沟通周期较长，导致项目推进速度受限。其次，在人才培养的精准度上，虽然中高职衔接在一定程度上保障了人才培养的连贯性，但对于地方产业需求的动态变化响应不够及时，部分专业设置与课程内容未能紧密贴合市场需求，出现人才培养与企业实际用人需求脱节的现象。再者，在资源分配的均衡性方面，由于不同中职学校与企业的基础条件差异较大，在资源共享过程中可能出现资源向优势方过度集中的情况，影响了整体合作的公平性与全面性。未来需要进一步优化联动机制，加强信息共享平台建设，建立动态的专业与课程调整机制，同时注重资源分配的均衡性调控，以提升三方联动育人模式的整体效果与可持续性。

第二节　“2.0”阶段：“田间学院”育人

2015—2022 年，学院持续深化“三农”人才培养模式改革，迈入“2.0”阶段。通过创新实施“五融合-五重构-五联动”育人机制，催生了“田间学院”，实现教育链与农业生产链的深度融合，培育新型农业人才，推动农村经济与农民素养双提升。该模式于 2022 年获国家级教学成果奖二等奖，其核心路径为：构建政行校企农“五方协同”机制，创建扎根乡村的“田间学院”，探索职业教育服务乡村振兴的创新范式，推动涉农院校在人才培养、科技研发与社会服务三大职能间的有机衔接与协同发展。

一、“田间学院”育人的实践背景

（一）服务国家重大战略的现实需要

党的十八大以来，以习近平同志为核心的党中央坚持把解决好“三农”问题作为全党工作的重中之重。2015 年 11 月 29 日，《中共中央　国务院关于打赢脱贫攻坚战的决定》明确提出“确保到 2020 年农村贫困人口实现脱贫，是全面建成小康社会最艰巨的任务。”[①]在大力推进打赢脱贫攻坚战背景下，重庆三峡职业学院创建“田间学院”，组建“帮扶特工队”，创建“321 模式”促攻坚，搭建一座农民与大学生之间转换的桥梁，为决战脱贫攻坚作出了积极贡献。

（二）适应职业教育改革的必然选择

2014 年 6 月 16 日，教育部等多个部门联合印发《现代职业教育体系建设规划（2014—2020 年）》，提到“大力发展现代农业职业教育。以培养新型职业农民为重点”“以农业职业院校为主体，构建覆盖全国、服务完善的现代职业农民教育网络”“鼓励企业、行业协会、农业合作社举办或参与举办农业职业院校，参与涉农专业、课程和人才培养模式改革”“促进农科教结合”[②]。“田间学院”育人模式，立足乡村本土人才培养主战场，构建校园、庭园、田园“三园一体”的“田间学院”，引领“三农”人才培养的新模式，促进涉农职业院校实现人才培养、科学研究与社会服务深度融合，培养“土专家”“田秀才”“乡创客”，是适应职业教育改革的必然选择。

---

① 中共中央　国务院．中共中央　国务院关于打赢脱贫攻坚战的决定[EB/OL]．(2015-11-29)[2025-01-17]．https://www.gov.cn/zhengce/2015-12/07/content_5020963.htm.

② 教育部，国家发展和改革委员会，财政部，等．教育部等六部门关于印发《现代职业教育体系建设规划（2014—2020年）》的通知[EB/OL]．(2014-06-23)[2025-01-17]．http://www.moe.gov.cn/srcsite/A03/moe_1892/moe_630/201406/t20140623_170737.html.

(三)锚定学院农业特色的发展需求

重庆三峡职业学院从四川省九区农林实验学校肇始，一直以来紧紧围绕党中央关于"三农"工作的决策部署，培养"有健康身心、有文化底蕴、有创新精神、有爱农情怀、有兴农本领、有发展潜能"的"六有兴农人"。解决当前职业教育服务乡村振兴的"适应性"问题、乡村振兴本土人才培养的"扎根性"问题、职业教育育人体制机制的"协同性"问题等难题，培养高质量的"一懂两爱"的"三农"专业人才，充分发挥育人职能，彰显涉农职教本色。

二、"田间学院"育人的实践探索

(一)以"五融合"破解适应性问题

面对办学定位、专业设置、培养方向、培养目标、实践平台等要素难以适应"三农"人才需要的难题，学院通过实现"五融合"——学历教育与农民培训融合、专业设置与市场需求融合、培养方向与产业发展融合、素质提升与情怀厚植融合、实践平台与"三园"基地融合，破解了适应性问题。学院结合办学特色和办学优势，面向"三农"开展了学历教育与农民技能培训，全方位培养多层次、多类型乡村人才，实现学历教育与农民培训融合；在推进专业设置与市场需求融合方面，学院紧密对接国家"三农"政策及区域人才市场需求，围绕现代农业全产业链，构建起六大涉农专业群；在加强培养方向与产业发展融合方面，学院大力发掘乡村特色产业优势资源，在渝东北地区创办了腊肉加工天元班、芦花鸡养殖龙驹班、稻鱼共生大林班等55个特色产业订单班；在促进素质提升与情怀厚植融合方面，学院开展了农匠讲堂、勤耕重读等校内外文化活动；在推进实践平台与"三园"基地融合方面，学院联合各村社共建凤凰花果山、白土稻渔、同鑫现代农业、太龙古红橘等"三园"基地189个。

(二)以"五重构"破解扎根性问题

面对专业结构、课程体系、师资队伍、教学方式、教学评价这五要素难以扎根"三农"的难题，学院围绕重构专业结构、师资队伍、教学方式、教学评价等进行了实践探索。在专业结构设计上，重构了畜牧兽医、园艺技术、现代农业装备技术等六大专业群结构体系；在课程体系上，注重理实一体，强化"田间学院"实践课程，创设"课程超市"；在师资队伍上，联合专业教师、产业技师、创业导师共同组建"田间三师"队伍；在教学方式上，为实现校园、庭园、田园的教学时空转换，采取了科技大篷车、院坝课堂、行走课堂、田间课堂、移动教室等"孵化基地＋上云下地"混合教学方式；在教学评价上，实行田间实践教学积分制，构建"学业水平考试＋岗位技能证书＋技师证书"的综合评价体系。

(三)以"五联动"破解协同性问题

为进一步充分发挥涉农职业院校与政府、行业企业、乡村、农户等主体协同育人优势，重庆三峡职业学院探索构建了以学校为主体、政府搭台、行业企业共建、乡村落地、农户受益的五方联动机制，牵头成立了中国生猪产业职业教育产学研联盟、川渝统筹发展示范区职业教育联盟等5个五方协同育人联盟体，形成了"田间学院"服务乡村振兴的协调育人机制。

三、“田间学院”育人的实践成效

(一)“田间学院”育人的成果创新

经过近10年的探索实践，重庆三峡职业学院构建的五方共建乡村振兴“田间学院”“三农”人才培养模式取得了丰硕成果。

1. 首创了“田间学院”培养“三农”人才服务乡村“五大振兴”的理论范式

一方面，创建了集校园双创基地(创业孵化＋创新教育)、庭园双培基地(农户培养＋农民培训)、田园双生基地(校地相生＋产教共生)“三园一体”的“田间学院”，并形成了“田间学院”“田间微课”“田间游教”等概念体系、话语体系与方法体系，创生了涉农高职院校服务乡村振兴的理论范式；另一方面，构建了涉农高职院校服务乡村“五大振兴”的产业“产-教-产”互嵌式、人才“1＋N”融合式、文化“三维”促进式、生态“5G”共生式、组织“三力”助推式的系统性行动框架。

2. 构建了“田间学院”的“五融合-五重构-五联动”育人模式

针对“三农”人才培养不适应、缺实践、难协同等问题，推进学历教育与农民培训融合、专业设置与市场需求融合、培养方向与产业发展融合、素养提升与情怀厚植融合、实践平台与“三园”基地融合，基于“三农”人才实践培养重构“专业结构、课程体系、师资队伍、教学方式、教学评价”体系，创建了“学校主体、政府搭台、行企共建、乡村落地、农户受益”五方联动机制，真正实现了“三农”人才培养理论的创造性转化，诠释了“将职业教育办到农村的田坎上、农民的心坎上、农业的命脉上”的初心和使命。

3. 创建了多样化的“三农”人才定制化培养方式

以培养高质量“一懂两爱”的“三农”人才为目标，创办了没有围墙的“田间学院”，创建了“田间课堂”“田间三师”“田间游教”“田间教材”“田间微课”“田间学分”“乡村振兴博士工作站”等人才定制化培养方式；根据农时季节，上山下乡、送教进村入户，按需组班、嵌村教学，“游击式”授课，拓展了人才培养时空，丰富了人才培养资源，强化了人才培养知行合一。实现了“三农”人才的高质量培养，开创了“田间学院”助力乡村振兴的创新路径。

(二)“田间学院”育人的成果推广运用

自2015年以来，学院不仅在育人理论、模式和路径等方面有丰硕的成果，经不断努力，在实践运用中也取得了良好的效果。

1. 教育教学方面成果颇丰

首先，理论研究更扎实，学院承担国家社会科学基金及省部级重大、重点教改项目10余项，出版专著2部，在《教育研究》等核心期刊发表论文55篇，获高等学校科学研究优秀成果奖一等奖、全国教育科学研究优秀成果奖一等奖；其次，专业建设质量更高，建设国家级“双高”专业群、国家级生产性实训基地，建成国家骨干专业4个，牵头制定《农业经理人》国家行业标准，开发乡村教材 37 部，获教师教学能力比赛国家级奖励 51 项，入选重庆市高校黄大年式教师团队。最后，办学特色得到进一步彰显，学院成功入选国家“双高”计划、全国脱贫攻坚工作先进集体、全国乡村振兴人才培养优质校，获省部级科技进步奖 3 项。

2. 人才培养成效显著

首先，人才培养量较以往更大，育训“一懂两爱”的“三农”人才 7.9 万余名，其中培养乡村高技能人才 2.8 万余名，培训“土专家”“田秀才”“乡创客”等高素质农民 5.1 万余名。其次，各类大赛成绩更佳，学生获全国职业院校技能大赛包括一等奖在内的奖项共 91 项、省级包括一等奖在内的奖项共 320 项，“十三五”期间比赛名次位列全国职业院校学生技能大赛奖牌榜第八。最后，双创成效更显著，学生获全国职业院校创新创业类大赛金奖等各类奖项共 10 项，获“全国十佳农民”“全国农业劳动模范”称号；产教融合打造的“腊肉新乡村”、稻渔综合种养等年经济效益达 1.24 亿元；引乡贤 421 人入校指导 1.3 万余名毕业生创业就业；入选全国毕业生就业典型经验高校前 50 强。

3. 发挥示范引领作用大

学院典型经验被国务院官网、中央电视台、人民日报、中国教育报等主流媒体深度报道，并在国内外会议中交流 30 次。市内外 24 所院校来校学习，其中江苏、四川、陕西等 8 省市 14 所院校将此经验推广应用。学院成立“斯里兰卡乡村振兴学院”，为共建“一带一路”国家贡献中国“乡村智慧”。

四、“田间学院”育人的实践反思

虽然“田间学院”在人才培养和推进社会服务上取得了显著成效，但“加快建设农业强国”目标的提出和《关于深化现代职业教育体系建设改革的意见》的实施，对涉农高职院校也提出了更高要求，“田间学院”难以回应时代之需。一是难以解决“辐射性”问题：涉农高职院校人才培养既难以辐射农业产业高端需求，也无法辐射农村产业发展需求，难以实现贯通农业产业链的全科新农人培养。二是难以解决“统整性”问题：涉农高职院校基地建设难以统整“科普、培训、科创、文旅”等城乡一体化农业产业集群化发展需求。三是难以解决“协同性”问题：涉农高职院校人才培养与本科教育、继续教育不协同，资源共享不足，难以构建现代农业职业教育体系。未来需要结合时代之需进一步探索“产科教”协同育人机制，培养全科新农人，适应城乡一体化农业产业集群化发展需求，构建现代农业职业教育体系。

第三节 “3.0”阶段：“产科教”农业园区融合育人

2022 年至今，学院人才培养模式不断迭代升级，步入“3.0”阶段。该阶段核心聚焦“产科教”农业园区融合育人模式改革，以打破城乡资源壁垒为突破口，促进科技、人才、信息等优质资源向农村流动，为乡村振兴注入创新动能。在此前两个阶段的改革成果基础上，重点实现三大突破：深化“产科教”一体化育人范式创新，构建“产学研用”全链条转化机制，打造职业教育服务农业现代化升级的创新载体，开辟职业教育服务农业农村现代化的新路径。

一、“产科教”农业园区融合育人的时代背景

（一）服务农业农村现代化的客观要求

党的二十大报告明确提出“要加快建设农业强国，扎实推动乡村产业、人才、文化、生态、组织振兴”。在新时代背景下，乡村振兴战略成为推动农业农村现代化的关键路径。而农业教育的转型升级，是为乡村振兴战略提供人才支撑和智力支持的重要保障。“产科教”农业园区融合育人的本质是通过政府、涉农企业与涉农院校的紧密合作，整合多方资源，协同创新，精准对接产业链需求，培养高素质技术技能人才，为农业现代化提供强大的人力资本支持，加速农业与第二、第三产业的融合发展，带动区域经济的全面提升。这种融合育人模式，正是积极响应党中央“加快建设农业强国”战略目标的实践行动。

（二）现代职业教育改革的必然趋势

党的二十大报告明确提出“统筹职业教育、高等教育、继续教育协同创新，推进职普融通、产教融合、科教融汇，优化职业教育类型定位”，推进“一统三融”系统发展为建设现代职业教育体系提供了新方向。2022年，中共中央办公厅、国务院办公厅印发的《关于深化现代职业教育体系建设改革的意见》系统设计了职业教育“一体两翼五重点”的战略部署。“产科教”农业园区融合育人模式，既是“市域产教联合体”“行业产教融合共同体”的两翼建设生动案例，也是探索“产科教”现代农业园区在职业教育中的行动范式，更是推进市域现代职业教育体系建设过程中可复制、可推广的现实经验。

（三）涉农院校高质量发展的必由之路

重庆三峡职业学院作为具有深厚农业教育底蕴的学校，始终坚守立德树人根本任务，秉承强农、兴农办学初心，不断探索农业教育的创新模式。面对新时代的新挑战，“产科教”融合育人模式的提出，正是为了破解园区“产科教”特色不鲜明、园区教育体系融合度低、园区教学与实践脱节等问题。通过探索人才培养、产业实训、科技服务等方面的创新路径，全面提高教学质量、提升办学能力、深化产教融合、促进学生全面发展、服务经济社会发展，主动将办学实践融入乡村振兴、农业强国等国家战略之中，这既是涉农高校的时代担当，也是实现高质量发展的必然选择。

二、“产科教”农业园区融合育人模式的基本内涵

“产科教”：“产科教”农业园区融合育人模式的重要实施路径。它通过构建产业、科研、教育三位一体的协同创新机制，将产业链技术需求、科研创新方向与教育培养目标进行三维映射，形成“需求牵引-科研支撑-教育响应”的动态循环。从知识生产维度看，它建立“三螺旋”课程开发机制，由企业技术专家、科研导师与教育专家共同设计模块化课程体系，确保教学内

容兼具技术前沿性与产业适配性。从实践培养维度看,它实施"项目驱动-工学交替"双轨培养,将农业生产周期、科研攻关进程与教学日历有机衔接,通过解决真实场景中的复杂问题,锤炼学生系统思维与跨界整合能力。从创新转化维度看,它构建"创新工坊-实验农场-产业孵化"全周期实践链条,支持学生体验从创意构思到成果转化的完整创新流程;推行"能力图谱"导向的个性化培养路径,通过动态评估系统跟踪创新潜质发展;组建"双导师制"育人团队,由技术专家与科研导师联合赋能,形成"做中学"与"研中创"的深度融合。该路径突破传统教育单维结构,构建开放式知识生产与应用体系,实现教育链、人才链、产业链与创新链的有效衔接。

农业园区:"产科教"农业园区融合育人模式的重要实践载体。农业园区,作为现代农业发展的前沿阵地,不仅是农业生产的规模化、集约化展示窗口,更是农业技术创新、人才培养和科技成果转化的高地。农业园区通过整合土地资源、技术资源、人才资源等关键要素,形成高效、环保、可持续的现代农业发展平台。首先,它具备产业实践功能,农业园区引入先进农业技术与管理模式,提供从种植、养殖到加工、销售的全产业链实践场景,使学生直接参与生产环节,增强实践能力和职业素养。其次,农业园区是农业科研的重要基地。科研机构和高校在园区内设立研发中心、实验室,利用实际生产场景开展技术研发与试验,加速科技成果向现实生产力转化,促进科研人员与产业界的知识共享和技术交流。最后,农业园区是农业教育的重要课堂。通过实践基地、培训中心等设施提供沉浸式学习场景,结合技术培训、研讨会等活动拓宽学生视野,构建"田园即课堂"的教育生态。农业园区成为连接产业需求、科研攻关与教育实践的枢纽型空间。

融合育人:"产科教"农业园区融合育人模式的核心理念。它强调产业、科研与教育三者之间的深度交融与相互促进。在结构突破方面,它要求打破传统教育模式中的学科壁垒,促进跨学科、跨领域的合作与交流,构建开放、协同、创新的人才培养体系。在需求导向方面,它要求由教育机构、科研机构与企业共同设计课程与开发项目,确保教学内容与市场需求、科研前沿无缝对接。在主体创新方面,它积极推行以学生为中心的教育理念,通过开放式实践项目培养问题意识和批判性思维,尊重个体差异,鼓励自主创新。该理念通过项目驱动教学和工学交替模式,使学生在完成专业任务过程中同步提升团队协作、项目管理等综合能级。

概括而言,"产科教"农业园区融合育人模式是以农业园区为载体,以产业需求为导向,以科技创新为驱动,以教育培养为基础,通过"三园辐射"(校园-田园-产业园)与"三融统整"(职普融通-产教融合-科教融汇)的协同创新,构建高等教育、职业教育与继续教育贯通培养的创新育人模式。该模式通过三位一体的路径设计,实现教育链、人才链、产业链与创新链的螺旋式上升。在载体层面,整合土地、技术、人才等资源;在路径层面,构建开放式知识生产与应用体系;在理念层面,推动跨学科协同与创新思维培养。这种教育范式转型不仅提升了人才培养质量,更通过教育反哺促进产业技术升级与科研方向优化,形成产学研协同进化的良性闭环,为农业现代化和乡村振兴战略提供可持续的创新动力与智力支撑。

三、“产科教”农业园区融合育人的实践逻辑

“产科教”农业园区融合育人实施路径包括构建“三园辐射”的实践育人体系、实现“三融统整”的全面育人目标及推动“三教协同”的协同育人进程三个方面。

（一）构建“三园辐射”的实践育人体系

在“产科教”农业园区融合育人模式中，校园、田园、产业园“三园辐射”是夯实实践育人主支撑的关键举措。通过“三园”主体协同、空间转换和平台共建等方式，实现校园、田园、产业园的有机融合和协同发展。具体而言，学院应打破“校园围墙”，整合校园双创基地、田园双生基地、产业园双培基地功能，构建“学校主导、政府搭台、企业共建、乡村落地、农民受益”的五方联动机制。同时，学院还应牵头成立行业型、区域型命运共同体，形成校园、田园、产业园“三园一体”的融合育人新生态。这种实践育人体系的构建，不仅拓宽了学生的实践渠道，还增强了他们的实践能力和创新创业能力。

（二）实现“三融统整”的全面育人目标

在“产科教”农业园区融合育人模式中，“三融统整”是打通全面育人主动脉的重要举措。通过职普融通、产教融合、科教融汇等方式，实现教育、生产、科研的有机融合和协同发展。具体而言，学院应与本科院校开展专本贯通、联合培养，促进职业教育与普通教育的相互衔接和融通。同时，学院还应深化产教融合，探索基于“田间三师”“田间课堂”等的定制化培养方案，培育“一懂两爱”的农业人才。此外，学院还应强化科教融汇，建设田园实验室等科研平台，促进农业科技成果的转化和推广。这种全面育人目标的实现，不仅提升了学生的实践能力和创新创业能力，还促进了教育、生产、科研的协同发展。

（三）推动“三教协同”的协同育人进程

在“产科教”农业园区融合育人模式中，“三教协同”是唱响协同育人主旋律的关键举措，旨在通过高等教育、职业教育、继续教育的协同合作，实现资源的优化配置和人才的全面发展。具体而言，学院应整合校内资源，聚焦乡村振兴、服务“三农”的目标指向，引导相关专业群向智慧农业、农村物流等方向错位发展。同时，学院还应与地方政府和农业园区统筹师资交流、可流转土地等资源，实现教育与产业的深度融合和协同发展。此外，学院还应精准对接农业产业园区人才和技术需求，优化专业结构和规模，构建多元化的人才培养体系。这种协同育人进程的推动，不仅实现了资源的优化配置，还促进了人才的全面发展。

“产科教”农业园区融合育人模式作为一种新型的人才培养模式，具有广阔的发展前景和深远的社会意义。当然，这种模式在实施过程中，需要应对持续性、稳定性与创新性、实效性之间的协调难题。因此，学院需要不断探索和创新，以推动“产科教”农业园区融合育人模式的持续健康发展，确保该模式真正落地生根、开花结果。

第二章

价值意蕴：园区育人的使命担当

针对涉农高职院校助推城乡融合发展中的"辐射性""统整性""协调性"问题，重庆三峡职业学院与西南大学教育学部深度合作，自2022年起，经过两年多的探索与实践，创建了"产科教"农业园区融合育人模式。"产科教"农业园区融合育人模式的实践探索既是"市域产教联合体""行业产教融合共同体"的两翼建设生动案例，首创的"三园辐射-三融统整-三教协同"行动范式，更是探索省域现代职业教育体系建设过程中可复制、可推广的现实经验。"产科教"农业园区融合育人模式促进了产业、科技与教育的深度融合，在政治、社会、经济、文化和教育方面产生了深远的影响。

第一节　政治价值

一、构建高质量现代职业教育体系，促进农业职业教育发展

"教育兴则国家兴，教育强则国家强。建设教育强国，是全面建成社会主义现代化强国的战略先导，是实现高水平科技自立自强的重要支撑，是促进全体人民共同富裕的有效途径，是以中国式现代化全面推进中华民族伟大复兴的基础工程。"[①] 2019年6月，全国涉农高校书记、校长和教育专家在浙江安吉共同发布了"安吉共识"，提出了新农科教育改革方向，开启了

① 习近平. 扎实推动教育强国建设[EB/OL]. (2023-09-15)[2024-11-28]. http//www.qstheory.cn/dukan/qs/2023-09/15/c_1129862386.htm.

中国涉农高校新农科建设新里程，赋予了涉农高校农林教育创新发展新使命[①]。重庆三峡职业学院始终坚守立德树人根本任务，秉承强农、兴农办学初心，聚焦库区乡村“未来谁来种地”“如何种好地”“粮食饭碗谁来端，如何端得稳”等重大问题，积极探索，薪火相传，为国家的农业现代化和乡村振兴事业培养了大批高素质技术技能人才，提供了坚实的农业技术支撑。为实现涉农高校农林教育模式创新发展的使命，重庆三峡职业学院与西南大学教育学部深度合作，针对涉农高职院校助推城乡融合发展中的“辐射性”“统整性”“协调性”问题，经过两年的教学改革创新建设的“产科教”农业园区融合育人模式，在构建高质量现代职业教育体系中发挥了多重作用。

“产科教”农业园区融合育人模式创新了职业教育的教育模式与方法。“产科教”农业园区融合育人模式以农业园区为产业、科技、教育的枢纽，通过自创“三园辐射”“三融统整”“三教协同”等行动范式，创新了全科新农人的课程体系、产业机制、产学研协同培育机制，提升了教育的适应性和灵活性。这种创新有助于提高教育质量，培养适应未来社会发展的高素质技术技能人才。农业园区的建设促进了高等教育、职业教育、继续教育的协同发展，构建了现代农业职业教育体系，这种协同发展有助于实现教育资源的优化配置，提升了教育的整体效益。

“产科教”农业园区融合育人模式促进了学院与企业的深度合作。农业园区建设促进了校企之间的深度合作，推动了科研成果的转化和应用，为产业发展注入新的活力。通过校企合作，学院能够更准确地把握产业需求，调整专业设置和课程内容，从而培养出更符合产业发展需求的高素质人才。同时，农业园区的建设和实践是政策导向与实际操作相结合的结果，体现了国家对职业教育“产教融合”改革的重视，切实将政策转化为具体的教育行动。

“产科教”农业园区融合育人模式实现了教育链、产业链、科技链的逻辑闭环，构建了产业、科技、教育多方主体利益互嵌、资源共享的共生系统，为构建现代职业教育体系提供了新的思路，这种共生系统有助于实现多方资源利益共享，形成产业、科技、教育的长效和高质量合作。“产科教”农业园区通过资源共享和优势互补，推动了高校、企业和科研机构之间的合作，这种合作模式有助于提升教育质量，培养具有实战经验的高素质技术技能人才。

二、推动科技创新和产业创新深度融合，全面深化乡村振兴战略

科技强国是中华民族伟大复兴的战略性工程。习近平总书记强调：“科技兴则民族兴，科技强则国家强。中国式现代化要靠科技现代化作支撑，实现高质量发展要靠科技创新培育新动能。”[②]乡村振兴的关键要素是人才和技术，职业教育是助推国家乡村振兴战略的重要力量，为乡村产业振兴提供人才力量和技术支撑是时代赋予职业教育的光荣职责与使命[③]。“产科教”农业园区融合育人模式在推动科技创新和产业创新深度融合中扮演了重要角色。“产科教”农业园区的建设推动了区域经济的发展，特别是在农业领域，通过科技创新和产业

① 徐家鹏，闫振宇，朱玉春．基于“产科教”多主体协同的涉农高校跨学科实践教学平台构建研究[J]．高等农业教育，2024(2)：88-95．

② 中共科学技术部党组．勇担时代重任 加快建设科技强国[N/OL]．2024-07-31(9)[2024-11-28]．http://paper.people.com.cn/rmrbwap/html/2024-07/31/nw.D110000renmrb_20240731_1-09.htm．

③ 何发胜．职业教育服务乡村振兴战略的实践困境及应对策略研究[J]．山西农经，2024(22)：34-36．

创新的深度融合，提升了农业的现代化水平，增加了农业产值，促进了农村经济的繁荣。

"产科教"农业园区融合育人模式通过整合高校、科研机构和企业的资源，加强了科研成果的转化和技术转移，实现了科技与教育的深度融合，这种融合有助于将最新的科研成果和技术创新引入教育过程，提高教育的现代化水平。农业园区作为科技创新的重要平台，推动了科研成果从实验室到田间地头的转化，实现了科技成果的产业化。这种转化不仅推动了新技术的应用，也促进了产业的转型升级。通过优化科研成果转化机制，激发了企业的创新活力，促进了企业的转型升级。企业在园区的引导和支持下，更加注重科技创新，加大研发投入，推动了新产品、新技术的开发和应用。

"产科教"农业园区融合育人模式通过产、科、教融合培养全科新农人，职业教育专业链的设置和发展与乡村产业链的需求高度契合，有利于实现人才的有效匹配和乡村产业的可持续发展。因此，"产科教"农业园区融合育人模式瞄准农业产业链，精准布局职业教育农业专业链，推动了乡村产业提质增效，促进了乡村产业振兴。在此种教育模式下培养出的人才不仅具备理论知识，还拥有实践能力和创新精神，是推动科技创新和产业创新深度融合的关键人力资源，这些人才的培养，为科技创新与乡村振兴提供了源源不断的动力。

"产科教"农业园区融合育人模式强化了科研成果转化机制，实现了"一二三"产业融合，专业集群全链条无缝对接新产品研发、生产、加工、销售、推广各个环节。这种全链条的参与和介入，使得科技创新不再孤立，而与产业发展紧密结合，提升了科技创新的实效性和针对性，有助于提升高职院校的科技服务能力，促进科技创新和产业升级。该模式通过建立技训一体实践基地、拓展专技实训项目，开展"三农"人才菜单式农技培训，构建了产学研协同创新体系。这一体系的建立，促进了高校、科研机构与企业之间的紧密合作，共同推动科技创新和产业创新，从而促进乡村的发展与振兴。

三、深化现代农业应用型人才培养模式改革，促进全科农业人才培养

习近平总书记强调："中国现代化离不开农业农村现代化，农业农村现代化关键在科技、在人才。新时代，我国高等农林教育大有可为。"①随着乡村振兴战略的持续推进和农业强国建设步伐的加快，各地特色农业产值对农业发展的贡献度不断提升。然而，农业人才培养仍面临诸多挑战，如人才培养难以辐射农业产业高端需求，基地建设难以统整农业产业集群化需求，以及在人才培养方面职业教育与本科教育、继续教育不协同等问题。农业高校作为农科人才培养的主阵地，在助力乡村人才振兴方面具有独特优势，服务国家重大战略需求也是使命所在，应为乡村振兴承担起更大使命担当，服务乡村人才振兴，推动乡村全面振兴②。因此，探索"产科教"农业园区融合育人模式，对于提升农业人才培养质量、推动农业产业转型升级具有重要意义。"产科教"农业园区融合育人模式在供给农业高素质高技能人才中发挥了显著作用。

"产科教"农业园区融合育人模式通过职普融通、产教融合、科教融汇"三融统整"，打通全

① 习近平.加快建设农业强国　推进农业农村现代化[EB/OL].(2023-03-05)[2024-12-01].https://www.gov.cn/xinwen/2023-03/15/content_5746861.htm.

② 惠志丹.乡村振兴战略背景下农业高校服务乡村人才振兴研究[D].武汉：华中农业大学，2020.

面育人主动脉，实现了教育、科技与产业需求的精准对接。通过开设专本贯通专业、开展农业职业教育体验活动、培育具有地方农业特色的职教企业、优化科研成果转化机制等举措，贯通人才培养与使用各环节，助力农业产业集群化发展。同时，加强本科教育、继续教育与职业教育的协同，实现资源共享和优势互补，整合区域内科教资源，发挥资金、技术、人才、政策等要素作用，推动各主体深度参与人才培养，形成了强大的创新动能，为现代农业提质赋能。

"产科教"农业园区融合育人模式通过整合农业产业链的需求，培养了具备全产业链知识的新农人。这些人才不仅掌握了现代农业技术，还具备管理和市场运营的能力，从而满足了现代农业产业对高素质技术技能人才的需求。同时，"产科教"农业园区融合育人模式推动了职业教育与产业需求的紧密结合，使学院能够更准确地把握产业需求，调整专业设置和课程内容，培养出更符合产业发展需求的高素质人才。"产科教"农业园区内的实践教学平台为学生提供了实际操作的机会，强化了学生的实践能力和创新精神。

"产科教"农业园区的建设推动了职业教育的现代化进程，通过引入现代信息技术和教学方法，提高了教学效率和质量，为培养适应未来社会发展的高素质技术技能人才提供了有力支持。农业园区内的教育和培训项目为学生提供了与市场需求相匹配的技能和知识，提升了学生的就业竞争力。同时，"产科教"农业园区的国际化合作项目为学生提供了国际交流和学习的机会，培养了具有国际视野的高素质技术技能人才，这些人才能够在全球化背景下更好地服务于产业发展，有助于中国的农业职教"出海"。

第二节　社会价值

一、促进城乡要素双向流动，助推城乡融合发展

党的二十届三中全会对新阶段全面推进城乡融合发展作出了全面部署，提出要"促进城乡要素平等交换、双向流动，缩小城乡差别，促进城乡共同繁荣发展"[①]。城乡融合发展就是要在城乡居民地位平等的基础上，实现各类生产要素在城乡间的双向流动和优化配置，实现产业融合发展和城乡居民对发展成果的共享，最终形成共同繁荣的城乡共同体[②]。"产科教"农业园区融合育人模式在促进城乡融合发展进程中发挥了重要作用。

"产科教"农业园区融合育人推动城乡要素双向流动，使得教育资源向农村延伸，使农村资源与城市教育成功对接。通过构建"产科教"农业园区，打破了传统教育局限于学校的模式，将教育资源引入农村地区。例如，重庆三峡职业学院与西南大学教育学部合作，建设了

---

① 吕朝凤，朱丹丹. 缩小城乡差距　促进融合发展[N/OL]. 光明日报，(2024-11-20)[2024-12-01]. http://www.qstheory.cn/qshyjx/2024-11/20/c_1130221152.htm.

② 钱文荣，仇焕广，司伟，等. 深化经济体制改革，促进城乡融合发展：学习贯彻党的二十届三中全会精神笔谈[J/OL]. 中国农村观察，2024(5)：2-18[2024-12-01]. https://doi.org/10.20074/j.cnki.11-3586/f.2024.05.001.

"产科教"现代农业产业园区，使得高校的科研成果、先进的教学理念和师资力量能够直接服务于农村农业发展，为农村培养高素质技术技能人才，如育训"三农"人才7.9万余名，有效提升了农村地区的人力资本水平。该模式促使农村地区的土地、劳动力等资源与城市教育机构的需求得到更好的结合，城市教育机构能够更准确地把握农村产业发展的实际需求，调整专业设置和课程内容，使教育更贴合农村实际。同时，农村的实践基地为城市学生提供了丰富的实习实训机会，让学生能够深入农村，了解农业生产过程，增强实践能力，如"产科教"农业园区内建立了"重庆市巴渝工匠乡村驿站"，设立了6所"产教分院"，为城市学生和教师提供了与农村农业紧密结合的实践平台。

"产科教"农业园区融合育人促进城乡产业协同发展，有助于农业产业升级与城乡产业融合互动。农业园区通过引入现代信息技术和教学方法，提高了农业生产效率和质量。例如，推广稻渔综合种养的面积达3.27万亩，研发新产品20项，形成新标准20项，这些成果不仅提升了农业产值年经济效益1.12亿元，还带动了相关产业的发展，促进了农村经济的繁荣，为城乡产业协同发展奠定了基础。该模式促进了农业与教育、科技与产业的深度融合，形成了城乡产业融合发展的新态势。农业园区不仅是农业生产的地方，也成为教育和科研的重要场所。高校、科研机构与农业企业共同开展科技创新，推动科技成果的产业化。例如，园区内的企业与高校合作，共同开展农业技术研发项目，高校为企业提供科研支持，企业为学生提供实践平台，实现了产学研的良性互动，推动了城乡产业的协同发展。

"产科教"农业园区融合育人实现城乡人才共享与流动，培养适应城乡发展的人才，促进人才双向流动。"产科教"农业园区融合育人模式培养了具备全产业链知识的新农人，这些人才不仅掌握了现代农业技术，还具备管理和市场运营的能力，能够满足现代农业产业对高素质技术技能人才的需求。同时，也为城市培养了了解农业、农村的复合型人才，促进了城乡人才的交流与共享。例如，学院为现代农业产业发展输送了7.9万余名高素质全科新农人，这些人才在城乡之间流动，为城乡融合发展提供了有力的人才支撑。该模式为人才的双向流动创造了条件。一方面，农村人才通过在园区进行学习和实践，提升了自己的素质和能力，有机会进入城市相关企业或机构工作；另一方面，城市人才也可以通过参与园区的项目合作、技术指导等方式，到农村施展才华，实现自身价值。例如，园区内教师获得国家级奖励51项，出版国家级规划教材12部，这些成果展示了园区在加强校企合作、提升教师教学和科研能力方面的成效，也吸引了更多城市人才投身农村农业发展。

"产科教"农业园区融合育人推动城乡公共服务均等化，促进了教育资源均衡分布，提升了农村公共服务水平。通过构建川渝毗邻地区的"产科教"农业园区，推动了教育资源的优化配置，使得教育资源能够更加均衡地分布在城乡之间。例如，建设现代农业展馆8个、农耕文化科普基地2个，打造沉浸式文旅项目41项，年均服务中小学生数万人次，让农村地区的中小学生也能够享受到优质的教育资源，缩小了城乡教育资源的差距。该模式还带动了农村其他公共服务业的发展，提升农村公共服务水平。例如，通过建设"产科教"农业园区，改善了农村的基础设施条件，如交通、通信等，为农村居民提供了更好的生活条件。同时，园区内的文化表演、科普讲座等活动也丰富了农村居民的精神文化生活，提升了农村公共服务的整体水平，促进了城乡公共服务的均等化。

二、提升农业园区综合效益，促进共同富裕

现代农业园区是推进我国农业现代化和乡村振兴的重要抓手，探索园区形成演变机制与发展规律具有重要理论和现实意义[①]。2014 年 6 月，教育部等六部门联合印发《现代职业教育体系建设规划（2014—2020 年）》，要求大力发展现代农业职业教育，提高农村基础教育、职业教育和成人继续教育统筹水平，促进农、科、教结合等。为了落实相关指导意见，重庆三峡职业学院与西南大学教育学部共创了"产科教"农业园区融合育人模式，该模式在提升农业园区综合效益、促进共同富裕等方面发挥了重要作用。

"产科教"农业园区融合育人提升农业产值与经济效益，推动农业产业升级和农业科技创新与应用。"产科教"农业园区融合育人模式通过整合教育、科研和产业资源，推动了农业产业链的延伸与升级。例如，园区成功培育职教企业 10 家，孵化现代农业产业项目 7 个，农业企业成功转型升级 10 家。这些举措使得农业生产不再局限于传统的种植、养殖，而向农产品加工、销售、品牌打造等高附加值领域拓展，从而提高了农业的整体产值和经济效益。同时，该模式优化了科研成果转化机制，实现了"一二三"产业融合，专业集群全链条无缝对接新产品研发、生产、加工、销售、推广各个环节。通过科技创新，提高了农业生产效率和产品质量，增强了农产品的市场竞争力，为农民和农业企业带来了更多的经济收益。

"产科教"农业园区融合育人培养高素质技术技能人才，满足农业产业需求，提升农民人力资本。"产科教"农业园区融合育人模式培养了具备全产业链知识的新农人，这些人才不仅掌握了现代农业技术，还具备管理和市场运营的能力，从而满足了现代农业产业对高素质技术技能人才的需求。这些人才回到农村或进入农业企业后，能够运用所学知识和技能，推动农业产业的发展，提高农业生产效益，带动农民增收致富。同时，通过在园区内开展各种培训和教育活动，农民的实践能力和创新能力得到提高。例如，园区育训"三农"人才 7.9 万余名，学生获得"全国十佳农民""全国农业劳动模范""全国粮食生产先进个人"等荣誉。农民人力资本的提升，使他们能够更好地适应现代农业的发展需求，增加就业机会和提高收入水平，从而促进共同富裕。

"产科教"农业园区融合育人促进城乡要素双向流动与优化配置，打破城乡壁垒，实现资源优化配置。"产科教"农业园区融合育人模式作为城乡融合发展的教育行动，推动了"人、财、技、物"等要素在城乡间的双向流动。同时，该模式促进了城乡要素的融合互动和资源优化配置。例如，园区实现了教育链、产业链、科技链的有机结合，形成了创新链、产业链、教育链、科技链的逻辑闭环，有助于高技术技能培养和经济高质量发展。通过这种优化配置，提高了资源的利用效率，为农业产业的发展提供了更有力的支持，进而带动农村经济发展，缩小城乡差距，促进共同富裕。

"产科教"农业园区融合育人推动农村产业集群发展，形成集聚效应，带动区域经济发展。"产科教"农业园区通过科技聚合与协同发展，推动了产业链条的延伸和融合，提升了园区的集聚效应和协同发展能力。例如，园区内企业、科研机构和教育机构通过产学研合作，共同推

---

① 罗其友，刘子萱，高明杰，等. 现代农业园区发展机制探析[J]. 中国农业资源与区划，2020，41(7)：14-20.

动农业产业的升级和创新，形成了具有地方特色的产业集群。这种集聚效应使得农业产业能够更好地发挥规模经济优势，降低生产成本，提高生产效率，增强市场竞争力，为农民和农业企业创造了更多的经济机会。农村产业集群的形成与发展，不仅促进了农业园区内农村经济的全面发展，还带动了周边地区的经济发展。例如，园区推广稻渔综合种养，这种生态农业模式不仅提高了农业产量，也保护了生态环境，实现了农业园区的生态和经济效益双赢。同时，园区的建设和发展还吸引了更多的投资和人才，促进了农村基础设施建设和社会事业的发展，推动了区域经济的共同繁荣，为实现共同富裕提供了有力支撑。

"产科教"农业园区融合育人增强农业园区社会服务功能，提供多元服务，助力乡村振兴。通过建设现代农业展馆、农耕文化科普基地、沉浸式文旅项目等，农业园区的社会服务功能得到增强。这些举措不仅丰富了农村居民的精神文化生活，还为农村地区的教育、文化、旅游等产业的发展提供了新的动力，促进了农村经济的多元化发展。该模式通过提升农业园区的综合效益，为乡村振兴提供了坚实的产业基础。例如，园区育训结合提供技术支撑，建成"重庆市巴渝工匠乡村驿站"，设立6所"产教分院"，组建专家团队培育实用型本土人才225人。在巫溪县天元乡组建农民股份合作社，培育"万春腊肉"特色产业项目，帮助农户年均增收1万元，实现脱贫摘帽。这些成果展示了园区在促进科研成果转化为实际生产力方面的作用，进而推动了农业产业的发展和城乡经济的融合，为实现共同富裕目标作出了积极贡献。

第三节　经济价值

一、对接人才培养与产业需求，促进农业发展升级

农业面临着从传统生产方式向现代化、科技化、绿色化方向转型的重大挑战。传统农业依赖人力和自然条件，存在资源消耗大、效率低、环境污染严重等问题。因此，发展智能农业、精准农业、绿色农业等新型生产模式，成为推动农业高质量发展的必由之路。而这些新型农业模式对科技创新和高素质农业人才的需求愈加迫切。尽管我国农业高等教育和职业教育取得了显著进展，但仍存在着农业专业人才供给和市场需求之间的脱节。一方面，许多农业院校的教学内容较为陈旧，缺乏对现代农业技术的关注；另一方面，企业对技术型、复合型人才的需求则日益增加。因此，如何有效对接农业产业的需求与人才培养，成为亟待解决的问题。农业科技不断进步，由于科技成果转化率较低，科研与生产的脱节问题仍然突出。这主要表现在农业园区内科技成果转化的难度较大，缺乏将科研成果与市场需求有效对接的机制。因此，通过"产科教"融合的模式，不仅可以提升园区科技创新能力，也有助于提高农业科技的应用水平。步入新的发展阶段，打造高质量职业教育国际合作平台需要以专业群为基础，整合升级国际化技术技能人才培养合作平台；对接"走出去"企业技术创新需求，提升应用科研与技术服务平台效能；回应国际文化交流和"民心相通"需求，全面优化跨文化交流互鉴

国际合作平台功能[①]。

"产科教"农业园区的一个重要功能是推动产学研的深度合作。园区内的农业企业、高校和科研机构共同开展科技创新，推动科技成果的产业化。通过企业与科研机构的合作，研发出适应市场需求的新技术、新品种，推动农业技术的升级。同时，高校为科研项目提供技术支持，培养专门的人才，为园区的产业发展提供智力支持。农业园区与教育机构的合作，能够根据产业的实际需求培养专业技术人才。高校可以根据园区的发展需求，定向培养所需的人才，确保人才培养与市场需求的精准对接。智能农业、绿色农业、精准农业等新兴领域，急需具备高科技背景的复合型人才，教育机构可以有针对性地设立相关课程，培养符合企业需求的高素质人才。未来，"一带一路"背景下职业教育境外办学需要持续夯实境外办学的资源投入，充分发挥"政校行企"主体功能，不断深化人才培养模式改革，持续提升教师队伍的专业能力和积极性，并着力打造境外办学质量保障体系[②]。

"产科教"融合的另一个重要作用是通过"人才＋技术"的双重推动，促进产业升级。园区内的企业与教育机构联合开展人才培训和技术研发，将实践教学与产业实际相结合，推动学生通过实践深入了解农业生产的实际问题。基于此，应以制度建构为关键，通过提升背景性力量支撑，表达与整合利益诉求，厘清角色分工与定位，形塑共享性价值观念，对我国职教"走出去"典型模式进行合理优化[③]。学生在园区实习的过程中，既能提升自身的技术能力，也能为企业提供新技术、新理念，促进产业的创新和升级。

产业的发展能够反哺教育，通过园区的技术需求和产业升级，推动教育改革和人才培养方向的调整。农业园区引进了智慧农业技术，要求园区内的农业院校加强对大数据、人工智能等相关技术的培养。这种产业需求与教育内容的不断反馈，能够推动园区及其周边区域的农业科技水平提升，增强区域经济的综合竞争力。以跨境职业教育合作办学推进人才联合培养，以共建区域性职业教育资历框架助力标准联通，以不断完善职业教育合作机制，促进合作制度化[④]。

校企合作是"产科教"融合的核心形式之一。企业与高校共同设立科研平台，共享科研资源，联合培养人才。农业园区中的企业与当地高校合作，共同开展农业技术研发项目。高校不仅为企业提供科研支持，还能为园区企业培养急需的技术人才。此外，企业可为学生提供实践平台，学生在实习过程中能够将所学知识应用于实际生产，增强实际操作能力[⑤⑥]。订单式人才培养是"产科教"融合的一种重要模式。农业园区的企业根据自身的技术需求，与高校合作，提前向高校"定制"人才培养计划。通过这种方式，学生在入学之初便明确了就业方向

---

① 张慧波."一带一路"倡议下职业教育国际合作平台的实践类型与发展路径[J].中国职业技术教育，2024(10)：19-26.

② 吴学敏."一带一路"背景下职业教育境外办学的基本逻辑、实践框架、面临困境和对策建议[J].中国职业技术教育，2024(10)：11-18.

③ 王屹，史洪波."一带一路"倡议下中国职教"走出去"的典型模式及其合理优化：基于一般社会系统理论的分析视角[J].中国职业技术教育，2024(10)：3-10，57.

④ 黄尧，邓文勇，等."一带一路"建设背景下中国—东盟职业教育合作：动因与路径[J].教育科学，2020(4)：83-89.

⑤ 张菊霞."一带一路"背景下职业教育国际合作的困境与路径：基于跨域治理的视角[J].中国职业技术教育，2023(12)：31-38.

⑥ 禤美琦，罗澜."一带一路"倡议下中国—老挝农业职业教育合作：动因，问题与优化路径[J].职业技术教育，2022(18)：27-31.

和培养目标，教育机构能够根据园区的产业需求，设计相应的课程和实训内容。此举有效提高了人才培养的针对性和实际性，确保学生毕业后能够直接进入企业岗位，减少了就业培训的成本。在农业园区内，产学研一体化创新平台的建设能够有效提升园区的科技创新能力。高校、科研机构与企业共同组建研究中心，围绕农业科技的前沿问题展开研究。这些研究成果不仅能够促进园区内企业的技术创新，还能为学生提供更丰富的实践内容。通过与企业的深度合作，学生能够接触到行业前沿技术，提升科研能力，为园区的发展提供创新动力。在农业园区，建设“双师型”教师队伍至关重要。“双师型”教师不仅要具备丰富的教学经验，还要具有一定的行业背景和技术能力。园区内的企业可以邀请技术专家和管理人员担任兼职教师，参与到学院的课程设计和教学中。这些教师能够将企业的实际需求与教学内容相结合，使学生的知识体系更贴合产业需求。同时，教师的实践经验也能为学生提供更为真实的行业视野①。在推动“产科教”融合的过程中，智慧农业技术的应用是园区发展的关键驱动力。智慧农业通过互联网、物联网、大数据等技术手段，提升农业生产效率和资源利用效率。园区内的企业和教育机构可以合作推广智慧农业技术，培养相关领域的人才。通过将现代科技与传统农业结合，推动农业园区的转型升级，不仅能够提高园区企业的市场竞争力，还能为农业科技的发展提供技术支持。“产科教”农业园区通过推动产业与教育、科研的深度融合，既能够促进农业科技创新，提高生产效率，又能为农业产业发展培养急需的创新型人才。这一模式不仅能够帮助农业园区提升科技水平，还能够推动区域经济发展，为我国农业的转型升级提供强有力的支持。随着园区内产学研合作的深入，农业产业将迎来更加高效、智能和可持续的发展阶段②。

二、培养实践能力与创新能力，提升农民人力资本

农业生产不再单纯依赖自然条件和人力，而是逐步通过技术创新、管理优化等手段提高生产效率，推动农业高质量发展。实现这一目标，离不开农业领域人才的培养与提升。而“产科教”农业园区融合育人的模式，作为现代农业发展的创新路径，既能有效提高农民的实践能力，也能提升其创新能力，进而促进农民人力资本的提升，为农业的持续发展提供强大的智力支持和人才保障③。农民人力资本是指农民在农业生产过程中所具备的知识、技能、经验、创新能力和社会网络等。它不仅包括农民的基础技能和传统农业知识，还涵盖了对现代农业技术、管理方法的掌握程度，以及创新思维和解决实际问题的能力。农民人力资本的提升，对于推动农业现代化、增强农业竞争力至关重要。提升农民人力资本，需要从教育培训、科技引导、技能提升、创新激励等多方面入手。特别是通过“产科教”农业园区的融合育人模式，不仅能够增强农民的实践能力，还能通过创新驱动培养他们的创新能力，最终实现人力资本的全面提升。农民的实践能力是农业生产过程中不可或缺的素质。在传统农业中，农民主要依赖

① 张秋凤，杨满福.“一带一路”视域下中国—东盟职业教育合作的问题表征与推进策略[J].教育与职业，2021(7)：12-18.

② 查英，庞学光.职业教育服务“一带一路”建设的逻辑理路、实践困境及改革策略：以“鲁班工坊”建设为例[J].职教论坛，2021(10)：11-18.

③ 杨剑静.职业院校参与“一带一路”建设的挑战与推进策略[J].中国高教研究，2019(1)：34-37.

经验和体力进行生产，但随着现代农业科技的普及，农民的操作技能和技术应用能力均得以提升。在“产科教”农业园区中，企业、科研机构与教育单位共同建立实践平台，通过项目合作、实地操作、技术培训等方式，提升农民在现代农业技术领域的实践能力。农业园区可以为农民提供种植、养殖等实训基地，农民通过在园区中的实践，掌握先进的农业生产技能①。

在“产科教”农业园区内，实践基地的建设是提升农民实践能力的关键一环。通过与农业企业的合作，园区可以建立包括智能农业、绿色农业、精准农业等不同领域的实践基地，农民可以在这些基地内参与到实际的农业生产和管理工作中，学习并掌握先进的农业技术。通过实践，农民能够更加熟练地操作现代农业设备，理解和应用新技术，从而提升他们的实践技能。针对农业园区内的农民，园区可以定期组织技能培训课程，内容涉及现代农业技术、信息化农业、生态农业等多个方面。这些培训可以通过线下授课、技术讲座、示范演练等多种形式进行，重点提升农民的农业技术和管理能力。通过系统的培训，农民可以有效掌握新技术和新技能，提升其在现代农业中的实际操作能力。农业园区内的企业和科研机构可以定期举办技术推广活动，展示最新的农业科技成果和技术应用案例。农民通过参观、学习和互动，能够了解和学习到最新的农业技术。园区可以邀请农业专家或技术人员为农民进行现场示范，指导他们如何使用新型农业机械、施用新型肥料和农药，如何开展精准农业和智能农业等，这些都能有效提升农民的实践能力。

在农业园区内，可以通过创建合作社或农民工坊，组织农民开展集体学习和实践活动。在这些合作社中，农民可以共同探讨农业生产中的技术难题，分享自己的实践经验，互相学习，提升彼此的技术水平。通过集体合作，农民不仅能够增强个人的技术能力，还能通过集体智慧，推动整个农业园区的技术进步。农民的创新能力不仅来源于对新技术的学习和应用，还与他们的创新思维密切相关。在“产科教”农业园区中，农业企业、高校和科研机构的合作能够激发农民的创新思维。园区内的企业和高校可以联合开展技术攻关项目，鼓励农民参与其中，推动他们通过实际操作和技术研发提高创新能力。园区可以开展农民参与的技术研发竞赛，鼓励他们提出新思路、新方法，推动农业生产和管理中的创新②。

在农业园区内，除了提高农民的基本技能外，还可以通过建立创新型农业人才培养机制，鼓励农民发挥其创新潜力。园区内的教育机构可以开设相关的创新课程，引导农民深入了解现代农业的技术发展趋势，培养他们的创新意识。开展创新课程的学习和实践活动，不仅能使农民掌握先进的农业科技，还能培养他们的创新能力和解决问题能力，激发他们在农业生产中的创新思维③。农业园区可以通过支持农民参与科研项目和技术研发，提升他们的创新能力。企业和科研机构可以通过与农民的合作，共同开展科技攻关，解决农业生产中的技术难题。农民参与到这些项目中，不仅可以加深对新技术的理解，还能提升在科研领域的创新能力。

---

① 教育部. 400 余所高职院校与国外办学机构开展合作办学[EB/OL]. (2022-05-24)[2024-02-10]. https://m.gmw.cn/baijia/2022-05/24/1302961861.html.

② 钟富强，高瑜. 国际产能合作视角下国际化技术技能人才培养的战略要义与实施路径[J]. 中国职业技术教育，2021(7):58-65.

③ 教育部. 由地方审批报教育部备案的机构及项目名单[EB/OL]. (2024-01-29)[2024-03-15]. https://www.crs.jsj.edu.cn/index/sort/1008.

同时,园区可以为农民提供创新平台,鼓励他们提出自己的技术创意,并为有潜力的创新项目提供资金和技术支持。为了激发农民的创新积极性,农业园区应建立相应的创新激励机制。可以设立创新奖项,对在农业生产中提出创新技术、方法和管理经验的农民给予奖励和认定。同时,园区可以为有创新潜力的农民提供创业支持,帮助他们将创新成果转化为实际的生产力。

三、实施科技聚合与协同发展,形成农村产业集群

农村产业结构的升级和产业集群的形成,已成为推动乡村振兴和实现农业高质量发展的关键途径之一。特别是在科技日新月异、农业生产方式不断革新的背景下,如何促进农业园区内产业链条的延伸和融合,提升园区的集聚效应和协同发展能力,成为当前农业发展的热点问题。推动农村产业集群的形成,最终促进农业园区内农村经济的全面发展。农村产业集群是指在某一地理区域内,具有相同或相似产业属性的企业和产业链条通过产业协作、技术创新、资源共享等形式,形成的集聚效应。这些集群不仅表现为产业链上下游的紧密合作,还涉及技术研发、市场营销、物流服务等多方面的融合。产业集群的形成能够提升区域的综合竞争力和产业的整体发展水平①。"产科教"农业园区通过将园区内的产业、科技和教育深度结合,推动产业链条的协同发展,促进科技创新成果的转化应用,培养与之配套的高素质人才,从而提高农业园区的整体竞争力和创新能力。在这一模式下,农业园区不仅依托当地的农业产业基础,推动科技创新,还通过教育培训提升农民的职业素质,最终形成产、学、研、教有机结合的协同发展机制。

科技聚合是实现农业园区现代化的核心要素之一。整合园区内高校、科研院所、企业和农业生产合作社的技术力量,可以促进农业新技术、新品种的研发和推广。园区内的农业企业可以与高校和科研机构合作,开展智能农业、精准农业、生态农业等领域的技术研发。科技的聚合不仅能够提升农业生产的效率和质量,还能推动生产模式的转型升级,提升农业产品的市场竞争力。科技的广泛应用,为园区内农业产业集群的形成提供了技术支撑和产业发展动力。协同发展体现了园区内各个主体之间的互动与合作,产业链上下游企业在技术、信息、资源和市场等方面的共享,形成了协同效应。在"产科教"模式下,园区内的农业企业、科研机构和教育机构通过产学研合作,共同推动农业产业的升级和创新。在农业园区,企业与科研机构合作,促进科技成果的转化与应用,能够推动农业产品加工深度化、智能化,从而延伸产业链,提高附加值,形成具有地方特色的产业集群。协同发展不仅可以降低产业链条上的生产成本,还能通过资源整合,提高生产效率和市场响应速度,提升产业集群的竞争优势②。农业园区内,通过科技聚合与协同发展,可以有效地推动产业链的延伸与整合。园区内的农业企业不仅从事传统的农业生产,还通过技术创新和产业整合,逐步向农产品加工、精深加工等高附加值领域发展。以农业园区为平台,企业、科研院所、教育机构等各类主体能够在技术、资金、市场和人才等方面形成合作与互动,共同推动农产品的加工转化和品牌建设,进而实现

① 王晓洋."一带一路"背景下职业院校国际化人才培养路径[J].中国职业技术教育,2020(10):67-70.

② 王丽."一带一路"对外文化传播研究[M].北京:经济日报出版社,2020.

农业产业的延伸和整合。通过科技研发，新型农产品的加工技术可以得到推广，农产品的附加值得以提升，从而形成完整的产业链条，推动区域产业集群的形成①。

在农业园区内，企业、科研机构和教育机构通过协同发展，共享信息、资源和市场，形成合作网络。这种合作网络不仅能够帮助园区内企业迅速获取市场信息和技术资讯，还能通过信息共享降低生产成本、优化资源配置。园区内的农业企业可以通过联合采购原材料、共享生产设施、共同研发技术等方式降低企业运营成本，提高生产效率。此外，信息共享还能够帮助企业及时把握市场需求的变化，快速调整生产策略，增强产业集群的市场响应能力。“产科教”农业园区通过搭建科技孵化平台，推动创新成果的转化应用，进一步推动产业集群的发展。通过与高校和科研院所的合作，园区能够将科研成果转化为实际应用，推动农业生产技术的革新。与此同时，园区内的农业企业也能够依托孵化平台，开发出符合市场需求的新产品或新技术。园区可以通过举办技术创新大赛、科技交流会等形式，激励企业和农民提出技术创新方案，从而形成强有力的创新驱动效应。科技创新驱动产业集群的形成，不仅促进了农业企业的创新能力提升，也推动了产业链条的丰富与完善②。农村产业集群的形成与人才的培养密切相关。通过“产科教”融合育人的模式，园区能够为农民和农业企业提供系统的教育培训，提升其科技应用能力和创新思维。园区内的高校、科研院所和企业共同开展农民培训、技术讲座、职业技能竞赛等活动，帮助农民掌握新型农业技术，提升农业生产的技术含量。人才的集聚和培养，能够为农业园区提供充足的技术支持和创新驱动力。特别是在现代农业领域，智能化、精准化、信息化技术的应用需要大量高素质的农业人才。因此，农业园区通过培养复合型人才，为产业集群的发展提供了智力支持和人力资源保障。

农业园区应通过加强产学研的合作，搭建起科技创新平台，促进农业企业、科研机构和教育机构的深度融合。这些平台不仅可以助力农业科技的研发，还能促进科技成果的转化和应用。园区可以通过创建联合研发中心、创新实验室等形式，引导科技成果走向市场，提高农业技术的应用性和可操作性。同时，园区内的农业企业可以与科研机构联合开展技术攻关，共同解决生产中的技术瓶颈问题，推动产业的技术进步。随着信息技术的快速发展，数字化、智能化农业成为现代农业发展的重要趋势。农业园区应积极推动园区内企业的数字化转型，推动物联网、大数据、人工智能等技术在农业中的应用。通过智能化管理和精准农业技术的应用，提升农业生产效率，减少资源浪费，增强农业园区的可持续发展能力。数字化转型不仅提升了农业生产的智能化水平，还促进了农业产业链条的数字化整合和协同发展③。园区应结合当地的资源优势和特色产业，打造具有地方特色的农业产业集群。农业园区以特色农产品为主，经果林如红橘、茶叶、贵妃枇杷等，可以通过加强品种改良、加工技术的研发以及品牌建设，提升农产品的市场竞争力。通过整合农业产业链上的各个环节，推动原料供应、加工、销

① 任新红.新时代高等教育国际化发展研究[M].成都:西南交通大学出版社,2022.

② 肖凤翔,殷航.向世界推介中国职教故事的逻辑理路[J].中国职业技术教育,2019(12):35-41.

③ 赵鹏飞,曾仙乐,黄河,等.“一带一路”背景下职业教育校企协同海外办学模式探索[J].中国职业技术教育,2017(18):33-41.

售等环节的协调发展,最终形成一个完整的产业集群。当地政府加大对农业园区的政策扶持和资金投入,为科技聚合和产业协同发展提供保障。

第四节　文化价值

一、传承耕读文化,厚植"三农"情怀

随着现代化农业的蓬勃发展,乡村振兴战略成为国家发展的重要议题。在这一过程中,农业园区不仅承担着技术创新和产业升级的重任,还肩负着传承和发扬传统农业文化的使命。尤其是在"产科教"农业园区融合育人的背景下,如何结合现代农业的技术进步与农村文化的传承,激发农民对土地的热爱与责任感,构建具有深厚文化底蕴的农村产业体系,成为农村经济可持续发展的关键问题。探讨"产科教"农业园区融合育人的文化价值,特别是在这一模式下传承耕读文化,厚植"三农"情怀,可以为农业发展和乡村振兴注入深厚的文化力量[①]。耕读文化是我国传统农耕文明的重要组成部分,指的是农民在从事农业生产的同时,注重文化教育和知识的学习。这一文化形式的历史源远流长,特别是在中国古代,许多农民家庭坚持"耕读传家"的理念,形成了既勤劳务农又重视教育的社会风尚。耕读文化不仅是劳动与读书的结合,而且更深层次地体现了农民在艰苦的生产劳动中对知识的尊重、对家国情怀的承载和对社会责任的担当。

中国古代,耕读文化的核心价值在于推动了社会的知识普及和乡村文化的发展。通过农民对农业生产的专注与对书本知识的渴求,农耕社会能够保持着较高的文化水平和社会稳定性。古人有"读书养性,耕作养生"的说法,强调知识和劳动的双重重要性。耕读文化促进了农村地区社会、文化的和谐,成为中国传统文化的重要支柱。当今社会,尤其是乡村振兴过程中,耕读文化的价值依然不可忽视。它不仅代表着农民对土地的依赖和热爱,更体现了农民追求精神世界富足的文化诉求。在农村,教育的普及程度直接影响着农业的现代化进程。耕读文化的传承,有助于激发农民对农业技术、生态保护等方面的关注,从而形成良好的生产环境和社会氛围。农业园区不仅仅是一个技术和产业的聚集地,更是一个文化的载体。园区通过建立农业文化中心、乡村文化传承基地等形式,传递和弘扬农业传统文化。这些文化中心不仅向农民普及现代农业科技,也通过展览、讲座、互动体验等形式,帮助农民了解和继承耕读文化。通过定期举办农耕文化节、传统农具展、农耕知识竞赛等活动,让农民在生产之余,感受到传统文化的熏陶,从而增强对农业生产和乡土文化的认同感[②]。

---

① 唐智彬,胡媚,谭素美.比较视野中教育扶贫的国际经验与中国路径选择:基于主要国际组织和机构理念与行动的分析[J].比较教育研究,2019(4):37-44.

② 麻学锋,邹荣荣.生态旅游赋能和美乡村提升居民幸福的机理与路径:以张家界为例[J].地理与地理信息科学,2024(6):126-134.

"产科教"模式下，科技与文化并非对立存在，而是相互交织，互为支撑。农业园区通过引入现代科技，提升农业生产效率，同时，也注重文化的传递和培育。在这一过程中，耕读文化为科技创新提供了文化土壤，农民的传统文化意识和农业情怀使得新技术的接受度更高。文化与科技的结合，不仅能促进农民的技能培训和技术创新，还能增强他们的集体主义精神和对乡土文化的尊重。在"产科教"农业园区中，教育不仅是培养专业技能和技术的途径，也是传承耕读文化的重要方式；不仅要传授现代农业知识，还要加强传统农业文化的教育。农业园区可以通过推动地方文化和历史相结合，设计具有地方特色的文化课程，讲述农业的历史和文化，帮助农民从中汲取精神力量，激发他们对农业、对乡村的认同感。农业园区可以通过组织"文化进农田"活动，将传统农业生产知识和文化传承活动有机结合。在农忙季节，园区可以组织"农耕文化传承"活动，让农民在劳动过程中体验传统农耕文化的魅力；同时，将农田作为文化传承的载体，让农民在实践中感悟耕读文化的内涵。此外，园区还可以通过设立"农耕文化体验馆"，通过实物展示、虚拟技术等手段，重现古代农业生产的场景，让农民在参与互动的过程中感知传统文化的魅力。

现代农业园区应当建立创新型的农民教育体系，不仅关注农民技能培训，还要融入文化教育的内容。通过农业与文化相结合的培训课程，帮助农民提高现代农业技术水平，并增强其文化认同感和社会责任感。组织农民参加文化讲座、传统节庆活动，传播优秀的传统文化，帮助他们树立正确的价值观，增强他们的集体主义精神和振兴乡村的责任感。每个地区都有自己独特的农业文化和耕读文化，通过农业园区的建设和发展，可以将地方的传统文化融入园区的文化建设中。园区可以与地方的文化遗产保护机构合作，保护当地的农业文化遗址，收集传统农具和历史文献等，利用现代科技手段进行传承和展示。此外，园区可以与地方文化艺术团体的合作，通过组织民间艺术表演、传统手工艺展示等活动，增强农民对本土文化的认同和尊重。乡村振兴不仅仅是物质层面的提升，更是精神层面的复兴。文化自信是乡村振兴的内在动力。在农业园区推动耕读文化的传承，有助于增强农民的文化自信，激发他们为家乡发展贡献力量的热情。同时，农业园区通过加强文化教育，帮助农民树立正确的乡村振兴观念，推动乡村经济和社会的全面发展。乡村振兴的关键在于人的振兴。在"产科教"农业园区的模式下，通过文化的滋养，农民能够更好地认识到自我价值，并从中获得精神上的满足感。这种文化自觉不仅促进了农民个人的成长，也推动了乡村社会的和谐与发展。通过弘扬耕读文化，农业园区不仅为农民提供了物质支持，更为他们注入了文化力量，帮助他们树立了乡村振兴的信心和责任感。

二、融合产教文化，夯实职业能力

农业园区不仅承担着产业创新和技术推广的任务，还肩负着提升农民素质、推动农村人才发展的重任。在这一过程中，"产科教"农业园区融合育人模式作为促进农业与教育、产业与科技结合的创新实践，逐步成为推动农业高质量发展的关键力量。特别是在文化价值层面，通过融合产教文化，夯实农民的职业能力，能够有效提升农村劳动力的素质，促进农业园区的持续发展，进而推动乡村振兴。产教文化是产业发展与教育培养相互融合和互动的产物，具体来说，是通过教育、培训和实践等手段，帮助从业人员提升与行业相关的知识和技能水平,促进产业的发展与人才的培养。在农业领域,产教文化不仅涵盖农业技术、管理等方面的教育,还包括农业文化和行业价值观的传承与创新。农业园区中的产教文化不仅推动了农业生产技能的提升,更加深了农业从业者的行业认同感和社会责任感。

产教文化的价值体现在以下几个方面:首先,产教文化能够为农业园区提供强有力的人力资源保障,通过专业化、系统化的教育和培训,培养农业领域所需的各类技术人才;其次,产教文化可以促进农业产业与教育体系的深度对接,帮助学院、科研机构更好地理解市场需求和行业趋势,提高教育内容的实用性和针对性;最后,产教文化还能强化农业从业人员的文化自觉和行业认同,提升他们的职业能力和创新能力,进而推动农业园区的整体发展。"产科教"农业园区融合育人模式,核心在于将产业、科技和教育三大要素有效结合,在技术创新和人才培养的基础上,推动农业产业的持续发展。在这一模式下,文化价值的实现主要体现在如何通过教育和文化的力量,提升农业园区的整体素质和农民的职业能力。在"产科教"模式下,文化的价值不仅体现在知识技能的传授上,更在于塑造农民的职业认同感和责任感。通过农业文化的传承和弘扬,增强农民对农业职业的自豪感和归属感,进而激发其在生产中追求卓越的动力。农业园区可以通过定期组织文化活动、职业道德培训等方式,帮助农民认识到农业职业的重要性和社会价值。与此同时,园区可以通过宣传农耕文化、农民英雄故事等,增强农民对农业生产的认同感,鼓励他们发挥更强烈的职业热情和责任感。产教文化的融合作为农业园区的文化核心,不仅促进了技术与教育的结合,还推动了技术创新的不断涌现。园区通过与科研院所、高校等的合作,共同研发新型农业技术和生产模式,不仅推动了产业升级,还为农民提供了持续的技术支持。同时,农业园区还可以通过开展文化活动,让农民了解现代农业技术的重要性和应用场景,增强他们的科技意识和创新意识。通过这一过程,农业园区内的农业从业者能够不断提升职业能力,适应农业现代化发展的需求。

为了夯实农民的职业能力,农业园区应当建立完善的职业教育体系,涵盖从基础教育到高端技术培训的多个层次。首先,园区可以与地方职业院校、普通高等院校合作,为农民提供针对性强的职业技能培训课程,帮助他们提高现代农业技术的应用能力。其次,园区应开设农业管理、市场营销、农业环保等方向的课程,培养具备综合素质的农业专业人才。此外,还可以通过线上和线下相结合的方式,开展远程教育和培训,确保农民在不同地域和环境下都能获得优质的职业教育资源。农业园区可以通过开展职业道德教育、农民精神文化建设等活动,帮助农民树立正确的价值观,强化其对农业职业的责任感和使命感;还可以组织农民参加志愿服务活动、环境保护行动等,激发他们为社会和家乡贡献力量的热情。通过这些方式,不仅提升了农民的职业能力,还增强了他们的社会责任感和集体主义精神,推动园区内社会的和谐与进步。"产科教"农业园区融合育人的文化价值,尤其是在融合产教文化、夯实职业能力方面,发挥着不可忽视的作用。科技、教育和文化的结合,不仅提升了农民的职业能力,还推动了农业园区产业的创新和发展。未来,农业园区应继续加强产教文化的融合,推动农业技术的普及和农民素质的提升,为乡村振兴和农业现代化贡献更多的力量。

三、创新乡村文化，促进文化振兴

乡村振兴战略是我国新时代发展战略中的核心内容之一，而文化振兴作为乡村振兴的重要组成部分，已成为推动乡村全面发展的关键要素。在农业园区建设中，在“产科教”模式下，融合产业、科技和教育的力量，创新乡村文化，并推动乡村文化的振兴，成为实现乡村振兴目标的重要途径。农业园区不仅是推动农业现代化、促进科技创新的阵地，更是传承和创新乡村文化、夯实乡村文化根基的沃土。宜居宜业和美乡村建设包含了“宜居”“宜业”和“和美”三大方面，是新时代对当前生产力和生产关系的新型发展要求。新质生产力不仅是中国式现代化语境下的新发展理论，亦有助力乡村建设的实践功用，在促进乡村产业发展的同时，更可带来农民个体的思维革新，实现乡村整体与农民个体的发展[①]。在“产科教”农业园区融合育人的文化价值下，创新乡村文化是指在传承传统农业文化的基础上，通过科技、教育等现代手段，激发农民的文化创造力，增强他们的文化自信，推动乡村文化的全面振兴和可持续发展，塑造具有地方特色和时代精神的文化内涵。

乡村文化振兴的内涵包括以下几个方面：首先，传承和保护乡村传统文化，如乡土语言、民间艺术、农耕文化等；其次，创新和发展乡村文化，使其更好地适应现代社会的发展需求，形成具有时代性、创新性和包容性的文化模式；最后，乡村文化振兴还包括文化产业的培育和发展，通过文化产业促进乡村经济的发展，增强乡村的文化吸引力和竞争力。乡村文化振兴不仅是乡村振兴的核心组成部分，也是社会和谐与乡村持续发展的根本。乡村文化凝聚着农民的智慧和情感，塑造了乡村社会的价值观和生活方式，是推动乡村社会稳定与发展的重要力量。实现乡村文化振兴，可以增强农民的文化自信，提升他们的社会认同感和集体主义精神，从而推动农业现代化与社会进步。

“产科教”农业园区通过融合产教文化，为乡村文化振兴提供了经济支撑。随着乡村文化产业的崛起，农业园区逐渐成为乡村文化经济的核心区域。园区内可以发展农产品深加工、乡村旅游、文化创意等产业，提升乡村文化的经济价值。通过推动文化产业发展，农业园区不仅增强了乡村的文化影响力，还带动了乡村经济的增长，促进了乡村文化与经济的协调发展。乡土文化是乡村文化的根基，它不仅反映了乡村的历史和传统，也蕴含着独特的地方特色。在“产科教”农业园区的文化价值下，创新乡村文化的首要任务是保护和传承乡土文化。通过建设文化遗产保护基地、乡村博物馆等设施，农业园区可以保存乡村历史文化遗产，并通过数字化手段进行展示和传播。此外，园区还可以鼓励农民创作和参与本地传统文化的保护与发展，提升他们的文化自觉性和创造力。农业园区可以通过设置文化教育课程、开展乡村文化活动、组织农民参加各种文化培训等方式，提升农民的文化水平。通过开设乡土文化讲座、农耕知识竞赛等活动，让农民了解本地的历史文化和农耕传统，增强他们的文化认同感。同时，园区还可以引导农民关注和参与现代文化艺术，帮助他们提升文化审美和创造力，激发乡村文化创新的潜力。“产科教”农业园区可以通过发展乡村旅游和文化创意产业，推动乡村文化品牌的建设。园区可以结合本地特色，打造具有地方特色的文化旅游产品，如传统节庆、乡村

---

① 李长健，杨骏．新质生产力如何助推和美乡村建设[J]．西北农林科技大学学报（社会科学版），2024，24(6)：11-20.

手工艺品、农田体验等，吸引游客前来参观和体验，推动乡村文化的传播和影响力的提升。此外，园区还可以通过发展农业旅游、农家乐等形式，增强农民的文化自信，增加农民的经济收入，推动乡村文化与经济的协调发展。

创新乡村文化的另一条重要路径是构建文化创新平台，推动各方力量的合作与交流。农业园区可以通过与文化艺术团体、科研机构、高校等的合作，搭建乡村文化创新平台，开展文化交流、技术培训和文化创意等活动。同时，园区可以支持农民、企业和文化工作者开展合作，共同开发具有乡村特色的文化产品，推动乡村文化的创新发展。这一合作机制，可以促进乡村文化与现代社会的接轨，推动乡村文化的持续创新与发展。“产科教”农业园区融合育人的文化价值，在乡村文化振兴与创新中具有重要意义。通过科技、教育和文化的结合，农业园区不仅提升了农业生产水平，还推动了乡村文化的现代化与创新。未来，农业园区应继续加强产教文化的融合，推动乡村文化的振兴与创新，为乡村振兴和社会发展提供强大的文化支撑。

第五节　教育价值

一、人才培养新高度：“产科教”农业园区融合育人模式的创新

在新时代背景下，农业发展不仅仅依赖于传统的生产方式，更依靠科技创新和人才的持续输入。特别是随着乡村振兴战略的实施，农业园区作为现代农业的重要载体，不仅承担着产业化的重任，还肩负着人才培养和创新的使命。在这一过程中，“产科教”农业园区融合育人模式的创新实践，成为推动农业高质量发展的重要力量。和美乡村建设是新时代乡村振兴视野下建设农业强国的应有之义。从“美丽乡村”到“和美乡村”，既是新时代乡村建设内涵的进一步拓展，更体现了乡村振兴目标的进一步优化[①]。“产科教”农业园区融合育人将产业、科技、教育三者融合，是农业园区提升农民和农业从业者综合素质、促进现代农业发展的有效路径。该模式的创新实践，体现了教育与产业、科技的深度融合，不仅为农业园区的发展注入了人才动力，也为乡村振兴提供了坚实的人力资源支持。“产科教”指在农业园区内，产业发展、科技创新和教育培养相互融合，三者协同发展，形成互为支撑的良性循环。具体而言，这一模式通过将产业需求、科技进步和教育资源紧密结合，推动农业人才的系统培养与技能提升，同时助力农业产业的科技创新和发展。产业为教育提供实践平台，科技为教育提供先进技术，教育为产业培养人才，从而推动农业园区的整体提升。“产科教”农业园区融合育人模式，以产业为依托，以科技为支撑，以教育为导向，不仅推动了农业园区的经济发展，还为乡村振兴和农业现代化培养了大量的高素质人才，具有重要的教育价值。农业园区能够为农民提

① 张宇伯，王丹．乡村振兴视野下和美乡村建设评价模型研究[J]．中央民族大学学报(哲学社会科学版)，2023，50(3)：168-176．

供丰富的实践机会，将教育与产业需求紧密对接。通过设立农业技术培训中心、农民工技能培训班等，园区为农民和农业从业者提供了全方位、多层次的培训服务。教育内容不仅涵盖基础农业技术，还涉及现代农业管理、绿色种植、精准农业等领域，帮助农民提高农业生产技能，转型为具备现代农业生产能力的技术人才。同时，园区还注重培养农民的创新意识和创业能力，推动农业从业者向高附加值的农业领域转型。

在农业园区内，科技和教育的结合是"产科教"模式的核心。园区通过引进高新农业技术和科研成果，将最新的农业科技成果转化为教育资源，并以此为基础设计课程内容，推动农民掌握先进的农业生产技术。园区可以通过与高校、科研院所的合作，开展现代农业技术的培训，帮助农民掌握精准农业、智慧农业等技术，提升其在农业中的科技应用能力。这种科技与教育的融合，不仅提升了农民的技能水平，也促进了科技创新与产业发展。"产科教"模式下，农业园区不仅注重技能培训，还注重农民的综合素质提升。通过举办职业道德讲座、农业社会责任教育等活动，提升农民的社会责任感、环境保护意识和创新精神。同时，园区还注重培养农民的团队合作能力和沟通能力，提升其在农业生产中的管理能力和决策能力。这种全方位的素质教育，帮助农民从传统的劳动者向现代农业企业家、创新者转型，推动农业产业的持续升级。

教育不仅是技术和技能的传授，也是文化传承的载体。在"产科教"模式下，农业园区通过将本地的农业文化与现代教育理念相结合，推动乡村文化的传承与创新。园区可以通过开展农耕文化体验、乡土艺术展览、传统手工艺培训等活动，激发农民的文化自信，提升他们的社会认同感。这不仅有助于提升农民的文化素质，也为农业园区的社会责任建设和乡村振兴提供了文化支撑。农业园区根据自身产业特色，建立了以产业为导向的教育体系。园区专注于生态农业和绿色农业的推广，依托园区的农业资源优势，开设绿色农业技术培训课程。园区通过与高校、农业技术研究机构的合作，为农民提供理论与实践并重的培训，帮助他们掌握绿色农业、生态种植等技能，推动农业园区的可持续发展。随着智能农业、数字农业等新技术的不断发展，"产科教"模式中的科技元素也在不断发挥创新作用。在一些农业园区，现代科技与教育的结合已经达到了新的高度。通过引入大数据、物联网、人工智能等技术，园区不仅为农民提供农业生产技术培训，还提供了智能农业设备的操作培训和数据分析技能培训。农民通过实际操作，了解并掌握先进的农业科技，提升了生产效率和科技应用能力。

传统教育内容和产业需求之间存在脱节现象，导致农民所学知识难以直接应用于生产。为此，园区加强与农业企业和科研机构的合作，及时更新教育内容，确保教育内容与产业需求紧密对接，确保农民能够获得最前沿、最实用的农业技术。农民的学习能力、接受新知识和新技术的意愿及能力存在一定差异。园区采取灵活多样的培训形式，如线上与线下结合、实践与理论并重的方式，增强农民的参与感和学习动力。"产科教"农业园区融合育人的模式，通过产业、科技和教育的有机结合，在农业人才培养方面实现了突破，为乡村振兴提供了有力的支持。这一模式不仅提升了农业从业者的综合素质，也为农业园区的可持续发展注入了源源不断的人才动力。未来，随着农业科技的不断发展和教育资源的逐步优化，"产科教"农业园区融合育人模式将继续发挥更大的作用，为农业现代化和乡村振兴贡献更多力量。

二、人才培训新篇章："产科教"农业园区助力农业从业者技能升级

随着我国经济的转型升级，特别是乡村振兴战略的实施，农业现代化进程日益加快。农业园区作为推动现代农业发展的重要平台，肩负着产业升级、科技创新和人才培养等多重任务。在这一过程中，提升农业从业者的技能水平，推动他们从传统的劳动者转型为现代农业的专业人才，成为农业园区的重要使命。"产科教"模式的提出，为这一目标的实现提供了创新路径。这一模式不仅注重农业从业者的技能培训，更强调他们的创新能力和综合素质的提升，促进农业生产模式和产业结构的全面升级。当前，我国农业从业者大多数文化水平较低，且农业技能相对传统，缺乏现代农业所需的高技术、高素质人才。大部分农民依然采用传统的生产方式，科技应用不足，缺乏对现代农业技术的掌握与应用能力。这使得我国农业在生产效率、资源利用率和可持续发展等方面面临较大压力，急需培养具备现代农业技术和创新思维的人才，以推动农业现代化和乡村振兴。

"产科教"模式不仅注重农民的技术技能培训，还注重提升他们的综合素质。通过开设管理、环保意识、农产品市场营销等培训课程，园区能够帮助农民全面提升职业素养，增强他们在现代农业生产中的竞争力。此外，园区还可以通过组织交流活动、合作项目等方式，提升农民的团队协作能力、创新能力和创业能力，为他们创造更多的职业发展机会。在农业园区的教育培训过程中，注重乡村文化的传承也是"产科教"模式的一大亮点。农业园区不仅仅传授现代农业技术，也在本地农耕文化的基础上进行创新和发展。通过设立农业文化展览馆、传统手工艺培训班等，既让农民了解传统文化的价值，也鼓励他们在现代农业生产中融入创新元素。通过这种方式，农业园区不仅提升了农民的技术能力，还促进了乡村文化的繁荣和乡村社会的和谐。"产科教"模式的成功实践离不开创新的培训机制和方法。农业园区通过创新培训模式和内容，帮助农业从业者在技能和知识方面实现全面提升。

随着信息技术的飞速发展，互联网成为现代教育的重要手段。"产科教"模式通过建立"互联网＋农业"教育平台，打破了时间和空间的限制，为农民提供了更加灵活的学习方式。园区可以利用在线课程、远程教学和视频直播等方式，向农民传授农业技术和管理知识，让他们随时随地学习先进的农业技术。这种在线学习方式，不仅方便农民获取信息，还能实现资源的共享，提升培训的普及性，增大培训的覆盖面。在"产科教"模式的框架内，农业园区注重理论与实践相结合的培训方式。园区内设置了各类实践教学基地，如现代化农业示范园、农田管理实验区等，让农民在实际生产环境中进行操作和实践。园区可以组织农民到示范园区进行实地学习，通过参与具体的农业生产过程，提升他们对现代农业技术的理解和应用能力。这种实践性培训方式，不仅有助于农民将所学知识应用到生产中，还能够增强他们的动手能力和解决问题能力。

目前，不同地区农业园区的培训资源和条件差异较大，偏远地区的农业园区可能存在教育资源不足的问题。为解决这一问题，政府可以加大对贫困地区农业教育的投入，通过政府引导、社会参与等方式，提升教育资源的覆盖率。同时，可以依托互联网平台，打破地域限制，实现资源共享。随着科技的迅猛发展，农业技术的更新换代速度加快，这要求农业园区的培训内容及时更新。为此，园区应加强与科研机构、高校和农业企业的合作，及时引入新技术、

新知识，确保培训内容的时效性和前瞻性。“产科教”农业园区融合育人模式，通过产业、科技和教育的有机结合，为农业从业者提供了全方位、多层次的技能培训，推动了他们的技能升级和综合素质提升。这一模式不仅提升了农民的生产技术和创新能力，还为乡村振兴提供了重要的人才支持。未来，随着农业科技的不断发展和教育资源的进一步优化，“产科教”农业园区融合育人模式将继续为农业从业者提供更多的学习机会，助力农业现代化进程，推动农业园区的可持续发展。

第三章

办学理念:“三融四合五化”育人硬核

在时代的磅礴演进与政策的强劲指引下,农业职业教育正处于深度变革的关键节点。“三农”工作作为全党工作的重中之重,于乡村振兴战略的宏大叙事中,对农业职业教育提出了全新且严苛的要求。当此之际,全球科技革命与产业变革浪潮汹涌澎湃,数字化、智能化技术深度重塑农业产业格局,催生新业态、新模式与新需求。教育领域积极响应,全面推进产教融合、科教融汇,力求实现教育体系与产业发展的同频共振、深度交融。在此宏观语境下,“产科教”农业园区融合育人模式应运而生,宛如一座明亮的灯塔,助力农业职业教育开辟创新路径、重塑办学理念。它以“三融”理念——融进农业、融进农村、融进农民为坚实基石,深度挖掘农业自身潜能,引入外部优势资源,驱动内核与外源协同发展;以“四合”理念强基铸魂,推动德技、科教、产教、耕读全方位融合,培育复合型人才;以“五化”理念勾勒璀璨蓝图,借职业化、地方化、数字化、协同化、国际化之力,构建农业园区发展新格局。此模式深度契合政策导向,紧密追踪前沿科研成果,为农业职业教育的现代化征程注入磅礴动力,有力推动农业农村现代化与乡村振兴战略的稳步实施,意义深远、价值非凡。

第一节　“三农”深度融合:农业职业教育赋能乡村全面振兴

当今时代,“三农”问题是我国经济社会发展的重要问题,也是教育领域应当关注和重视的课题[①]。从农业生产到农村发展,再到农民福祉,教育始终在其中发挥着关键的引领作用。

① 江世鑫,张学明,吴汉辉.学校教学与管理过程中融入“三农”人物教育元素探讨[J].农业技术经济,2024(10):145-146.

尤其在乡村振兴的大背景下,教育不再局限于单纯的知识传授,而是要以系统化、实践化的方式,紧密贴合农业与农村的实际需求,为乡村发展持续输送智力支持与技术保障。农业农村部、教育部实施乡村振兴人才培养优质校建设,开启了职业教育培养乡村振兴人才的新局面。职业教育作为与国民经济和社会发展联系最密切的一种教育类型,在服务乡村振兴战略中扮演重要角色。而“产科教”农业园区融合育人模式,正是响应时代号召,以教育为引领,深度融进“三农”,旨在通过农业实践推动乡村振兴的一种创新教育模式。本节将深入探讨这一模式的核心理念之“融进农业、融进农村、融进农民”。

一、融进农业,强化农业职业教育的实践与应用

“农,天下之大本,天下之大业”。农业发展事关国家前途与人民福祉,是中华民族伟大复兴的重要内容[①]。作为与农业关系最为紧密的教育类型之一,农业职业教育肩负着推动建成农业强国的重大使命任务,横跨教育域、产业域、技术域、生态域与社会域,在农业强国的建设中发挥复合作用[②]。农业职业教育的核心在于培养具有实践能力和创新精神的专业人才,以支撑农业的现代化转型与可持续发展。尤其在当前全球农业产业不断升级、农业科技创新日新月异的时代背景下,农业职业教育不仅要培养具备理论知识的专业人才,更要强调实践能力与创新精神的培养,特别是在农业现代化转型过程中,教育须与农业生产实际、技术应用紧密结合。因此农业职业教育赋能农业强国作为一个长期性的实践命题,必须走内源性和外源性相结合的高质量赋能路线[③]。通过“产科教”融合育人模式的深入实施,农业职业教育为现代农业提供理论支持,也为产业创新提供实践基础,形成教育引领下的双轮驱动机制:内核驱动与外源发展。重庆三峡职业学院以万州国家级现代农业产业园为载体,与 42 家农企共建智慧果园 10 万余亩,示范推广稻渔综合种养 3.27 万余亩,产生直接经济效益 2.28 亿元,正是通过内核驱动挖掘传统农业潜力,外源引入智能装备、物联网技术等现代要素,形成“教学-生产-研发”一体化实践平台。在“产科教”融合育人模式中,内核驱动与外源发展相辅相成,共同作用于农业教育体系的升级。如可以开发“柑橘智慧种植”课程模块,将传统嫁接技艺与大数据分析相结合,使学生掌握从品种选育到精准施肥的全链条技术,体现了教育对农业产业升级的直接赋能。这一机制强调农业职业教育要深入挖掘农业自身的潜力,推动教育体系的创新与实践,即内核驱动;同时,也着重于从外部引入先进的农业职业教育理念、技术、资金等资源,即外源发展,以全面促进农业职业教育的升级与转型[④]。

在农业职业教育的实践中,内核驱动强调的是农业职业教育对农业内部创新能力的培养,是指通过发掘农业本身的潜力,推动农业职业教育体系的创新与实践。农业作为一项深深扎根于土地的行业,其传统经验与技艺是农业发展的宝贵资源。内核驱动不仅仅是对我国传统农业

① 薛洲,高强.从农业大国迈向农业强国:挑战、动力与策略[J].南京农业大学学报(社会科学版),2023,23(1):1-15.

② 祁占勇.农村职业教育赋能农业强国:逻辑向度、现实困境与实践路径[J].华中师范大学学报(人文社会科学版),2024,63(5):166-176.

③ 彭洪莉,朱德全.职业教育服务乡村振兴:多维演进与未来图景[J].教育发展研究,2022,42(19):31-40.

④ 张晓宁,晋蓓,曹扬.涉农高校经济学专业实践教育体系创新:“新文科”视野下的探索[J].中国大学教学,2024(11):75-80.

历史和文化的尊重，更是对其现代化转型的推动。这要求农业职业教育不仅要传授农业科学的基础知识与前沿理论，更要注重培养学生的实践技能与创新精神。在传统的农作物种植、养殖技术中融入现代化科技手段，探索其在可持续农业、精准农业等领域的创新应用。农业职业教育要真正实现内核驱动，表现形式首先体现在教育机制的创新上，要通过校企合作、产学研结合等机制深化教育与农业产业的互动。这种机制要求农业职业教育不局限于课堂教学，而是将农业生产和技术应用作为教育的重要内容。教育内容的设计应与农业产业发展需求同步，学校可以借助农业园区的资源，建设实训基地和创新平台，使学生在真实的生产环境中参与农业实践，从而提升其解决实际问题的能力。这种机制突破了传统的农业教育模式，实现了教育资源与农业生产资源的共享，强化了教育实践的针对性与实用性。鼓励学生积极参与农业科研项目，培养其独立思考、解决问题的能力，为农业的内核驱动提供持续的人才支撑与智力支持。在内核驱动的具体方法上，农业职业教育应注重培养学生的创新能力与实践能力。这要求教育体系必须围绕农业生产的核心问题进行课程设计，注重对学生动手能力和实践技能的培养。在这一过程中，农业职业教育不仅要关注传统农业技术的传授，更要引入现代农业科技，如精准农业、智能温室、农业物联网等领域的前沿技术。通过这些技术的引入，教育内容得以不断更新和优化，使学生在掌握传统农业技能的同时，也具备应对新技术挑战的能力。这种方法强调将最新的农业科技与教育相结合，推动农业职业教育向技术导向和创新导向发展。

在全球化背景下，农业职业教育的发展同样离不开外部资源的支持与驱动。随着全球农业产业的不断进步和国际间科技、人才、资本的流动加速，农业职业教育需要从传统的自给自足模式转向更加开放、创新、国际化的发展路径。外源发展是指通过引进外部先进的教育理念、技术、资金等资源，推动农业职业教育的快速升级与可持续发展，从而为农业现代化培养出更多高水平、高素质的专业人才。外源发展的首要举措是加强国际合作与交流，吸收全球范围内的先进教育理念，推动农业职业教育的全面升级。随着科技的飞速发展，农业职业教育不仅需要关注本国的教育需求，更应当放眼全球，借鉴国际农业职业教育的成功经验和创新方法。通过与国际农业职业教育机构、知名农业高校、科研机构等的合作，更加多元的教学内容和方法得以引入。建立跨国教育合作平台、联合培养项目、学术交流等形式，不仅可以提升我国农业职业教育的国际化水平，更能为学生提供更广阔的视野和更多的全球就业机会。外源发展还需要通过多元化的资金和技术支持，推动农业职业教育资源的快速发展。在现代农业职业教育的背景下，单纯依赖政府和学校的投入已经远远不够，必须通过社会资本的介入，引入企业、社会组织等的资金和技术资源，其中职业院校要为乡村振兴提供人才供给、新农助农技术技能培训、科研成果转化、引企伴企入村等[①]。农业企业和农业产业园区可以为学校提供实际生产场景，为学生提供实习和实践的机会，并且为农业职业教育提供技术支持与资金投入。通过这种校企合作模式，学校不仅能够将教育与产业紧密结合，还能借助企业在技术创新、市场开拓等方面的优势，使农业职业教育的内容和形式更加符合行业需求。在“产科教”融合育人模式下，外源发展的另一个关键方面是促进国际农业技术的引进与本土化应用。在全球农业技术快速发展的今天，新的农业技术不断涌现，如无人机遥感、农业机器人

① 莫海燕.乡村振兴背景下农村职业教育的提升对农村经济发展影响研究[J].农业经济，2024(11)：93-95.

等。这些技术不仅可以提升农业生产的效率和质量，还能够推动农业向更加智能化、数字化的方向发展。农业职业教育必须及时跟进这些新技术的发展动态，通过产学研用结合，引导学生掌握最新的农业科技应用，培养适应未来农业发展趋势的创新型人才。通过与国外科研机构、跨国农业企业的技术合作，我国农业职业教育的科研水平不断提高，学生能够更好地了解全球农业技术的前沿动态，我国农业的技术创新和升级获得源源不断的智力支持。

二、融进农村，促进农村发展与职业教育命运与共

2021年，中共中央办公厅、国务院办公厅颁布《关于推动职业教育高质量发展的意见》，指出"优化职业教育供给结构，支持办好面向农村的职业教育，加快培养乡村振兴人才"[①]。这一政策导向为职业教育在农村的发展锚定了方向，而"融进农村"则是对"面向农村"这一战略部署的深化与具化，是"产科教"农业园区融合育人模式中不可或缺的重要维度，彰显出农业职业教育在乡村振兴战略中的深度嵌入与全方位赋能，既涵盖了农业、农民的核心要素，又涉及乡村治理、城乡融合等广泛的社会维度。从"产科教"的多元视角审视，农村绝非传统意义上狭隘的"乡村"概念，而是一个集农业生产、农民生活、乡村治理及城乡融合等多重功能于一体的复杂社会场域。在这一广阔且复杂的场域中，教育如何深度嵌入并发挥其核心驱动作用，成为"融进农村"战略的关键命题。教育，作为知识传播与社会发展的基石，在乡村振兴进程中，不仅承担着知识传承的使命，更是推动农村社会、经济、文化等多维度发展的源动力。特别是在乡村地区，教育是乡村现代化转型与乡村有效治理的基础性支撑，是连接传统与现代、乡村与城市的重要桥梁。农业园区作为农业现代化的关键载体，其发展离不开教育力量的深度参与。通过产、学、研、用的紧密结合，农业职业教育得以创新与转型，实现教育内容、形式与农业生产实际需求的精准对接。教育不再仅仅局限于知识的单向传授，而转变为对农业产业的全方位智力支持与技术推动。在农业园区的发展进程中，通过对农业科技前沿动态、产业需求变化及人才培养方向的持续探索与深度研究，教育能够在园区内外构建起协同发展的长效机制，有力推动农业产业的升级与现代化进程，实现农业生产效率与质量的双重提升。

"命运与共"是"融进农村，促进农村发展与职业教育融合"理念的核心要义。它深刻揭示了农村发展与职业教育之间相互渗透、互为促进的动态关系。在农业园区的建设过程中，学校不仅要为农村提供人才支持与智力支撑，更应通过参与农村的经济、社会、文化发展，形成教育对乡村振兴的全方位促进作用。这既有利于职业院校办学质量提升，又有助于搭建乡村人才培育"第三场域"（第一场域——课堂，第二场域——社会实践，第三场域——乡村实践教学基地），推进农业农村现代化进程，夯实乡村振兴人才库，助力乡村全面振兴[②]。在村校共生、命运与共的框架下，学校与农村之间的联系愈发紧密，教育资源能够在农村广袤的土地上得到充分应用与拓展，而乡村的实际需求也能反向推动教育体系的改革与创新。重庆三峡职

① 参见中共中央办公厅　国务院办公厅印发《关于推动现代职业教育高质量发展的意见》，中华人民共和国国务院公报，2021年第30号。

② 邹建华，卢文凤，赵福奎．涉农高职服务乡村振兴的逻辑与路径[J]．教育与职业，2021(17)：50-54.

业学院创新“天元班”培养模式，驻村第一书记带领学生创办“万春腊肉加工扶贫车间”，年销售额达1100余万元，带动村民户均增收超万元，体现了教育对乡村产业的直接赋能。这种双向互动的模式促进了教育资源的下沉和与乡村需求的精准对接，为农业园区的可持续发展注入了强大动力。通过学校与农村生产生活的深度融合，教育资源得以在乡村广泛覆盖并实现有效利用，进而推动农村社会的全面进步与发展。由此，进一步提出“六维协同”这一种新的思维框架，旨在突破传统的“五方联动”的思维定式，突破单一产业链、教育体系和农村发展模式的边界，以应对乡村振兴和农业现代化过程中日益复杂的社会需求与技术变革。基于系统思维、复杂性理论及协同创新的思想，学院构建“政府＋高校＋科研院所＋企业＋社会组织＋农民”六维协同机制，与西南大学、重庆三峡农业科学院等10余家单位开展联合攻关，开发职业标准23项，8门课程获国际认证，形成动态演化、共生共建的生态体系，验证了“六维协同”理论在实践中的可行性。与巫溪县天元乡共建“乡村振兴学院”，通过“教师驻点＋学生实践＋技术推广”模式，推动农业园区的高质量发展与乡村振兴战略的深度实施。“六维协同”并非局限于传统的资源互补或各方协作的简单模型，而是强调在动态发展过程中，各主体通过共享愿景、深度共谋共同目标及长期责任，形成多维度、跨领域的创新协同。“六维协同”也并非单纯的“多方合作”或“横向联合”，而是基于共识、共享与共赢的理念，推动各主体在行动上的协调和实现资源配置的最优路径。这种协同机制不仅在时间上具有延续性，在空间上也具备灵活性，能够随着农业园区的产业结构、技术发展和乡村社会的变化而动态调整。“六维协同”理念在乡村振兴战略和农业现代化进程中具备特殊的适应性和前瞻性。它打破了传统教育与产业、政府与社会、农业与技术之间的壁垒，通过协同创新实现各领域之间的知识共享、技术转化与资源整合。在“六维协同”框架中，政府作为政策的制定者和资源的整合者，发挥战略引领作用，为农业园区提供政策保障、法律支持与资金。教育机构与科研机构通过深化产学研合作，推动农业职业教育内容创新与教育模式的改革，为园区提供高素质、创新型人才及技术支持。企业承担产业发展的主体责任，通过资本、技术与市场驱动，推动产业链的升级与科技成果的转化。社会组织作为资源动员者，为农业园区的可持续发展提供社会支持与公共服务。农民作为农业园区发展的基础力量，不仅是新技术与理念的实际应用者，更是推动农业现代化与乡村振兴的关键力量。“六维协同”理念的根本价值，在于它超越了传统的静态协作和单向资源流动的思维框架，强调的是在变动的环境中如何实现持续的协作创新，最终形成自我进化的系统生态。农业园区的可持续发展和实现乡村振兴的长远目标不能依赖单一主体的努力，而应通过教育、产业、科技、社会、政府等各方力量的深度融合，共同推动产业结构、社会结构与知识结构的系统性重构。“六维协同”也并非简单的资源共享与信息流通，而是一种基于共享未来愿景的跨领域协作，以应对农业园区内外环境变化的挑战，打造出“产、教、研、政、农、社”深度融合的创新生态系统。

三、融进农民，培养服务农民实用新质农业人才

在中国共产党第二十次全国代表大会上，习近平强调，“共同富裕是中国特色社会主义的本质要求”“中国式现代化是全体人民共同富裕的现代化”，并明确提出要“着力促进全体人民

共同富裕，坚决防止两极分化"，确保"发展成果由人民共享"①。共同富裕，作为一种理想状态，意味着贫困的消除、全民的富足，以及贫富差距的极大缩小。在此进程中，教育作为推动社会进步的基石与阶梯，扮演着至关重要的角色。秉承共享原则，共同富裕的愿景要求为所有学习者提供更为持久、更高质量的基础教育，并在此基础上，通过个性化的教育模式，引导每个人走向多样但差距微小的职业道路。然而，现实情况却是，农民及其子女往往因教育资源的不均等分配，被局限在带有"农业"标签及与其相关职业教育的框架内。这种教育与职业路径的固化，非但没有成为他们跨越社会阶层的桥梁，反而加剧了社会阶层的分化与不平等。因此，在"产科教"农业园区融合育人的核心理念中，"融进农民"代表着农业职业教育模式的最终落脚点，突出了教育与农业实践、农村发展的紧密结合。此理念要求农业职业教育成果应惠及广大农民群体，更强调要通过培养服务农民的实用人才、推动新质生产并促进农民增收，为农民赋能，最终推动乡村振兴和农业现代化。农民作为农业生产的核心主体，也是乡村振兴的直接受益者。通过现代农业职业教育提升农民的综合素质，是推动乡村振兴与农业现代化，实现共同富裕的关键所在。因此，从"知识传授"到"能力赋能"，"融进农民"的农业职业教育理念要求农业职业教育必须转变为更贴近农民需求的实用技能培训。传统农业职业教育侧重于基础理论的教学，而"产科教"模式下的农业职业教育，更注重于培养具有实际操作能力的"新质农业人才"。这一群体不仅需要掌握现代农业的技术，更要具备农业生产和经营的管理能力、创新思维与创业精神，能够引领农业生产的技术革新与模式创新，从而提升农业产业的效益与竞争力。为实现这一目标，农民培训和职业技能提升成为重中之重。农业园区通过开展符合农民需求的职业教育和技术培训，设立"农民田间学校"、组织农业技术下乡等活动课程，一步步提升农民的科技素质、职业技能与经营管理能力。农业职业教育不再是简单的知识传授，而是通过切合实际的课程设计和技能培训，帮助农民提升自主创新能力和技术应用水平，以应对在现代农业的智能化、精准化、生态化发展趋势下，农民作为产业升级的参与者与推动乡村振兴的关键力量的历史转变。

"新质生产力"概念的提出，是在新一轮产业革命爆发背景下，对马克思主义唯物史观的继承和发展。它区别于传统生产力的本质是以数据要素为核心推动技术创新，利用数字新技术对传统产业升级改造，从而发挥要素乘数效应，劳动者的技术技能水平直接决定了生产力能级②。而新质生产作为"产科教"农业园区融合育人的重要组成部分，通过引入和推广现代化农业技术、先进的生产模式及科学管理方式，推动农业生产的全面升级。不仅关注生产效率的提升，还着眼于农业产品质量的改善、生产方式的可持续性以及农业生态环境的保护。这要求农业园区中的职业教育体系必须紧跟农业产业的发展脉搏，与农业科技创新紧密结合，确保教育内容能够与农业技术的最新进展同步，从而培养具备高新技术应用能力的实用人才。而新质生产力作为推动这一过程的核心驱动力，以科技创新为核心，具有智能化、绿色化、融合化等特

---

① 中华人民共和国政府.习近平：高举中国特色社会主义伟大旗帜　为全面建设社会主义现代化国家而团结奋斗——在中国共产党第二十次全国代表大会上的报告[R/OL].(2022-10-16)[2022-10-25].https://www.gov.cn/xinwen/2022-10/25/content_5721685.htm.

② 杜传忠，张玥."多点开花"加快形成新质生产力[N].天津日报，2023-10-18(009).

点。它突破了传统的生产力发展路径,强调先进技术与创新模式的深度融合,注重知识、技术、信息等无形要素的作用,不仅关注技术的进步,更强调以创新为主导的全要素生产率提升。在这种背景下,新质生产则强调数字化、网络化、智能化的生产过程,通过实现信息技术与农业生产的深度融合,推动生产效率和质量的全面提升。农业园区的教育模式需要紧跟科技前沿,推动农业生产模式的智能化、精准化、生态化转型,确保农业生产能够应对新时代对农业高质量发展的要求。同时,农业园区应积极探索农业科技成果转化机制,加强农业教育与科研机构的合作,促进最新农业技术、先进农业设备的引进与本土化应用,推动农业生产从传统劳动密集型向技术密集型转型。农业园区还应大力推动物联网、无人机等新兴技术的应用,提升农民在农业生产中的技术应用能力。这些新技术的应用,不仅能够提高农民的生产效率、降低成本,还能够提高农产品的附加值,从而增强其在市场中的竞争力。这些新质生产模式的推广,不仅能提高单一农业产品的附加值,还能够拓宽生产领域、增加产业层次,从而实现农业生产的全面提升和农民收入的稳步增长。学院开发的"农产品电商运营"课程,帮助农户通过直播带货等方式将特色农产品销售额提升 40%,形成"培训-实践-创业"的完整链条。

农民增收是乡村振兴的关键目标,而"产科教"农业园区融合育人模式的核心使命之一,就是为农民增收提供长期而稳定的动力源泉,实现从"生产效益"到"多元增收"。这一增收路径既包括提升农业生产效益,也包括拓宽多元化增收渠道。在传统农业模式中,农民的收入往往局限于农产品的初级生产和销售。然而,在"产科教"模式下,农民增收的途径不仅局限于生产层面,还涉及市场拓展、产业多样化、创业创新等多方面的增收路径。推动农业生产方式的转型升级,提高农业生产的智能化、精准化水平,能够显著提升农产品的质量和市场竞争力。农民通过掌握新型农业技术、增加农产品附加值,可以获取更高的市场售价,从而实现收入的增加。在此过程中,农业园区应促进农民参与农业产业链的各个环节,尤其是通过农业深加工、品牌化运营、农业旅游等方式,使农民能够通过产业延伸获得更多收入,使得休闲农业、乡村旅游等新兴产业,成为拓宽农民增收渠道的重要途径,让农民不仅能够从土地和农产品销售中获益,还能通过提供服务、参与农产品加工等方式,提升他们在产业链中的价值。农民的创业精神也需要通过教育与培训来激发。鼓励农民通过创业创新实现增收,尤其是在农村电商、绿色农业、精准农业等新兴领域,推动农民从传统农耕转向现代化经营。农民参与创新的能力提升,能让他们在新兴农业产业中扮演更为重要的角色,进一步增加家庭收入。

"产科教"农业园区融合育人模式的成功实施,离不开教育、技术和社会资本的支持。重庆三峡职业学院建立"农民田间学校",累计培训新农人 7.6 万余名,培育出"全国十佳农民"马刘洋、"全国农业劳动模范"赵丽等典型,带动 2.8 万余名学生创业就业,这些都是通过教育赋能实现农民增收的生动实践。社会资本在农民增收过程中起着桥梁与纽带的作用,能够促进教育、产业和农民之间的深度对接与资源共享。通过加强社会组织、政府和企业之间的合作,推动社会资本在农业园区内外的有效流动与配置,可以为农民增收提供更多的资源支持与发展机会。特别是在农民增收的过程中,社会资本不仅仅体现在资金的投入上,更重要的是通过文化认同、社会网络、信息流动等无形资源的聚合,推动农民与各类社会资源的高效对接。这些社会资本的引入,不仅能帮助农民更好地获取市场信息、融资支持,还能推动农民参与创新活动和新产业的拓展,最终实现农民收入的稳定增长和农业园区的可持续发展。

第二节　"四合"强基铸魂：融合育人的实践真知与教育变革

在推动农业职业教育现代化的过程中，融合育人的理念日益成为教育变革的核心。尤其是在新时代的农业背景下，如何培养具备创新能力、实践经验与社会责任感的农业人才，成为教育改革的重点任务之一。农业职业教育的转型不仅仅要求知识的传授，更多的是在教育体系中融入科技、产业、文化等多维要素，从而培养出符合时代需求的复合型人才。无论是德技融合、科教融合，还是产教融合与耕读融合，都在努力探索如何实现教育与现代农业产业的深度对接，推动人才的全面发展。接下来，我们将深入探讨这四种融合模式如何在实践中落地，促进农业职业教育的全面改革，为乡村振兴与农业现代化提供强有力的人才支撑。

一、德技融合，品德与技能教育并重，落实"大国农匠"项目

在新时代的农业发展中，德技融合的核心理念强调品德教育与技能培训的双向提升。农业作为国家的根基产业，不仅仅需要精湛的技术，更需要具备良好职业操守的农业从业者。"大国农匠"理念作为推动农业发展的一项战略倡导，致力于培养既有高度职业道德又具备专业技术技能的农业人才，从而推动农业从传统生产向现代化生产的转型，助力乡村振兴与可持续发展[①]。

德技融合不仅是对农业从业人员专业能力的要求，更是对其品德和社会责任感的呼唤。在"大国农匠"理念中，教育的核心不仅仅是技能培养，更在于品德塑造，尤其应注重培养学生的职业操守和社会责任感。德技融合的模式强调技术技能的培养与品德教育的并行不悖，使学生不仅能掌握先进的农业技术，提升生产力，还能树立正确的价值观和道德标准，成为具有社会担当的优秀农匠[②]。工匠精神作为"大国农匠"理念的灵魂，强调精益求精与追求卓越。在农业生产过程中，工匠精神要求农民在日常工作中不断完善技能、优化生产流程，提高工作效率和农产品质量。在"大国农匠"理念的推动下，农业从业者不仅是普通的劳动者，更应成为对自己工作充满热情、敢于挑战、追求卓越的工匠。在这一过程中，工匠精神不仅体现在农业技术的创新与精进，更在于对细节的极致关注、对质量的严格把控，以及对劳动价值的深刻认同。"大国农匠"理念不仅仅局限于传统农业技术的培训，还致力于培养复合型的农业人才。这些人才既具备丰富的实践经验和技术能力，又能适应现代农业的多元需求，懂得如何结合市场需求进行精准化生产、品牌建设以及跨界整合。在新时代农业发展的背景下，复合型人才的培养成为"大国农匠"理念的关键组成部分。通过系统的教育与培训，他们能够在农业产业链的各个环节中发挥作用，推动农业产业的全方位升级。"大国农匠"理念的核心不仅在于技术技能的提升，更在于每一个农匠都应当具备强烈的社会责任感和国家使命感。在农业领域，农匠们不仅仅是生产者，更是乡村振兴、生态环境保护和绿色发展的践行者。在"大

① 华战胜."德技并修"职业教育理念全方位审视[J].中学政治教学参考，2023(11)：86-90.

② 祝伟.中国式农业现代化中大国农匠培育的理论逻辑与实践路径[J].安徽农业科学，2024，52(4)：247-249.

国农匠"理念的引导下,农业从业者要深刻认识到自己在推动乡村振兴、提升农民收入、保障粮食安全等方面的关键作用。培养具备责任感的农匠,强化他们的社会使命意识,能够更好地推动中国农业的现代化进程。

二、科教融合,发挥科技核心驱动力,引领农业职业教育变革

科教融合作为推动农业职业教育深刻变革的关键动力,其本质在于通过科技成果与教育体系的深度结合,促进农业职业教育的创新与现代化。农业职业教育不仅要聚焦于培养高素质的技术型人才,还应培养具备创新精神、跨学科知识和实践能力的复合型人才,以满足农业现代化发展的需求。科技的快速发展正在对农业生产方式产生深刻的变革,农业职业教育必须紧跟这一趋势,打破传统教育模式的局限,主动引入新兴科技,推动教育体系的革新,从而为农业现代化提供源源不断的人才支持。科教融合要求农业职业教育不仅传授传统的农业技术和知识,更要培养学生具备应用现代科技解决农业问题的能力。农业职业教育必须注重培养能够创新、跨界并能够运用科技手段推动农业发展的复合型人才。科技与教育的深度融合,提升了教育内容的时效性和应用性,激发了学生的创新思维,培养了他们解决复杂农业问题的能力,从而推动了农业产业的升级与发展①。

在科技日新月异的背景下,传统的农业职业教育模式显然难以满足现代农业的发展需求。现代科技不仅仅改变了农业生产的方式,还推动了农业职业教育的全方位转型。重庆三峡职业学院教师团队荣获全国农牧渔业丰收奖一等奖等省部级科技进步奖 4 项,与重庆理工大学共建智能农机实验室。科教融合要求农业职业教育体系的内容不断更新,确保教育与科技同步发展,紧密结合最新的科技成果。如可以开发"智能农机装备操作维护"课程,将机械臂采摘、无人机巡检等技术纳入教学,培养学生掌握智能装备应用能力。农业职业教育的转型不再是单纯的学科知识传授,而是教育理念、教学方法、课程设置及实践环节等方面的全面升级。教育应更加注重学生创新思维和实践能力的培养,推动教育理念的更新和方法的创新,使其更好地适应农业产业发展的需求②。科技赋能教育的过程实际上是科技引领教育变革的过程。现代农业的核心技术发展已超越了传统农田生产技术的范畴,涵盖了信息技术、智能化技术、大数据分析等多个领域。科教融合不仅是知识更新的过程,更是对教育方式、教学方法及学生能力培养模式的变革。

农业职业教育必须紧密结合最新的农业科技,推动传统教学模式的转型,使学生能够在学习过程中接触到科技创新成果,具备分析和解决实际问题的能力③。农业现代化的核心挑战之一是如何将科技应用于农业生产和产业链的各个环节,这要求学生不仅掌握农业技术,更要能够跨学科整合知识,解决复杂的农业问题。科教融合旨在培养既具备扎实农业基础,又能够运用科技手段和跨学科知识进行创新的复合型人才。学生在这一过程中不仅要掌握

① 赵聪,李焱,梁海兰.科教融汇赋能职业教育高质量发展的出场语境、价值内蕴与实践之径[J].中国职业技术教育,2024(34):34-42.

② 王瑾,胡恩华.基于科教融汇的农业类高等职业院校人才培养模式改革[J].中国高等教育,2023(9):57-60.

③ 王朱云.农科教融合训研创一体:温州科技职业学院创新创业型人才培养的实践探索[J].职业技术教育,2015,36(36):66-69.

农业科学的基础理论,还要具备跨学科的知识结构和创新能力,能够在现代农业产业发展中发挥核心作用。创新是农业职业教育的核心目标之一,而科技是创新的核心驱动力。在科教融合的框架下,创新精神的培养不仅体现在学术研究的层面,更要渗透到学生的实际操作和思维模式中。通过科技的引领,教育要激发学生的创造性思维,使他们不仅能够掌握农业技术的应用,还能突破传统农业技术的局限,探索新技术、新方法,提出新思路,推动农业生产的创新性变革。构建现代农业职业教育体系,服务农业产业升级。农业职业教育的转型不仅要注重技术型人才的培养,更要聚焦跨学科的复合型人才培养。这一目标要求农业职业教育能够结合农业产业的各个环节,如农业科技创新、农业生产、市场营销、产品加工等,通过学科融合和科技引领,使学生具备解决实际农业问题的能力。现代农业对高素质人才的需求,不仅限于技术工人,更包括能够进行科技创新、产业规划、技术推广等全方位能力的人才。通过科教融合,农业职业教育能够更好地服务于农业产业的转型升级。随着农业生产方式的逐步智能化、精细化,产业链的价值不断提升,农业职业教育必须与产业需求紧密结合,培养学生具有产业思维和创新能力的综合素质,服务于农业产业的发展[①]。教育不再仅仅关注单纯的技术传授,而要通过科技引领和学科融合,推动学生具备从农业科研到产业应用的全链条能力,为农业现代化注入源源不断的创新和动能。职业院校打破传统教育模式,促进教育与产业深度对接。现代农业不仅依赖先进的科技成果,还需要教育体系根据产业需求培养更多具备技术与市场意识的人才。因此,农业职业教育要紧跟产业需求,打破传统教育模式,促进教育与产业深度对接,不断推动教育内容的更新与优化,从单一的技术传授转向更加综合的产业链教育。通过科教融合,教育体系与产业发展更加紧密对接,不仅提高了教育质量,也提升了农业科技创新的能力,从而推动农业产业的转型升级。科教融合要求教育体系紧跟科技发展的步伐,培养具有创新精神、跨学科能力和实践经验的复合型人才。科技与教育的深度融合,不仅推动了教育内容和教学方式的改革,也为农业现代化提供了源源不断的创新动能。通过这种深度融合,农业职业教育可以更加精准地培养符合现代农业产业需求的人才,为农业产业的持续发展和升级提供强大的支撑。

三、产教融合,教育与产业无缝对接,实现产教双向互动

产教融合的核心理念是通过教育与产业的深度互联,推动两者在需求与供给之间形成良性互动,进而实现共生共赢。这一理念不仅仅局限于教育为产业培养人才,更加强调教育与产业在动态反馈和共同发展的过程中不断调整与优化,确保教育内容、人才培养模式和产业技术需求的有机融合。教育不仅需要培养符合当前市场需求的技能型人才,还需要人才具备前瞻性,以应对未来产业发展中的不确定性和技术变革[②]。

在产教融合的实践中,校企合作是重要载体。重庆三峡职业学院与 37 家农企签订技术帮扶协议,共建智能农业协同创新中心,开发"田间微课"68 门,入选国家级在线精品课程 4

① 高绣叶,裴书蕾."一统三融"背景下高职院校科教融汇与产教融合耦合发展机制构建[J].职业技术教育,2024,45(25):47-52.

② 郑义,朱其志,王明珠.产教融合背景下农业高职院校"三全育人"体系建设研究[J].教育与职业,2021(21):47-51.

门，通过“订单式培养”模式缩短人才培养周期，实现教育供给与产业需求的精准匹配，建立“校企双导师”制度，由企业技术骨干和高校教师联合指导学生，为产业技术升级储备高水平人才。如与忠县晨帆农机合作社共建“农机手定向班”，企业工程师参与课程设计，学生毕业即成为合作社技术骨干。企业作为实践主体，为教育体系提供真实的产业场景和技术应用支持；学校则通过调整课程设置和教学模式，满足企业发展需求。以企业需求为导向，教育机构可在课程内容中融入企业实际案例或技术标准，帮助学生缩短从学校到职场的过渡时间。同时，企业也可通过派驻导师或共建实验室，为学校提供实践资源，增强教学的实用性和前瞻性。可以探索“订单式培养”模式，学校与企业联合制订人才培养计划，确保毕业生具备岗位所需技能；或通过共建实训基地，让学生在真实产业环境中提升动手能力，真正做到“学中做，做中学”。还可建立“校企双导师”制度，由企业技术骨干和高校教师联合指导学生，为产业技术升级储备高水平人才。在这个双向互动的过程中，教育体系的核心任务是培养具有创新思维和实际操作能力的复合型人才，而产业则为教育提供了实践的场景和技术发展的方向。教育机构可以根据产业需求来调整课程设置和教学内容，产业则通过反馈信息帮助教育机构了解市场实际需求，保证人才培养的精准性和时效性。这种无缝对接的机制，正是产教融合的力量所在[①]。“三园辐射”是产教融合模式中的关键战略，旨在通过构建产业孵化园、技术创新园和技能培训园三大园区，推动教育资源、产业需求与科技创新的无缝对接。目前“三园辐射”模式成效显著，学院建成重庆市科技成果进区县专项行动万达开云专场等产学研平台，打造职业教育国家规划教材 3 部，入选农业农村部“十四五”规划教材 10 部，形成全链条的产教融合平台，推动教育资源与产业需求的深度对接。其中产业孵化园通过为创新型企业提供孵化服务，促进产学研结合，为教育体系提供真实的市场需求与技术挑战；技术创新园则聚焦前沿技术的研发与应用，推动教育内容的前瞻性和实用性，为学生提供与产业发展同步的学习内容；技能培训园通过为企业提供定制化的培训解决方案，不仅提升了员工的技能水平，也为教育提供了真实的培训需求与实践场景。这三大园区协同作用，形成了一个全链条的产教融合平台，推动教育与产业的深度融合，从而实现教育、产业和科技创新的良性互动与协同发展[②]。

产教融合并非单一的教育供给与产业需求之间的简单对接，而是一个复杂且动态的双向互动过程[③]。通过建立起“三园辐射”这样系统的协同模式，教育与产业的边界逐渐模糊，形成了教育资源、技术创新和产业需求之间的紧密联系。教育的功能不再仅限于知识的传递，而是延伸到推动产业发展、促进技术进步的全方位支撑；产业的需求则不断反馈到教育，推动教育创新与人才培养的升级。在这一过程中，产教融合不仅推动了教育体系的变革，更为产业的持续创新与升级注入了源源不断的动力。这种协同机制为实现经济高质量发展、提升产业竞争力和人才培养的可持续性提供了强有力的保障，也为未来教育与产业的深度融合奠定了坚实的基础[④]。

---

① 张为娜．职业教育产教融合“五链衔接”育人机制构建[J]．职业技术教育，2024，45(32)：32-37．
② 韩剑颖．职业教育服务乡村振兴：需求变化、现状评述与实践路径[J]．中国职业技术教育，2024(5)：76-85．
③ 郭海红，潘永圣，王丽娟．涉农职业院校深化产教融合的现状、困境与策略[J]．教育与职业，2024(12)：53-58．
④ 李云飞，张政利．农业高职院校赋能新质生产力发展的内在逻辑和推进路向[J]．教育与职业，2024(11)：22-30．

四、耕读融合，传承农耕文化，培育新时代"三农"人

"耕读融合"是基于中国传统农耕文化的教育理念，强调农业生产与文化教育的有机结合。这里的"耕"不仅仅指农业劳动的实际操作，它象征着农业知识、技能、经验及农耕文化的传承，这些都是农业从业者与自然、土地、历史和文化之间深厚联系的体现。"耕"代表着农业生产的技术与实践经验，承载着与农业相关的文化积淀。"读"则指文化教育和学术知识，特别是现代教育体系中关于科技、社会科学与人文学科的内容。"读"不仅包括书本知识，还涵盖了对农业背后更深层次的文化、历史、社会与生态的理解。因此，"耕"与"读"的融合并不是单纯的农业技术与文化教育的结合，而是农业实践与现代知识体系的双重提升。"耕"与"读"的内在逻辑和机制，在于教育不仅让农业从业者掌握现代农业技能，同时提升其文化素养、创新思维与社会责任感。这种融合要求农业职业教育不仅仅传授技能，还要培养从业者的思维能力、文化认同及全球视野，使其在技术与文化的双重层面得到全面提升。这不仅有助于推动农业技术的应用与创新，也为乡村振兴和农业现代化提供了强大的文化支持，使新时代农业从业者在全球化与现代化背景下，能够继承和传承农业的文化精髓，同时推动农业的发展和社会的进步。农耕文化是中华文明的重要组成部分，代表着民族精神与文化自信的源泉。随着社会现代化进程的加快，农耕文化的传承不再只是单纯地保留传统，它要求在现代化背景下，能够将传统农耕智慧与现代农业科技相结合，推动农业发展创新。农耕文化的融入不仅仅是传统的延续，而是通过教育系统进行深度融合，确保农业从业者在掌握农业技能的同时，也能在文化认同和精神层面得到滋养。这种文化赋能使新时代的农业从业者能够在激烈的现代化竞争中保持对农业的敬畏与传承，架起农田与市场之间更加稳固的桥梁。

随着农业发展与社会需求的变化，传统的职业教育和普通教育模式逐渐暴露出脱节的问题。"职普融通"作为一种新型教育模式，打破了职业教育与普通教育之间的壁垒，推动形式更加灵活、多元的教育路径[①]。在农业领域，"职普融通"模式能够弥补传统教育体系的不足，不仅为农业从业者提供专业化的技能培训，还特别强调文化素养与综合能力的提升。这一融合模式的实施，促进了农业从业者整体素质的提升，培养出能够在农业现代化过程中发挥关键作用的复合型人才[②]。培育新时代"三农"人是实现乡村振兴和农业现代化的关键。新时代的"三农"人不仅需要掌握现代农业技术，还需要具备创新思维、企业管理能力以及对农耕文化的深刻理解。通过"耕读融合"与"职普融通"相结合的教育模式，新时代的"三农"人能够在传承传统农耕文化的基础上，提升适应现代农业发展的综合能力。重庆三峡职业学院开发"三峡移民文化"特色课程，建设现代农业科普馆，举办国际数字乡村振兴职教联盟活动，培养具有文化自信的复合型人才，既传承了"耕"的技艺，又提升了"读"的素养。这种教育模式帮助他们培养市场意识、科技创新能力、文化自信和社会责任感，使他们能够在农业现代化、乡村振兴的浪潮中扮演重要角色，推动农村经济转型升级。通过"耕读融合"实现农业技术与文

---

① 张祺午，荣国丞.教育强国建设背景下县域职业教育如何做好产教融合：基于双辽市农职业技术教育中心的案例研究[J].职业技术教育，2024，45(36)：27-32.

② 鄢维峰，唐玉群.育训并举背景下职业院校示范性职工培训基地建设探析[J].教育与职业，2024(21)：108-112.

化教育的有机结合，通过"职普融通"打破职业教育与普通教育之间的界限，我们能够培养出既具备农业专业技能，又具备文化素养与创新能力的复合型人才。最终，通过这种教育模式的实施，我们将培养出符合新时代要求的"三农"人，助力乡村振兴、推动农业现代化，并为农村经济发展与社会进步贡献力量[①]。

第三节　"五化"实践取向："产科教"农业园区融合育人的行动创新

在"产科教"农业园区融合育人的宏大架构中，"五化"战略布局犹如五颗璀璨星辰，交相辉映，为农业园区的长远发展提供全方位、深层次的动力源泉与坚实支撑。此布局紧密契合时代脉搏，深度融入全球发展趋势与本土特色需求，聚焦农业职业教育与产业协同创新的核心要义，着眼于汇聚全球智慧，运用数字科技、传承本土文化等多元要素，全力推动"产科教"农业园区于新时代浪潮中勇立潮头、创新突破、持续发展。

一、在地化：深耕本土文化，打造"产科教"农业园区特色育人环境

"在地化"理念，作为农业园区发展的文化根脉与内生动力引擎，精妙演绎教育与地方资源、文化、社会深度交融的辩证关系，其核心在于精心雕琢彰显本土特色的教育生态体系，唤醒乡村文化主体自觉，驱动地方性知识体系传承创新，为乡村振兴注入恒久动力，擘画可持续发展通途。于文化自觉重塑维度，"在地化"有助于激活地方群体对本土文化遗产的深度认同与价值归依，点燃乡村振兴精神火炬。乡村文化遗产承载地域独特价值观念、精湛传统技艺与淳厚民俗风情，系乡村精神标识与文化传承根本所系。教育于此担当关键使命，超越知识技能授受局限，深度唤醒民众的文化自信与自觉，激发青年才俊投身乡村建设事业的热情。通过系统开发乡土文化课程体系、创意策划民俗文化活动集群、高标准建设乡村文化研习基地等多元举措，创新教育形式与文化传承范式，依循地方文化特质定制教学内容与方法，深度植入乡村文化元素符号，打造特色浓郁的育人环境，筑牢乡村文化根基，提升乡村文化核心竞争力。如某些农业园区所处乡村，传承古老手工编织技艺，园区学校有机融入编织技艺课程体系，在传承非遗技艺的同时，激发学生创新设计思维，融合现代审美意趣与功能诉求，开发文创产品系列，拓展市场流通渠道，为乡村文化产业兴盛注入源头活力，达成文化传承与经济发展协同共进、互促繁荣。

在地方性知识体系再造征途，"在地化"聚焦本土资源与现代创新思维深度融合，策动乡村经济、社会、文化协同创新发展。地方性知识涵盖地域特色农业物种品性、气候土壤适配生产模式、生态循环智慧密码等，为乡村经济文化原生根基。教育作为知识创新引擎与社会发展助推器，深度发掘地方性知识潜在价值，催化其向现代生产力高效转化；精心构筑乡土农业

① 杨琴，吴兆明．完善新型职业农民职业教育与培训保障机制研究[J]．教育与职业，2020(20)：75-79．

知识库，融合现代生物技术、信息技术，开展品种改良与生态种植示范工程，提升农产品的生态品质与市场竞争力；培育契合本土需求和具有创新思维的专业人才，创设农业创新创业孵化平台、举办乡村振兴发展高端论坛，鼓励学生与农民携手探索农业新业态、新模式，推动产业融合发展与乡村经济多元化转型；悉心营造教育与乡村社会良性互动生态，实现资源共享、协同共进，稳固乡村文化传承脉络，优化乡村社会结构，增强教育辐射乡村振兴多元效应，为乡村长远发展筑牢全方位智力支撑与人才保障体系。如部分地区立足本土生态资源禀赋优势，学校与社区协同打造乡村生态旅游精品课程，定向培育导游服务、生态管理与运营专业人才，推动乡村旅游产业升级蝶变，提升乡村综合发展实力，彰显教育与乡村振兴深度融合、协同发展强劲动能。

二、职业化：精准对接产业，培育"产科教"农业园区高素质技能人才

职业化，为"五化"战略靶向归宿，致力于教育产业深度融合，培育契合农业园区产业需求的卓越人才方阵，筑牢园区发展人才根基。于现代农业园区多元发展格局下，职业化教育精准对标产业需求、科技前沿趋向与社会发展趋势，精心雕琢集实践技能、创新思维与复杂问题解决能力于一体的复合型农业人才，为园区可持续发展注入强劲动力。

农业园区产业升级依赖科技成果高效转化，职业化教育恰为其关键桥梁纽带。依托园区实践平台，乘校企合作、产教融合东风，深度嵌入真实生产场景，砥砺学生实践技能与创新才能，塑造理论与实践并重、技术与管理兼修的人才培养新模式。课程体系紧随时尚农业科技发展节律，融入创新能力培育核心要素，厚植学生跨学科知识素养与综合应用能力，培育适配现代农业新业态、新模式的创新人才。创设现代农业技术集成应用创新课程，涵盖智能农机装备操作维护、农业大数据智能分析决策、绿色农产品精深加工与品牌营销等多元模块，锤炼学生农业全产业链综合技能。推行"双导师"协同育人制，企业精英与学校导师联合指导实践项目与毕业设计，提升学生的实践操作熟练度与解决实际问题的效能，实现从校园到职场无缝衔接。鼓励学生深度参与企业技术研发创新和生产运营管理实践，于实际项目实战中培育创新思维与管理韬略，加速科技成果转化应用，提升园区产业科技含量与创新驱动力。

职业化教育注重体系架构与前瞻布局，契合农业产业链拓展延伸需求，定制多层级、全方位人才培育梯队体系，覆盖操作技能型、管理型与创新型人才方阵，精准适配园区各环节人才诉求，提升产业链协同效率与整体竞争力。借产、学、研、用协同创新合力，构筑稳固制度框架与长效支撑机制，强化园区人才"造血"功能，培育德技双馨、综合素质过硬的农业人才劲旅，以人才优势赋能农业园区高质量、可持续发展，为农业现代化事业培育中坚力量、注入磅礴动能。构建农业职业教育分层分类人才培养系统工程，学院打造国家级职业教育教师创新团队，培育教育部名师（名匠）1 人，重庆市首席大师 1 人，开发农业经理人国家教学资源库 6 个，培养"一懂两爱"的"三农"人才 7.6 万余名，形成"操作技能型-管理型-创新型"三级人才梯队。依据种植养殖、农产品加工、农业科技服务、农业企业经营管理等产业环节精准设立专业方向与培养标准规范，为农业产业链各环节精准输送适配人才。加强职业院校与本科高校的衔接贯通，联合培养高层次农业创新人才，拓宽人才成长通道与学历提升空间，培育农业科研领军人才与复合型管理精英。园区企业与教育机构共建人才评价认证体系，依产业技术标准

与岗位能力需求精准评估人才专业素质，颁发职业资格证书与技能等级证书，规范人才能力认定标准。设立农业人才发展专项资金与多元奖励制度，激励人才提升技能素质与创新活力，为农业园区长远发展筑牢坚实人才梯队，推动农业产业现代化转型与高质量发展。

三、数字化：科技重塑教育，驱动"产科教"农业园区智慧发展

数字化转型，成为现代农业园区进阶的核心驱动力量，凭借科技伟力重塑农业职业教育格局、优化产业组织架构、催化科技创新浪潮，全方位改写农业园区发展轨迹。置身于"产科教"融合棋局，数字化技术恰似关键黏合剂，紧密缔结教育、产业与科技联盟，催生出深度融合全新战略布局，强力驱动园区教育模式破旧立新、人才培育提质增效、产业运营智能升级，构筑内生增长、持续繁荣良性循环。

数字化浪潮涤荡传统农业园区教育产业割裂困局，重塑二者互动范式。依托虚拟仿真、远程教育、在线学习等前沿教育模态，数字化技术突破时空禁锢，拓展教育疆域，为农业职业教育注入创新活力，精准培育契合未来需求的创新人才。虚拟实验室模拟农业复杂实验场景与生产流程，赋能学生远程精准操控设备采集实验数据、动态解析结果，锤炼实践技能与解决问题的能力。在线课程平台汇聚全球顶尖农业教育资源，凭借智能算法精准锚定学生个体特质与学习进度，定制个性化学习路径，满足多元学习需求层次。同时，大数据、人工智能、物联网等智能工具深度赋能农业产业，驱动生产方式朝精细化、智能化、绿色化跃升，提升园区生产效能与可持续发展韧性，强化教育产业协同共进、双向赋能协同效应。智能传感器网络全方位实时监测农田环境参数、作物生长态势，借大数据分析与智能算法达成灌溉和施肥精准调控、病虫害智能预警防控，实现农业生产精准管理。农产品溯源系统依托区块链技术构建可信质量追溯体系，确保农产品质量安全信息透明可溯，增强市场消费信赖与品牌竞争力。农业大数据深度剖析市场需求动态、价格波动规律与消费偏好趋势，精准指导生产规划优化与营销策略创新，实现产业数字化转型与高效运营。

在此协同进程中，数字化技术依凭海量数据资源与智能分析利器，精准锁定产业需求动态演化轨迹，助力教育内容深度定制与精准对接，确保人才培育精准适配产业需求。农业园区借数据监测精准洞察产业痛点、瓶颈，为教育课程革新定向导航；教育体系反哺产业发展，输送跨学科融合、创新实践能力卓越专业人才，铸就教育-产业融合互促、协同发展良性循环，驱动农业园区稳健迈向智能化、绿色化、可持续发展新征程，塑造现代农业园区创新发展典范。搭建农业产业大数据集成平台，全维度采集整合生产、销售、研发等数据富矿，深度挖掘剖析产业发展趋势与人才需求特征指纹，据此优化调整教育课程架构，融入农业大数据智能分析、智能农业装备运维管理、农业区块链技术应用等前沿知识模块。校企携手共建数字农业创新实验室与实训基地，协同开展关键技术攻关与科研成果转化项目，推动农业科技成果产业化应用推广，提升园区数字化创新能级与核心竞争力，以数字化融合驱动农业园区创新驱动发展、产业转型升级。

四、协同化：跨界融合共赢，构建"产科教"农业园区命运共同体

协同化，于"五化"战略框架中担纲关键支撑架构，秉持跨界融合与共生共赢核心理念，凝

聚政府、企业、教育机构、社会组织、农民等多元主体磅礴合力，精心构筑深度协作、资源优配、互利共赢农业园区有机生态系统，开启农业职业教育、产业升级与社会发展协同共进崭新局面。

在跨界融合维度，协同化战略勇破传统领域壁垒，整合教育、科技、产业、农业实践多元优势资源，推动各主体深度交互协作、协同创新发展。在农业园区的建设中，政府精准施策、统筹资源配置，企业勇扛产业创新发展大旗，教育、科研机构智输知识智慧源泉，社会组织善为资源整合协同桥梁，农民筑牢生产实践根基，各方紧密携手、优势互补，精准对接教育供给与产业需求，强劲驱动产学研深度融合，提升园区综合效益，激发创新活力与发展韧性。政府打造专项扶持政策法规体系，优化财政资金配置与监管机制，引导产业布局规划与资源精准流向，为园区发展筑牢政策基石与资源保障。企业踊跃投入资金技术，共建产学研实训基地，加速科研成果产业化转化，拓展市场流通渠道，驱动产业创新发展与价值跃升。教育机构动态调整专业设置、实时更新课程内容、精准输送专业对口人才，为产业发展注入知识动力与人才支撑。社会组织积极搭建交流合作平台、促进资源开放共享、推动公益服务拓展延伸，优化园区发展生态环境。农民发挥实践经验优势，反馈产业一线需求、深度参与技术创新应用与成果示范推广，夯实产业发展实践根基。如某农业园区在政府科学引导下，企业与高校共建智能农业协同创新研发中心，引入前沿智能技术改良品种与种植模式，高校开设前沿专业，定向培养创新人才，社会组织开展技术培训与市场推广服务，农民参与试验示范贡献实践智慧，形成全链条协同创新生态闭环，提升园区农业产业附加值与科技含量，增强整体竞争力与创新发展活力。

在共生共赢层面，协同化凸显园区复杂生态系统特质，强化各方主体依存共生、命运休戚与共关系纽带。各主体超越个体利益狭隘藩篱，着眼于协同发展大局，共享资源，互通信息，合理分配利益，动态调适优化资源配置，共筑公平可持续发展环境。教育机构科研成果转化与社会服务拓展为园区腾飞添翼；企业践行社会责任，驱动科技创新与绿色发展；政府优化制度供给，厚植发展沃土。各方互信合作，协同奋进，增强园区环境适应能力，稳固发展底盘，塑造农业园区命运共同体，领航园区持续稳健前行。构建园区利益共享分配机制，企业依人才培养质量与科研成果贡献度回馈教育机构；教育机构依产业需求动态优化人才培养方案；政府建立科学考核评估体系，激励各方协同发展积极性，对推动科技创新与产业升级主体给予政策优惠与资金奖励；社会组织参与监督管理与矛盾协调化解，保障各方权益均衡协调。园区直面市场波动或技术变革挑战时，各方协同联动调整战略布局——企业优化产品服务结构，教育机构更新课程专业方向，政府精准政策调控引导，社会组织动员资源支持，农民提升技能素质水平，共克时艰，同迎机遇，确保园区稳健可持续发展，夯实农业园区命运共同体协同基石。

五、国际化：全球智慧交融，引领"产科教"农业园区创新未来

国际化，在"五化"战略体系里一马当先，肩负农业园区接轨全球、竞逐前沿的重任。随着全球经济、科技加速一体化，农业园区已蜕变为学术创新原发地、知识技术辐射中枢与国际交流合作关键节点。置身于"产科教"融合语境，国际化绝非技术理念的浅尝辄止，而是深度重

塑园区发展逻辑与战略架构，匠心营构跨境协同生态系统。

全球农业科技与教育创新风云激荡，国际化战略为农业园区擘画全新视野与进阶路径。积极吸纳国际顶尖农业技术、前沿教育理念及先进管理模式，推动园区跻身全球农业创新方阵前沿，全方位提升科技实力与产业竞争力。精准农业技术与智能农业系统的引入，借由卫星定位、传感器网络及智能控制技术集成，实现农田作业精准化、管控智能化，达成资源配置最优、生产效率质量跃升。可持续农业理念融合生态循环、有机农业精要，驱动农业绿色转型，有效减轻环境负荷、稳固生态安全防线。先进教育理念深度嵌入，革新教学流程范式，强化实践教学权重，构建国际化课程矩阵与联合培养方案，培育学生全球视野、跨文化协作素养及国际规则遵循意识。同时，园区携本土创新硕果与特色范式积极“出海”，构筑双向畅达、良性循环的国际合作格局。在此进程中，国际化战略聚焦宏观制度革新与跨国协同机制创生，深度整合全球高端资源，精塑世界一流农业产业与教育体系。

凭借与世界卓越学府、顶尖科研院所、跨国农业巨头及知名学术团体深度战略合作，学院牵头成立中斯乡村振兴学院、国际数字乡村振兴职教联盟，在6个“一带一路”国家设立海外基地，培养留学生1000余人，3项成果获国际认证，形成“引进来-本土化-走出去”的国际化闭环。园区精准吸收国际先进经验，优化教育资源配置，加速全球前沿科技成果本土转化，培育国际化复合型人才方阵，为农业科技创新与产业升级强基固本，助力园区在全球竞争舞台崭露头角。携手国际农业科研机构攻坚“气候变化下农业生态系统韧性提升与适应性管理策略”前沿课题，汇聚气象学、生态学、农学多学科智慧，创新农业生态系统模拟模型与动态适应策略，显著提升园区应对全球气候变化挑战科研水平。联合跨国企业搭建国际实习交流优质平台，输送学生投身全球农业产业链实践前沿，深度洞悉国际市场格局与商业运营精髓，塑造园区国际品牌声望，拓展国际合作的深度与广度，引领农业园区剑指全球农业创新价值高地。

第四章

平台构筑：四梁支撑的实体化创新

当今时代，农业发展与教育创新紧密结合，成为推动乡村振兴和经济社会进步的关键力量。“产科教”融合育人理念的提出，为农业园区的发展带来了新的机遇与挑战。重庆三峡职业学院积极探索，通过构建多元化的融合育人平台，致力于为农业现代化培养高素质人才，为乡村振兴注入强大动力。

第一节　校地合作型平台，促进区域资源集聚

在乡村振兴的时代浪潮中，校地合作成为推动区域发展的关键力量。重庆三峡职业学院以其前瞻性的视野和务实的行动，积极搭建校地合作型平台，致力于促进区域资源的集聚与高效利用。

一、产业融合：万州国家现代农业产业园

近年来，重庆市万州区紧扣国家现代农业产业园创建脉搏，锚定柑橘、生态猪两大主导产业，倾全区之力，全方位拓展产业链条。从种苗培育的前沿科技研发，到田间地头的标准化种植、养殖，再到加工车间的精细处理，以及市场销售的精准对接，各环节紧密相扣，成功打通产业内外循环，让各产业板块深度关联，推动产业园建设一路高歌猛进，于2021年4月荣耀入选国家现代农业产业园创建名单，又在2022年4月以卓越风姿通过创建绩效中期评估。

万州国家现代农业产业园育人平台作为一个综合性的创新平台，坐落于万州区西南部，甘宁镇、龙沙镇、瀼渡镇3个镇全域及新田镇、柱山乡、高峰街道部分村居皆被纳入版图，幅员辽阔，面积达254平方千米，生活着17.88万名勤劳质朴的民众。这里交通网络纵横交错，如动脉般输送着发展活力，资源禀赋得天独厚，是万州现代农业的璀璨明珠、历史文化的富集宝

藏、乡村旅游的活力源泉,市场主体更是如繁星闪烁,活跃度极高。区政府以园区为核心引擎,驱动一系列创建成果落地开花,国家农村产业融合发展示范园、玫瑰香橙中国特色农产品优势区、市级现代农业产业园、市级农业科技园区等荣誉纷至沓来。万州国家现代农业产业园还肩负起全国有机肥替代化肥示范区、全国农作物病虫害绿色防控示范县、畜禽粪污资源化利用整县推进项目区等重任,为现代农业可持续发展筑牢根基。

在产业发展的坚实基石上,产业园精心雕琢育人平台。一方面,为莘莘学子打造沉浸式实践教学场景。柑橘园里,学生们穿梭其中,学习不同品种柑橘的特性、修剪技巧、病虫害防治知识,亲手参与采摘、分拣,真切感受丰收的喜悦与劳作的价值;生态猪养殖场内,从仔猪哺育到成猪育肥,从饲料科学配比到疫病防控要点,每一个环节都向学生敞开知识大门,让他们掌握扎实的养殖技能。产学研合作更是在此处演绎精彩华章,学校、企业与科研机构携手并肩,围绕生态猪养殖中的环保难题、柑橘保鲜与深加工技术瓶颈等关键问题,联合开展科研攻关项目。科研人员在实验室里潜心钻研,企业提供实践场地与资金支持,学生参与数据收集、实验辅助,合力推动产业技术迭代升级,人才培养质量也随之逐渐提高。

科技创新宛如璀璨星辰照亮育人之路。以同鑫现代农业发展有限公司的数字农业番茄工厂为例,这座总面积 3210 平方米、斥资 500 余万元自主设计施工的智能温室里,一垄垄番茄苗在轨道上整齐排列。这里的番茄遵循独特生长节奏,一年仅种一季,却能凭借精湛技术让藤蔓蹿至 20 多米长,每年结果 40 多轮,亩产高达 2 万千克。其奥秘在于物联网、精准水肥一体化技术与植物生长数字孪生技术的深度融合,每一株番茄从萌芽的第一刻起,就被数字化的温柔"触角"全方位感知与呵护,温度、湿度、光照、养分供给,一切都精准可控,实时调整。学生置身其中,仿若踏入未来农业时空,直观领悟数字技术如何重塑农业生产,为成长为数字农业先锋积蓄力量。

在乡村振兴与社会服务的广阔天地里,产业园更是功勋卓著。产业发展的磅礴力量辐射周边乡村,以甘宁镇楠桥村为典范,玫瑰香橙标准化果园星罗棋布,5 个果园共计 1800 亩,年产量 15 万千克,金黄硕果挂满枝头,承载着农民增收的希望;"优农益家"养殖场年出栏 1.5 万头生态猪,养殖过程中巧用益生菌发酵处理粪污,转化为果园亟需的有机肥,实现种养生态循环,变废为宝。病虫害防治用上高科技手段,远程监测预警搭配无人机绿色防控,化肥农药减量行动稳步推进,配合"互联网+直播+采摘节"的创新营销,经济效益呈几何倍数增长。农旅融合战略为乡村发展添上灵动羽翼,以 AAAA 级景区万州大瀑布为核心吸引力,对"古树别院""毛家屯院落""青龙苑"等进行精雕细琢,打造出古韵悠然的人居环境,古树咖啡、瀑上人家等精品餐饮与民宿应运而生,休闲采摘、农事体验、手工创作等多元化乡村旅游项目丰富多彩,吸引八方游客纷至沓来。同时,以楠桥村创新创业园为孵化摇篮,探索"三变+乡村旅游""三变+特色种养业"等创新合股联营机制,成功招揽"西部农业""鑫家园""优农益家"等一众市、区级农业龙头企业扎根,数十家餐饮、民宿、会务、手工文创、销售等商户也闻风而至,入驻创业园,开启梦想之旅。周边 6 个村 650 余名群众因此受益,在家门口就能拥抱就业机会,人均增收 3500 元,笑容在他们脸上绽放,幸福在乡村蔓延。

为保障这一育人平台行稳致远，政府充分发挥引领作用，一系列扶持工业、农业发展的政策重磅出台，为产业园发展保驾护航。在资金上给予倾斜，在资源整合上穿针引线，促成学校、企业、科研机构等多元主体紧密携手，共同为平台注入发展动能。产业与教育深度对话，依据产业需求及时优化调整专业设置与课程体系，确保培养出的人才与市场无缝对接；教育成果反哺产业，学生的创新思维、科研成果为产业升级注入新鲜血液，实现二者良性互动、协同发展。科技创新投入持续加码，鼓励科研机构与企业大胆探索，对攻克关键技术难题者给予奖励，吸引和留住优秀科技人才与管理人才，让人才的智慧光芒在产业园熠熠生辉。

二、传统革新：数字化生猪养殖实验基地

数字化生猪养殖平台是重庆三峡职业学院“国家双高”畜牧兽医专业群建设的重要成果，旨在以服务生猪全产业链为核心培养目标，融合多方面要素，引领生猪产业职业教育发展。

数字化生猪养殖平台是一个集教学、科研、实践、服务于一体的综合性平台。它以畜牧兽医专业群为依托，整合了学校、企业、科研机构等多方资源，将数字化技术与生猪养殖相结合，实现了生猪养殖的智能化、信息化和现代化[①]。该平台不仅是培养高素质生猪养殖技术技能人才的重要场所，也是推动生猪产业创新发展的重要力量。

专家组实地考察生猪养殖实验基地和现代生猪产业科技馆

生猪养殖实验基地平台功能主要包括以下三个方面：

一是教学功能。提供实践教学环境：构建了“一园一馆三中心”生猪产业特色实训教学平台，包括生态养猪“示范园”、现代生猪产业科技馆、生猪大数据中心、动物疾病检测中心、动物诊疗 120 中心。通过模拟实际工作环境，采用来自真实工作项目的教学方法，让学生提升专业技能和实践经验。推行智慧教学：搭建虚拟仿真实训室，将抽象的画面通过 3D 投影模式投射到每个学生的桌面，让学生直观体验养猪流程，提升学习兴趣；通过智慧教室，将所有教室、实训室通过物联网技术进行串联，并建设了 9 门在线开放课程。打造互动式、智能化、开放型、多样性的智慧教学空间，将“三教”改革落到实处。培养学生服务乡村振兴意识：创新课堂教学方法，将课程思政、学生素质能力作为重要培养目标，利用课堂教学，以润物细无声的方式将“一懂两爱”的“三农”情怀灌输到学生的日常教学过程，激发学生学习动力和服务乡村振

① 宋洪远，郑兆峰，江帆，等.我国农业强国建设进展评价及对策建议[J].中国工程科学，2024，26(5)：166-177.

兴意识。组建"乡村振兴实践团"和"乡村振兴促进团"两个团队，开展科技支农、科普宣讲、调研献策等形式的实践活动，带领学生弘扬工匠精神，培养学生服务乡村振兴的意识。

二是科研功能。打造产业协同创新研究院：由重庆市畜牧科学院牵头，汇聚国内外优势科研院所与龙头企业，共同组建"重庆生猪产业协同创新研究院"①。通过创新体制机制，采取政府帮扶、高校支持、机构合作的模式，打通政策链、技术链、产业链、创新链的协同通道，实现跨部门、跨地区协作，分领域组建合作创新联合体，组织实施专项技术攻关。加强科技创新链、技术链、产业链的链内融合：形成了"科学研究、成果转化、企业提升"体系，合作开展现代化猪场设计建设，生猪养殖、繁殖与改良，猪场生物安全、疾病防治等方面的科研项目研究，实现产学研一体化②。提升专业服务产业能力：积极发挥产业、企业、学业共同集聚作用，融合生猪大数据平台建设，深入挖掘三峡库区生猪养殖信息，推动生猪产业智能化、信息化水平提档升级；以科技成果的研发和推广为纽带，提升专业服务产业能力，为生猪健康养殖提供科技支撑和智库咨询。

三是社会服务功能。构建社会服务体系：以动物疫病检测诊断中心、动物医院、动物诊疗120中心为依托平台，鼓励教师进行社会服务，重点服务生猪产业。目前，有17名教师被选派为区级科技特派员，6名教师被选派为三区人才和市级科技特派员，年培训社会人员达到3000余人。建立动物防疫服务联盟：建立了中国首个职业教育引领的动物防疫服务联盟，面向5个地区开展了动物防疫服务100余次，受到当地政府和老百姓的广泛好评。

数字化生猪养殖平台作为重庆三峡职业学院"国家双高"畜牧兽医专业群建设的重要成果，其运行机制呈现出多维度、全方位的特点，为生猪产业的发展和人才培养提供了坚实保障③，主要包含：其一，多平台锻造教师发展能力。通过创新产教融合模式，建立生猪产业职业教育产学研联盟和国家现代猪业产教融合共同体，并强化党建引领，提升专业群行业"领军能力"。建立专业群教师发展中心，为青年教师定制培养方案，组织教师参加教学能力比赛。共建教师企业实践流动站，促进校企人员双向流动，打造校外兼职教师团队。建立生猪产业创新学院，开展"双师型"和"骨干教师"提升计划，采取"田间创客"等有效举措提升教师服务能力。其二，构建生猪产业实训平台。专业群走访养殖企业，助推万州区"百万生猪计划"，政校企共建生态养猪示范园。打造现代生猪产业科技馆，引入智能设备展示行业未来探索。创立生猪大数据及智慧养殖教学示范中心，形成"5＋"数据展示平台体系，提高学生对产业发展趋势的研判能力。建立动物疫病检测中心和动物诊疗120中心，保障生猪产业健康发展，提高学生实践能力。其三，打造产业协同创新研究院。采取政府帮扶、高校支持、机构合作模式，打通政策链、技术链、产业链、创新链协同通道，组建合作创新联合体，实施专项技术攻关。加强链内融合，形成"科学研究、成果转化、企业提升"体系，实现产学研用一体化。发挥产业、企业、学业集聚作用，融合生猪大数据平台建设，提升专业服务产业能力。其四，校企深度合作与产教融合。与重庆畜牧科学院共同成立协同创新研究院，培养科研导向技术技能人才。

---

① 谢丽娜."双高计划"背景下畜牧兽医专业群课程体系建设[J].黑龙江畜牧兽医，2021(3)：150-154

② 黄昊，刘俊灵，胡腾达，等.智能化母猪饲喂控制系统设计与试验[J].中国农机化学报，2021，42(10)：78-86.

③ 崔姹，胡向东，王明利.生猪产业典型模式运行机制、问题及发展建议：基于四川生猪养殖大省的调研[J].中国畜牧杂志，2018，54(2)：123-128.

与重庆正大农牧食品有限公司联合组建创新学院，开展现代学徒制办学，共建“教师企业实践锻炼流动站”和“双基地”。组建订单班和现代学徒制班级，成立国家现代猪业产教融合共同体。对接岗位需求，重构专业群课程体系，坚持开放共享，打造“一馆三中心”实践教学体系，校企共育“双师型”教师教学创新团队。

三、协同赋能：万达开市域产教联合体

在成渝地区双城经济圈蓬勃发展的浪潮中，万达开市域产教联合体以其独特的内涵、多元的功能和高效的运行机制，成为推动区域经济与教育协同发展的关键力量。重庆三峡职业学院，作为其中的核心参与者，在多个维度为联合体的建设与发展贡献着不可或缺的力量。

万达开市域产教联合体旨在打破万州、达州、开州三地间产业与教育的边界，实现资源的深度整合与优势互补。它以服务区域产业发展为宗旨，将产业需求与教育供给紧密对接，是一个集人才培养、技术研发、产业升级等功能于一体的综合性平台。重庆三峡职业学院凭借自身八十七载深厚的“农职教”底蕴，为联合体注入了农业特色的内涵基因。学院以现代农业为核心，将农业产业的各个环节，从种植养殖到加工销售，从农业科技研发到农业经营管理，全方位融入联合体的建设理念。在专业设置上，学院构建的国家级、市级、校级“1＋2＋3”专业群体系，涵盖45个专业，紧密围绕现代农业产业链，为联合体提供了丰富且专业的人才培养方向。例如，在柑橘产业方面，学院开设了从柑橘种植技术、病虫害防治到柑橘产品加工、营销等一系列专业课程，为区域柑橘产业的全链条发展提供了专业支撑，使联合体在农业领域的内涵更加丰富和立体。

川渝合作“万达开”产教联合体成立启动仪式

基于坚实的内涵构建，重庆三峡职业学院在万达开市域产教联合体中，充分发挥出多元协同的功能。在人才培养领域，学院堪称关键摇篮。学院升级“田间学院”育人模式，致力于为区域培养适应农业现代化需求的“新农人”。“田间学院”集人才培养、技能培训、创业孵化为一体，组建“田间三师”队伍，通过开设特色产业订单班、创设“田间课程超市”、开发“三农”育训教材等方式，实现校园、田园、庭园教学空间转换，让学生在实践中学习，培养知行合一的乡村实用人才。同时，针对非涉农专业学生开展耕读系列教育活动，将农耕文明、工匠精神、三峡文化等融入校园文化，注重培养学生的知农爱农情怀，为区域乡村振兴输送“一懂两爱”的综合性人才。此外，学院还积极开展国际交流合作，将“田间学院”模式推广至斯里兰卡、泰

国等国家,为共建"一带一路"国家培养农业技术人才,提升了万达开市域产教联合体在国际上的影响力和辐射力。

学院也是联合体科研创新的重要引擎。学院打造"田园实验室",将科研工作延伸至田间地头,实现科研与产业的同频共振。依托三峡库区国家级现代农业产业园区、万达开市域产教联合体等平台,学院组织师生深入乡村田园,针对农业产业的前沿热点、关键环节和瓶颈卡点进行科研攻关。例如,在万州古红橘产业发展中,学院依托"田园实验室"和专家团队,完成古红橘酒、古红橘精油化妆品等实验室产品研发,申请专利30余项,形成多个商标,有力推动了古红橘产业链的创新发展,为区域农业产业升级提供了强大的技术支持。在产业升级方面,学院积极参与区域产业协作,助力产业升级。通过与当地企业建立紧密的合作关系,学院为企业提供技术咨询、产品研发等服务,推动企业技术创新和产品升级。在汽车零部件产业中,学院与重庆千能实业有限公司等企业合作,为其提供技术改进方案,提升企业生产效率和产品质量。同时,学院还参与制定产业发展规划,为区域产业的合理布局和协同发展出谋划策,促进万达开三地产业的协同共进。

为保障这些功能的有效发挥,万达开市域产教联合体形成了一套高效稳健的运行机制,重庆三峡职业学院在其中积极践行、深度参与。在多方合作机制层面,学院积极联合国内外职业院校、教育国际化智库专家、国际交流组织、政府机构和国内外企业等多方力量。学院与达州职业技术学院等院校开展校际合作,共享教学资源,联合开展科研项目,互派教师交流学习,提升整体教育教学水平。在与企业合作方面,学院与重庆飞亚实业有限公司等企业建立产学研合作关系,企业为学生提供实习实训基地,学院为企业提供人才和技术支持,实现互利共赢。学院还积极参与政府主导的各项产教融合项目,借助政府的政策支持和资源调配,推动联合体的快速发展。

在教学运行机制上,学院持续创新。在课程设置方面,根据产业需求和市场变化,及时调整专业课程内容,引入企业实际项目和案例,使课程更加贴近实际工作场景。同时,加强实践教学环节,安排学生到企业实习、参与"田园实验室"的科研项目及"田间学院"的实践活动,提高学生的实践操作能力和解决实际问题的能力。学院还积极组织国际竞赛、人文交流活动等,拓宽学生的国际视野,提高学生的综合素质。

学院在政策支持与保障机制中也积极作为。学院积极响应国家和地方政府关于产教融合的政策号召,充分利用政府提供的政策支持和保障。政府在资金扶持、税收优惠、土地供给等方面给予学院大力支持,为学院开展产教融合项目提供了坚实的物质基础。学院则借助政策优势,积极开展科研项目、建设实训基地、引进高层次人才等。同时,学院加强与政府部门的沟通与协调,及时反馈产教融合过程中遇到的问题和需求,为政府制定相关政策提供参考依据,形成政策支持与学院发展的良性互动。

重庆三峡职业学院通过在内涵构建、功能发挥和运行机制保障等方面的积极作为,深度融入万达开市域产教联合体,为区域经济社会的高质量发展贡献着重要力量,推动着联合体不断迈向新的发展高度。

第二节 校企联盟型平台,促产教深度融合

党的二十大报告指出,要"统筹职业教育、高等教育、继续教育协同创新,推进职普融通、产教融合、科教融汇,优化职业教育类型定位"。党的二十届三中全会也指出,"加快构建职普融通、产教融合的职业教育体系",进一步指明了职业教育的发展方向。重庆三峡职业学院紧紧围绕习近平总书记关于职业教育的重要指示批示精神,深入贯彻全国职业教育大会会议要求,锚定"技工强校"发展战略,以校企联盟型平台为依托,按照"专业共建、过程共管、责任共担、成果共享"的模式,深入推进工学一体、产教融合。

一、产教融合共同体

(一)现代生猪产教融合共同体

为深入贯彻党的二十大精神,深化产教融合,完善校企合作育人机制,落实中共中央办公厅、国务院办公厅印发的《关于深化现代职业教育体系建设改革的意见》,加快建设国家现代生猪产业人才培养体系,培养适应现代生猪产业发展所急需的技术技能型和创新服务型人才,推动构建生产高效、资源节约、环境友好、布局合理、产销协调的生猪产业高质量发展新格局,由牧原食品股份有限公司、重庆三峡职业学院、国家生猪技术创新中心等,共同组建国家现代猪业产教融合共同体。共同体以服务现代生猪产业发展为宗旨,以产业价值提升为纽带,以产教一体化为途径,实现校企合作、双元育人、资源共享、协同发展。

首先,现代生猪产教融合共同体将提升人才培养质量置于首要位置,深入推进校企协同育人,畅通技术技能人才成长通道。依据产业链分工对人才的要求,校企联合招生,开展委托培养、订单培养和学徒制培养,实施现场工程师专项培养计划,推动人才培养模式创新。实行校企师资互兼互聘,共建共享高水平"双师型"教师队伍。

其次,现代生猪产教融合共同体建立健全协同创新机制,通过校企联合打造科研攻关团队,深入生产一线,瞄准产业需求,调研征集企业实际面临的生产性和技术性难题,并由校企合作解决问题。学院在关键共性技术攻关中发挥"中试车间"的作用,校企共建技术创新中心、产学研用协同创新平台和重点实验室等,产出前沿领域的创新成果,服务行业企业技术改造、工艺改进、产品升级,提升服务水平。

最后,组建高水平教科研队伍,对标产业实际和发展需要,结合人才培养、专业建设和技术攻关实际,将产业应用的工艺、技术融入教学实践,开发专业核心课程、实践能力培养项目。发挥学院专业优势和企业的技术优势,跟踪行业新技术、新工艺、新方法、新标准,研制优质教学装备并推广应用。

现代生猪产教融合共同体以生猪产业发展和技术难题攻关为导向,整合各方优势资源和

科研人才，打破学科（专业）之间、校企（科研院所）之间的壁垒，以互利共赢为基础，联合政府、企业、院校、科研院所共同攻克难题，实现产、学、研、用一体化服务。建立以生猪产业协同创新为标志的生猪产业科研成果和技术创新成果开放性平台，为构建生产高效、资源节约、环境友好的生猪产业高质量发展新格局作贡献。

（二）柑橘行业产教融合共同体

根据中共中央办公厅、国务院办公厅发布的《关于深化现代职业教育体系建设改革的意见》及《教育部办公厅关于加快推进现代职业教育体系建设改革重点任务的通知》（教职成厅函〔2023〕20 号）对于组建产教融合共同体战略任务的要求，为培养适应柑橘产业发展所急需的技术技能型和创新服务型人才，推动构建生产高效、资源节约、环境友好、布局合理、产销协调的农业产业高质量发展新格局，由重庆市三峡柑橘集团、重庆三峡职业学院、西南大学 3 家单位牵头，联合 93 家单位发起组建中国柑橘行业产教融合共同体。

中国柑橘行业产教融合共同体以服务柑橘产业发展为宗旨，以产业价值提升为纽带，以产、教、研一体化为途径，以产业发展需求和岗位职能要求为导向，提高技术技能型和创新服务型人才培养质量，提升产业职业教育现代化水平，凝聚各方优势资源和力量，构建具有显著性和代表性的农业产业人才协同培养机制，实现人才、科技驱动现代农业产业发展的战略目标，共同实现校企合作、双元育人、资源共享、协同发展，提升我国农业产业的国际竞争力。

首先，建设校校、校企和企企的教师与管理人员互派交流机制，推动教师进一线、一线进课堂的教学工作发展，实现不同单位的人才资源共享。同时，推进产教深度融合，探索校企联合招生、联合培养的现代学徒制等模式创新，共同制定柑橘产业人才培养标准。另外，加强企业之间的交流合作力度，制定产业岗位职责，合理分配人才岗位需求，校企合作共同制定农业产业岗位操作 SOP（standard operating procedure，标准作业程序），探索农业产业人才培养"1＋X"证书体系。

其次，搭建公共、开放性实训基地平台，探索实训教学新模式，以中国农业产业开放实训中心为主体，推进校校、校企的"双基地"建设，共同推进农业产业智慧教学示范中心等特色实训教学基地建设，实现产教深度融合、校企双元合作培养高素质技术技能人才。同时，以柑橘产业发展和技术难题攻关为导向，整合各方优势资源和科研人才，打破学科（专业）之间、校企（科研院所）之间的壁垒，以互利共赢为基础，联合政府、企业、院校、科研院所共同攻克难题，实现产、学、研、用一体化服务。建立以农业产业协同创新研究院为标志的农业产业科研成果和技术创新成果开放性平台，为构建生产高效、资源节约、环境友好的农业产业高质量发展新格局作贡献。

最后，推进乡村柑橘产业从业人员继续教育工程，构建覆盖产业内的现代职业农民教育网络，为企业员工培训和继续教育、新型农民培养等提供支持，整合院校、企业资源，培养服务"三农"的优秀学生和多层次乡村技术人才，推动地区与产业经济协同发展。

二、现代产业学院

(一)华晟经世现代产业学院

根据《国家职业教育改革实施方案》《教育部重庆市人民政府关于推动重庆职业教育高质量发展促进技能型社会建设的意见》《重庆市职业教育事业发展"十四五"规划》等文件的要求，在职业教育发展的新的历史时期，为进一步贯彻落实国家和重庆市各项政策精神，提质增效，释放办学活力，深化人才供给侧结构性改革，贯通"产业—技术—专业—人才"赋能路径，2017 年 5 月 15 日，重庆三峡职业学院与北京华晟经世信息技术股份有限公司基于"物联网应用技术""云计算应用技术""大数据技术""现代移动通信技术""人工智能技术应用"五个专业开展产教融合深度合作，打造"华晟经世现代产业学院"。秉持创新的理念，校企双方开展全面的教育创新发展实践。

校企双方共同着眼学生根本利益，面向新技术革新和产业变革新形式的挑战和机遇及西部农业转型发展，紧密围绕国家"三农"数字化发展规划，通过加强产业链与教育链双向赋能，以及企业向学校提供最先进的技术服务和最丰富的优质资源，实现学校内涵建设高质量发展，提升学院人才培养和服务地方经济发展的能力。

1. 创新人才培养模式，打造"产业人才供给高地"

根植产业需求，贯彻落实"学生中心、产出导向、持续改进"的教育理念，以强化学生职业胜任力和持续发展能力为目标，以提高学生实践和创新能力为重点，进一步建立行业企业深度参与高校专业建设和人才培养的新机制。引入和推动"工场化"人才培养模式，打破常规进行革新，围绕专业对应岗位的知识能力素质要求。校企联合制定专业建设方案和人才培养方案，实施"三教"改革，重构课程体系，更新教学内容，创新教学方式与考核方式，共同实施教育教学，共同评价培养质量。采用数字化技术应用进行支撑。以案例化项目教学方式建设岗位实习虚拟仿真实习实训，形成专业教学与技术实践并重、与人才培养目标一致、特色鲜明的教育教学与质量监控闭环管理模式。采用 OBE 专业软件进行支撑，保证此闭环管理的全程可控可视。

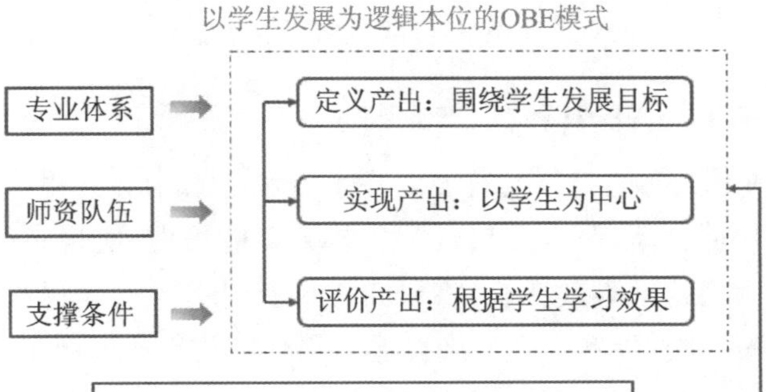

华晟经世现代产业学院基于 OBE 的人才管理模式

2. 引入企业研发平台,打造高质量一体化实训基地

以"素质为本,技能为用"为教学目标,以实践实验教学为纽带,将知识、技能、素养三个能力素质结构的构成要素整合起来,形成一个有机整体。例如,依托现有实训教学中心,在实训教学环境中营造生产环境和企业氛围,通过工程项目的实施培养学生的知识应用能力,通过工程项目的研发培养学生的创新创业能力。全面践行符合应用型、技能型人才培养规律的"工场化"人才培养模式。同时,以"新一代信息技术产业领域的技术研发和产品升级"为服务对象,引入行业头部企业领先技术,建设符合产业用人需求的应用型人才培养示范基地,为学校提供重大、前沿产业合作项目,形成行业市场亟需的新技术、新产品、新应用平台所需要的软件环境。另外,建设实训教学中心,将"技术融合、专业融合与服务融合"作为标准和功能定位,参考典型行业工程项目的技术应用、项目流程和业务模型,覆盖"前端感知、系统互联、数据支撑、智能分析、产业服务"的核心技术,通过互联融通一体化,实现技术集群,为设计实施前瞻、综合、灵活的工程项目,培养能胜任新一代信息技术发展下相关行业领域的教学实训、科研创新、技术服务等工作的创新型技术复合人才。

5G移动网络运维职业技能实训平台

3. 搭建产学研服务平台,开展落地性产业服务

围绕农业产业和ICT产业,持续与行业龙头企业和生态企业开展深度合作,围绕产业技术创新关键问题开展协同创新,联合开展数字化能力赋能培训,实现高校知识溢出直接服务区域经济社会发展。大力推动科教融合,将研究成果及时引入教学过程,促进科研与人才培养积极互动,有效支撑产业发展和地方经济发展。积极拓展企业资源,引入横向项目,由校企讲师联合牵头,带领学生成立项目组,进行实践交付,锻炼学生的实操能力。同时,基于企业投建的实训室,校企联合建设生产型实训基地,通过引入行业企业的生产任务,指导合作专业学生进行交付并支付费用,提升学生实践能力和学校的社会服务水平。

(二)京东现代产业学院

京东现代产业学院由重庆三峡职业学院、京东集团合作共建，旨在围绕现代服务产业数字化转型和智能制造产业发展需求，在智慧物流管理、智能物流装备制造、大数据分析与应用、电商运营与管理等领域，培养精数据应用、懂电商物流、善协作创新的应用型人才，共同打造特色鲜明的校企共赢的现代产业学院。

产业学院大力推进产教融合、协同育人，互派高层次人才挂职锻炼，校企共建大数据分析与应用等实验室、智慧物流等研究中心等，并设立京东开放基金项目。在校内建成了京东产教融合示范基地，为学生的实习实训、双创教育提供了有力保障，也为教学改革和科研合作提供了数据和技术支撑。同时，产业学院将京东“正道成功”“家国情怀”等企业文化有机融入课程思政与实习实训，切实增强学生产业报国、创业富民的使命感与责任感。

通过立足高校人才培养内在逻辑和电商物流企业用人特质特点，以校企协同为基础，共同建设以“一个产业学院、三个中心、一个平台”为核心的智慧电商物流产教融合创新发展载体，为学校优化产教融合体系、提升全国影响力、增强服务电商物流产业及地方经济社会发展能力提供全方位支撑。同时，京东现代产业学院采取“共商共管、共建共享”的运行模式，设立产教/科教协同育人机制、质量监控保障机制、师资“双向”流动机制、资源共建共享机制等，多方共建专业、共设基地、共组团队、共享资源、共创成果、共育人才、共担责任，实现多方共赢，互惠互利。

三、同鑫现代农业园：引领数字兴农

智慧农业是发展现代农业的重要着力点，是建设农业强国的战略制高点。当前，以 5G、大数据、云计算、物联网、人工智能为代表的新一代信息技术日新月异，推动各行各业迈入数字化、智能化新时代，也加速了信息科技与传统农业的深度融合，正引发以“智慧农业”为标志的“农业数字革命”。

2020 年 12 月 31 日，重庆三峡职业学院乡村振兴学院同鑫园分院在同鑫现代农业园正式挂牌成立，双方在现代农业物联网技术发展、现代农业生产管理、教学科研、人才培训、学生实习实训、观光农业发展等方面开展合作。作为学校服务乡村振兴的实践基地，同鑫现代农业园采用数字化技术打造智慧农业，实现生产过程自动化、网络化、智能化。园区将传统农业与现代科技结合，推动农业高质量发展，不仅提高了农业生产效率，还吸引了学校学生参与，并开展农旅融合，助力乡村振兴。

同鑫现代农业园利用传感设备、自动化控制设备、气象站，实时监测采集田间土壤墒情、气象信息、作物长势等，准确掌握大田作物生育进程和农情动态。通过对大田作物苗情、墒情、病虫情、灾情以及大田作物各生育阶段的长势长相和生理指标进行动态监测与趋势分析，提高精细生产和田间智能管理的能力，并提前预测或及时发现生产中存在问题，制定大田作物田管技术对策，提出田管意见或建议，以便更好地开展技术指导，促进农业增产增收。同时，从建立农业单品种全产业链大数据采集和应用体系入手，嫁接“天空地一体化”监测、智能灌溉、田间视频 AI 识别、北斗卫星导航定位、检验检测技术融合、智能化交易设施等动态感知系统，疏通传统监测统计、互联网数据和文本挖掘、物联网在线感知、实验室和检验检测机构等数据采集渠道。发挥大数据在农产品生产、加工、流通、销售、消费等供应链各环节的信息串联、监测预警、优化配置投入要素结构的核心功能，强化农产品品种培优、品质提升、品牌打造、农业标准化生产和新农民培育等方面的农业信息技术服务，达到产前精准规划、产中智能监测、产后智慧监管的目的。

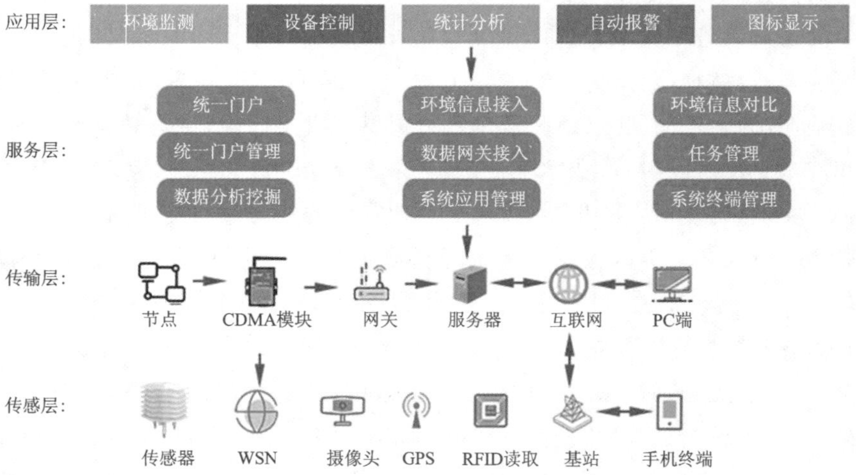

同鑫现代农业园功能架构

首先，通过卫星遥感影像获取、无人机实时精准拍摄、地面传感器监测，对农业生产全资源要素、全生产过程、全时空方位感知、诊断、决策，实现精准化种植和智能化管理。

例如，根据不同农作物的生长季节，利用卫星遥感技术开展农作物种植地块精细提取，及时跟踪监测农作物种植面积及空间分布、生长动态（长势）和产量预估（需建立作物生长信息与产量之间的关联模型）等遥感数据服务。利用高分辨率多光谱卫星数据，结合地面样方调查结果，通过地理信息系统（GIS）对监测数据进行多维度、多尺度、多时相的展示和分析，直观展现作物长势、产量、地块、变化等态势，为管理人员进行宏观决策提供依据。

其次，借助压力系统，将可溶性肥料按土壤养分含量和作物种类的需肥规律与特点配兑成肥液，与灌溉水一起通过可控管道系统供水、供肥。通过管道、喷枪或喷头形成滴喷灌，均匀、定时、定量喷洒在作物发育生长区域。

可根据物联网传感器监测的土壤水分、pH 值、EC 值等数据，计算不同作物的需水、需肥规律及土壤环境和养分含量状况，自动对水、肥进行检测、调配和供给，在提高灌溉用水效率的同时，又实现了对灌溉、施肥的定时、定量控制。这样不仅能够节水、节肥、节电，还能够减少劳动力的投入，降低人工成本。

最后，移动端应用可通过"图片问答""视频连线"的方式，加强农业技术员对农户进行及时线上指导和问题诊断。

同鑫现代农业园的运行机制是以云计算商业模式应用与技术（虚拟化、分布式存储和计算）为支撑，统一描述、部署异构分散的大规模农业信息，满足农户数十万计的并发请求及对计算、存储的可靠性和扩展性要求。通过软硬件资源的聚合和动态分配，实现资源最优化和效益最大化。作为专注于支撑农业领域数据研究的应用工具，整合多渠道农业数据，引入数据挖掘展现技术，以专业分析为导向，面向农户提供数据查询、在线分析、共享交流等服务。

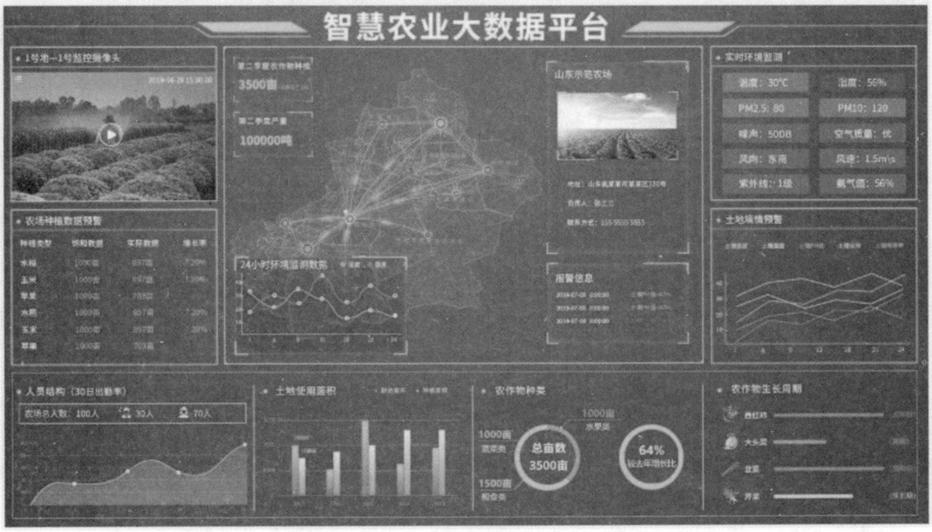

同鑫现代农业园智慧平台运行界面

智慧农业大数据平台可查看所有设备的监测信息，实现对土壤墒情状况、气象环境信息、病虫害发生状况的可视化、集中化管理，并与手机 App 数据联通，方便管理人员随时随地查看农田数据，管理更便捷、更高效。

在农业灾害监测上，利用现代信息技术和遥感技术，对农作物生长环境以及灾害因素，如病虫害、干旱、水浸、台风等进行实时监测、分析和预警。帮助农户、农业管理部门和科研机构及时了解灾害情况，及早采取预防和应对措施，从而减少农业灾害造成的损失。

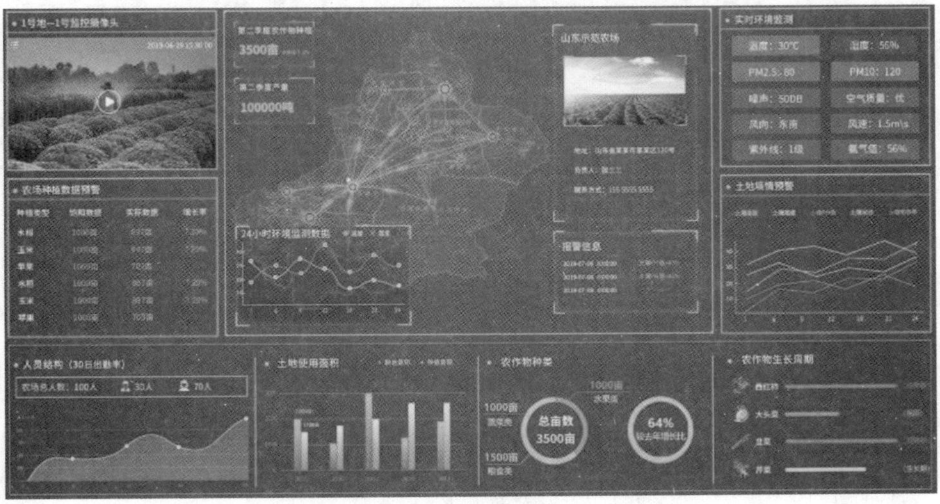

灾情、苗情监测界面

在地块管理上，实现农田管理的智能化和精准化，在种植计划、资源配置、作物管理等方面提供科学的决策支持和数据分析。涵盖了对农田的实时监测区块化管理、优化农业资源配置以及全面的作物生长管理。

土壤墒情管理界面

在视频监控上，利用摄像头和视频监控设备，对农田、大棚、养殖场等农业场所进行实时监控和录像，以获取农业生产过程中的实时信息，并提供远程监控和智能化决策支持。为农业生产提供可视化管理手段，有助于及时发现问题、提高生产效率、保障农业生产安全。

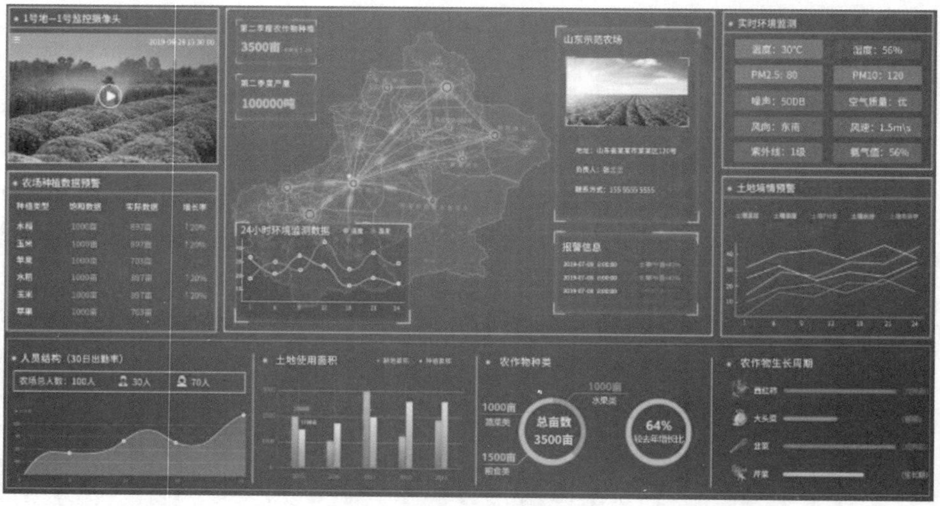

智能虫情视频监测界面

将平台内所有数据进行统一汇总，以多种形式在同一界面进行显示。平台提升了农业生产效率，通过实时监测和数据分析，能够为农户提供科学的决策支持，实现对农业生产全流程的智能化管理，保障农产品安全，提高其市场竞争力。

第三节　校研科创型平台，促立地研发转化

科技创新是农业发展的动力源泉，高校和各科研机构的合作是提高农业科技创新能力的重要载体和抓手。习近平总书记强调，“要打造国家农业科技战略力量，支持农业领域重大创新平台建设”。2024 年中央一号文件提出，支持农业领域实验室、创新中心等平台建设。随着农业现代化深入推进，作为集聚创新资源、汇聚创新人才、开展技术创新的有效载体，校研科技创新平台的支撑作用日益凸显。重庆三峡职业学院立足自身优势和特色，正加快农业科技创新平台建设，布局现代农业创新策源高地，为农业强国战略提供更多智力和科技支撑。

一、田园实验室：智慧田野的创新实践

重庆三峡职业学院以其深厚的“农职教”底蕴和鲜明的办学特色，积极探索“产科教”融合育人的新路径。其中，“田园实验室”的建立，便是学院在校地合作型平台上的一次创新实践，它不仅促进了区域资源的有效集聚，更为培养现代“新农人”提供了坚实的平台支撑[①]。

2023 年 12 月 23 日，“重庆三峡职业学院龙桥村田间学院”于梁平区碧山镇龙桥村正式落地。这标志着“田园实验室”平台在三峡库区腹地正式生根发芽，成为学院服务“三农”、助力乡村振兴的重要载体。“田园实验室”的内涵概念紧密围绕破解“三乡人才”培育难题及解决产教“合而不融”的问题而展开。它并非传统意义上的实验室，而是一个集人才培养、技能培训、创业孵化于一体的综合性平台。它将校园实验基地大胆地延展至庭院、田园，实现了校园、田园、庭院教学空间的巧妙转换。在这里，由专业教师、产业技师、创业导师共同组成的“田间三师”队伍成为推动发展的核心力量[②]。他们上山下乡，开办特色产业订单班，创设“田间课程超市”，开发“三农”育训教材，通过“移动教室”“田间课堂”等创新形式，让学生在真实的农业生产场景中学习和实践，致力于培养知行合一的现代乡村实用人才。

从平台功能来看，“田园实验室”的主要功能包含三个层面。其一，校园人才培养。针对农业相关专业学生，它提供了贴近农业生产实际的学习环境，使学生能够在田间地头亲身体验农业技术技能的应用，在实践中不仅学到了专业知识，还培养了吃苦耐劳、勇于创新的精神，成为具有现代意识和实践能力的“新农人”。针对非涉农专业学生，学校开展耕读系列教育活动，将农耕文明、工匠精神、三峡文化等融入校园文化软实力，注重知农爱农情怀教育，着力培养“一懂两爱”乡村振兴人才。其二，村民技能培训。重庆三峡职业学院充分发挥“全国乡村振兴人才培养优质校”的引领、示范、带动、辐射作用，利用“田园实验室”为当地村民提供农业技术技能指导，开展农机设备培训、学历培训等，提升村民的农业生产水平。同时，开办

---

① 车思雨，金晓彤，盛光华，等. 乡村生态振兴的“新引擎”：新农人的绿色价值创造[J]. 中国人口·资源与环境，2024，34(8)：148-156.

② 卢文凤，赵福奎，李静. 涉农高职院校培育农业经理人的策略探究[J]. 广东蚕业，2022，56(10)：142-145.

学校向梁平区碧山镇龙桥村授牌"重庆三峡职业学院龙桥村田间学院"

特色产业订单班,根据当地农业产业发展需求定制培训课程和教学内容,实现人才培养与产业需求的精准对接。其三,创业孵化。"田园实验室"创设"田间课程超市",为有创业意愿的学生提供丰富多样的课程选择,涵盖农业创业的各个环节。同时,邀请创业导师为学生提供创业指导和支持,帮助他们制订创业计划、寻找创业资金、开拓市场渠道,还为学生提供创业实践基地,让他们在实际操作中积累经验,提高创业成功率。

"田园实验室"的运行机制是一个复杂而精细的系统,它涉及多个主体、多个环节和多个层面的协同合作。具体来说,"田园实验室"运行机制主要包括以下几个方面:一是校地合作机制。平台依托重庆三峡职业学院与地方政府之间的紧密合作关系,共同推动平台的建设和发展。学院提供教育资源和技术支持,地方政府则负责协调各方资源,为平台的运行提供政策保障和资金支持。二是产教融合机制。平台通过与企业、合作社等产业主体的深度合作,实现教育与产业的深度融合。一方面,学院根据产业需求调整课程设置和教学内容,培养符合市场需求的人才;另一方面,产业主体则通过提供实习实训基地、就业岗位等方式,支持学院的人才培养工作。三是"田间三师"协同机制。"田间三师"队伍是平台运行的核心力量。专业教师负责传授理论知识,产业技师负责实践操作指导,创业导师则提供创业指导和咨询服务。三者之间密切协作,共同推动平台的人才培养、技能培训和创业孵化工作。四是教学空间转换机制。"田园实验室"通过实现校园、田园、庭院教学空间的灵活转换,打破了传统教育的空间限制。学生可以在田间地头接受实践教育,也可以在校园内接受理论教学,还可以在庭院内进行创业实践。这种灵活的教学空间转换机制,不仅提高了教学效果,也增强了学生的实践能力和创新能力。五是反馈与评估机制。"田园实验室"还建立了完善的反馈与评估机制,定期对实验室的运行情况进行评估和反馈。通过收集学生、教师、产业主体等多方面的意见和建议,不断优化实验室的运行机制和服务内容,确保其能够持续为乡村振兴和农业现代化提供有力支持。

在"田园实验室"的运行过程中,重庆三峡职业学院还注重发挥自身的特色和优势。学院依托三峡库区国家级现代农业产业园区、万达开市域产教联合体等优质资源,将校园实验基地延展至庭院、田园,紧盯前沿热点、关键环节和瓶颈卡点,精准对接农业产业全产业链。同时，学院还积极与万州区、开州区、梁平区、云阳县、忠县等 9 个区（县）14 个乡镇（企业）签订战略合作协议，联建村民“家门口大学”，进一步拓宽了平台的服务范围和影响力。

如今，“田园实验室”已经成为重庆三峡职业学院服务“三农”、助力乡村振兴的重要品牌。一批又一批师生走出象牙塔，一头扎进乡村田园，在房前屋后听民声，在田间地头授技术，让科研事业从泥土中开花结果，迅速形成现实生产力，助力农业增产增收。未来，随着“田园实验室”的不断完善和发展，它将为乡村振兴和农业现代化事业贡献更多的智慧和力量。

二、博士后工作站：推库区向农图强

我国已进入高质量发展阶段，迫切需要摆脱传统农业生产方式，大力发展以高科技、高效能、高质量为特征，代表先进生产力发展方向的新质生产力。重庆三峡职业学院作为农业现代化的先行者，依托重庆三峡农业科学院博士后工作站，统筹推进“四个农业”，以率先实现“五化”为目标，形成可复制、可推广的数字化运营新模式，以科技赋能产业变革。

围绕农作物种质资源收集保存评价与利用、材料创新与新品种培育、作物耕作与栽培、作物有害生物防治、土壤及农业化学、农业资源利用与生态环境保护、农业生物技术及应用、种子繁育与加工、农产品研发及蚕桑研究等 13 个专业研究方向开展公益性、基础性、应用性科学研究，共建万州甘宁试验基地（承担水稻、油菜、甘薯、小麦、荞麦、花生、蔬菜等作物及果树、蚕桑的新品种选育与配套栽培技术研究，蚕种繁育，国家级、市级水稻、油菜、小麦、甘薯、大豆、花生、柑橘、荞麦的新品种区域试验、生产试验、抗病虫鉴定试验和 DUS 测试）、梁平蟠龙试验基地（承担玉米、马铃薯、油菜等作物的遗传育种、栽培技术研究、抗逆性鉴定试验和 DUS 测试）、海南陵水试验基地（承担水稻、玉米、甘薯冬繁加代与水稻、玉米杂交种子纯度鉴定试验）、国家玉米原原种扩繁基地、国家油菜原原种繁育基地、国家水稻原原种繁育基地、国家杂交水稻良种繁育基地及重庆市山地生态农业工程技术研究中心，着力打造“万州区国家农作物品种测试评价站”。

博士后工作站科研基地

双方积极探索新技术在农业领域的创新应用场景与实施路径，通过实时态势感知、超实时虚拟推演和全程交互反馈，实现对农业生产过程的全面监测和控制，从而提高生产效率和作物品质，实现农业生产的智能化、高效化、可持续化。把所有模型整合到大场景中，通过落实良种、良法、良机、良技、良制的“五良”建设，实现农业种植标准化、精准化，再将构建的农业知识图谱和数据同步到农业种植软件程序，通过精确的数据模型和实时的反馈机制，不仅提高三峡库区农业生产的效率和质量，还能够帮助农业从业者更好地应对未来的挑战。

首先，将真实的农业生产场景在虚拟世界中进行模拟和预测，打造出一个与实体农业生产环境高度一致的“数字镜像”，构建更加科学精准的管理模式。用软件作支撑，通过虚拟仿真技术，以大数据驱动孪生场景还原作业环节，整个过程一目了然，让农业生产从“田间”走到“指尖”。在模拟作业中，种植户可以通过键盘、鼠标等各种输入设备与虚拟农机进行交互，模拟驾驶农机、装载农具、升降农具和启动农具，实时控制和调整模拟作业过程。模拟作业提供直观的图形和动画，使复杂的系统和过程更容易理解。同时，帮助种植户以可视化和交互的方式，理解和优化复杂的农业种植环节，助力企业和组织实时监控作物长势，在及时发现和解决问题的同时，对未来作物生长情况进行推演，使得现代农业更加高效、安全和精准。

农业环境数字镜像

其次，将物理农场与数字模型相结合，通过传感器、物联网和大数据分析等技术手段，实时监测农田环境、作物生长状态等。通过数字模型的可视化呈现，库区农民可以直观地了解农田情况，作出精确的决策。同时，借助数字孪生技术，将物联网设备获取到的数据和 3D 空间渲染相结合，不仅可以直观地观察大棚作物的常见指标，而且可以通过大屏管理中的开关对物联网设备进行直接控制，实现一站式智慧管理。

例如，可以通过鸟瞰的形式呈现多个大棚的位置和状态，同时周边图表展现了蔬菜种植的种类、分布、产量分析和产值占比等数据。通过点击“昼夜切换”按钮实现白天和夜晚效果的切换，通过白天的动态光影和夜晚的灯光展现蔬菜大棚在不同时间的外观。在 3D 模型中动态配置多个兴趣点位完成区域联动，并且可以对点位进行具体详情设置，通过点击标记点来展示不同蔬菜种植的具体位置和信息。由于农业系统中关于大棚种植最重要的信息是大棚的整体环境和天气环境，因此通过对热力传感器和天气数据的整合，实时向管理人员呈现当前大棚的环境状态，以便决定是否需要通过控制补光灯和风机对环境进行调节。对于整个园区的安防摄像头进行统一的监测，通过开放网络视频接口论坛（open network video interface forum，ONVIF）标准实时接入监控信息，并且在 3D 模型中展现不同监控点的具体位置。这些对管理人员更好地掌握园区当前的真实状况，有着很好的辅助作用。

最后，以数字孪生仿真渲染引擎为核心，通过接入高清视频监控系统、精准农业传感网络系统、无线网络传输系统等，实现数字监控全方位覆盖。依托数字孪生建模与场景渲染，以更直观、更透明的展示方式打造 B/S 与 C/S 双模式驱动的数字孪生智慧农业平台，提高农作物生产质量，实现农业数据可视、可查、可管。

例如，在智能农田管理上，通过传感器和物联网技术，实时监测农田的土壤湿度、温度、养分含量等关键指标。根据这些数据提供准确的农田管理建议，如灌溉调整、施肥优化等，帮助农民科学决策，提高农作物的产量和质量；在病虫害监测与防治上，通过智能传感器网络对农田的病虫害情况进行实时监测，能够识别和分析农作物病虫害的类型和程度，并及时发出预警通知，帮助农民及时采取防治措施，提高农田的产量和质量；在智能农机管理上，可以对农业机械进行智能管理和优化，能够实时监测农业机械的工作状态和运行数据，提供维护建议和故障诊断。通过智能的农业机械管理，农民能够提高农业机械的使用效率和寿命，降低维修成本，提高农田作业的效率和质量；在数据分析与决策支持上，完成数据分析与决策支持。对农田、农作物和农业机械等相关数据进行深度分析和挖掘，为农民和农业管理者提供决策支持和优化方案。通过科学的数据分析，农田管理和决策能力得到提升，实现农业生产的效率和质量的提升。

重庆三峡职业学院自与重庆三峡农业科学院博士后工作站开展深度合作以来，在农作物种质资源鉴定保存与育种利用、作物抗逆性研究、分子育种、特色植物种子种苗快繁、作物高产高效技术集成与应用推广、农作物品种测试评价、特性鉴定和农药质量检测等领域成效显著，承担并完成国家、省（市）、区（地、市）各类科研项目 630 项，选育出水稻、玉米、小麦、甘薯、油菜、马铃薯等农作物新品种 298 个并通过省级品种审定，其中国审（鉴）品种 8 个，国家登记品种 38 个。这些品种在川、渝、黔、滇、鄂、陕、湘等十多个省（市）累计推广面积 6.4 亿余亩，创社会经济效益 141 亿余元，获各级科技成果奖 265 项，其中省部级一、二等奖 47 项，发表和获奖学术论文 1247 篇，出版著作 20 余部。先后选派国家、重庆市、各区科技特派员 471 人次，通过国家农业产业技术体系“水稻”“油菜”“甘薯”综合试验站平台等开展农业科技培训，常年示范带动推广应用新品种新技术 60 余项。学院计划至 2027 年基本建成库区农业产业大脑，强调“数字化基地—数字农业工厂—未来农场”路径，逐步建立“数字＋设施”智慧农业发展体系，为库区农业农村现代化提供有力支持。

第四节　校政出海型平台，促职教国际化

在全球化的时代背景下，职业教育的国际化发展成为推动各国共同进步的重要力量。重庆三峡职业学院积极响应国家“一带一路”倡议，以开放的姿态搭建校政出海型平台，致力于促进职业教育的国际化，为全球农业交流与人才培养贡献智慧和力量。

一、破局之路：构建斯里兰卡乡村振兴学院

重庆三峡职业学院斯里兰卡乡村振兴学院由重庆三峡职业学院与斯里兰卡斯里贾亚瓦德内普拉(Sri Jayawardenepura)大学合作共建，成为职业教育国际交流的关键平台与重要桥梁。它以“田间学院”出海作为关键举措，精心打造和美乡村人才培养的广阔平台。自2019年起，学院便在斯里兰卡、尼泊尔等国积极创建多种类型的海外“田间学院”，为和美乡村人才培养开拓出一片充满无限可能的广阔空间。

学院始终秉持强农兴农的神圣使命，将专业与产业紧密结合，把课堂从传统的校园延伸至充满生机的田间，让知识在泥土中扎根、生长，致力于为斯里兰卡等“一带一路”国家培养高素质农业技术技能人才，提升当地农业现代化水平，促进国际间文化交流与农业产业合作，为构建人类命运共同体贡献着坚实的力量，在国际人才培养方面发挥着重要作用[①]。一方面，承接海外留学生来校攻读涉农专业全日制大专，包括连续3届承接缅甸及斯里兰卡留学生，为他们提供茶叶加工、农机维修等品牌专业的国际化升级课程，培养具有国际视野和专业技能的农业人才；同时开展短期培训，为海外学员提供智慧农业、预制菜产业、产业振兴、农文旅融合等内容的研学育人，如为斯里兰卡50名学员提供为期7天的培训，以提升其现代农业领域知识和技能。另一方面，与共建“一带一路”国家的高校、政府部门和企业开展深度合作，签署合作备忘录，促进留学生互派、学术交流和产教融合，例如，与斯里兰卡职业技术大学达成共识开展乡村振兴深度合作，为尼泊尔考察团提供乡村技能培训并与之签署《共建“田间学院”备忘录》；举办国际学生创新创业大赛，组织共建“一带一路”国家涉农专业学生来校参赛，搭建国际合作交流平台，促进国内外职业院校切磋交流，提升学生创新能力和国际竞争力。

重庆三峡职业学院立足国际化人才培养需求，创新融合国内外优质资源，制定国际职业标准，全方位推动“职教出海”，为“一带一路”国家产业发展提供优质智力支持，通过国际合作铺就“减贫之路”，专业群国际影响力显著提升。通过文化、课赛、校企“三融合”，创新“扶贫”人才路；结合产业发展态势，通过课程、标准、教材“三输出”，铺就“扶智”减贫路；汇聚多方资源，通过学院、基地、教师“三协同”，奠定“扶业”致富路；搭建海外合作平台，通过培训、指导、帮扶“三推动”，助力“扶志”产业路。

---

① 职业教育助力脱贫攻坚和乡村振兴的成功实践与典范——2022年职业教育国家级教学成果奖“服务三农”主题获奖成果分析.

农林科技学院教师为斯里兰卡留学生进行园艺技术专业授课

在人才培养方面，学院巧妙地将学历提升与技能培训有机结合。对茶叶加工、农机维修等品牌专业进行国际化升级，使其绽放出更加耀眼的光芒。承接缅甸和斯里兰卡留学生来校攻读涉农专业全日制大专，为他们打开一扇通往知识殿堂的大门。同时，为斯里兰卡学员提供短期培训，内容涵盖智慧农业、产业振兴、农文旅融合等丰富领域，如同为他们送上一份知识的盛宴。此外，学院创新人才培养新模式，提出“一院三融五共”的先进理念：“田间学院”出海搭建起坚实的平台，通过“语技融合”“育训融通”“科教融汇”，全方位提升人才的技能与素养，实现和美乡村建设国际化发展对策共商，汇聚各方智慧，为发展指明方向；人才共育，整合教育资源，培养出适应时代需求的高素质人才；指挥中心共管，确保各项工作高效有序进行；标准体系共建，为乡村建设提供统一规范；资源和成果共享，实现互利共赢，共同推动乡村振兴事业蓬勃发展。

在产业推动方面，学院与斯里兰卡社会赋能及乡村振兴国务部等紧密合作，共建乡村振兴“田间学院”，犹如一颗颗璀璨的星星，共同构成了推动农业发展的壮丽星空。打造多个育训基地，派出优秀教师传授现代农业技术，如同一束束明亮的光，照亮当地农业发展的道路。培训各类技术技能学员，为斯里兰卡农业发展注入源源不断的动力。同时，学院牵头成立“国际数字乡村振兴职业教育联盟”，积极探索可复制的和美乡村海外人才培养模式，如同在国际舞台上树立起一面鲜艳的旗帜，扩大中国职业教育的国际影响力。

在合作共建方面，与斯里兰卡社会赋能及乡村振兴国务部、斯里兰卡梁家河领导力学院、斯里兰卡职业技术大学、斯里兰卡农业企业合作共建乡村振兴“田间学院”，构建面向共建“一带一路”国家可复制、可推广的乡村合作机制，还与发展中国家振兴组织、深圳鑫基集团签订合作备忘录，成为斯里兰卡中方职教牵头单位，构筑中斯“产教共同体”。

在资源共享机制方面，针对斯里兰卡乡村振兴和家庭繁荣需求搭建教学资源建设平台，促进中斯产教资源共享开放，完成相关数字经济职业标准开发双认证项目立项，并与斯里兰卡国家职业教育委员会联合主办专题培训，组织共建“一带一路”国家学员来重庆开展“中文＋乡村技能”培训，联合国内外单位成立“国际数字乡村振兴职业教育联盟”，促进资源共建共享。

在科技帮扶机制方面，组建“斯里兰卡教师服务团”分批次到斯里兰卡田间、车间、林间开展教学培训和科技帮扶，开设特色产业课堂，同时聚焦斯里兰卡数字乡村发展规划开展科技服务与技术帮扶，围绕观赏鱼繁殖和智慧养殖技术实施技术攻关，为产教融合基地提供全周期质量监测与远程科技决策服务。

多方合作机制中，学院牵头，联合国内外职业院校、教育国际化智库专家、国际交流组织、政府机构和国内外企业等多方力量，实现资源共享与优势互补。学院还与斯里兰卡斯里贾亚瓦德内普拉大学和 DIMO 集团签署战略合作协议，开展产教融合合作，为人才培养和产业发展注入强大动力。教学运行机制涵盖课程设置和实践教学。课程设置方面，为留学生精心制定人才培养体系，开展教师海外授课、交流，组织国际竞赛和人文交流活动，让知识在交流中传播、升华。实践教学方面，安排研修班参观实训基地，亲身体验中华茶艺文化和 VR 虚拟教学等内容，让学员们在实践中感受中华文化的博大精深。同时，组织学员赴国内多地开展现场教学，拓宽他们的视野，丰富他们的经验。学院积极响应国家倡议和市委精神，得到政府的大力支持。学院高度重视，组建专家团队，以课题引领，出版专著，做大“职教出海”平台，推动多个项目，共同开发人才标准等。长期派员到合作国进行指导，让共建“一带一路”国家村民受益，如同春雨般滋润着异国他乡的土地。

斯里兰卡社会赋能及乡村振兴国务部部长在《高端访谈》中盛赞学院的“田间学院”出海模式

二、国际职教合作联盟进阶：铺就国际教育交流新通途

2023 年，重庆三峡职业学院牵头共建国内外职业院校、教育国际化智库专家、国际交流组织、政府机构、国内外企业五方主体共同运营的“国际数字乡村振兴职业教育联盟”（以下简称

“国际职教合作联盟”）。

国际职教合作联盟由重庆三峡职业学院联合成都农业科技职业学院、斯里兰卡梁家河领导力学院、北大荒信息有限公司和北京教科文通国际教育科技有限公司等单位共同发起成立，国内外44个单位加入。该联盟旨在搭建一个促进国际化发展，推动国内外职业院校切磋交流、互通有无的国际合作交流平台，通过共商、共育、共管、共建、共享的“五共”人才培养机制，为国际数字乡村振兴培养人才，传播乡村振兴“中国经验”，赋能各国产业经济发展[①]。

（一）联盟的功能

国际职教合作联盟在人才培养和国际交流合作方面发挥着重要作用，为国际数字乡村振兴提供了有力的支持。

1. 人才培养功能

“五共”人才培养机制助力乡村振兴人才培养。

(1)共商和美乡村建设国际化发展对策。联盟汇聚了国内外职业院校、政府机构、企业等多方力量，共同探讨和美乡村建设的国际化发展方向。各方通过交流与合作，深入了解不同国家和地区的乡村发展需求和特点，结合国际先进经验，制定出符合实际情况的国际化发展对策。例如，针对斯里兰卡等国家的乡村现状，联盟成员共同商讨如何引入中国先进的农业技术和管理经验，推动当地农业现代化进程。通过共商，确定了重点发展的领域和项目，为后续的人才培养和乡村建设提供了明确的方向。

(2)共育和美乡村建设人才。联盟积极整合各方教育资源，共同培养和美乡村建设所需的各类人才。国内外职业院校发挥教学优势，提供专业的课程和培训体系；企业提供实践机会和实习岗位，让学生在实际工作中锻炼技能；政府机构和国际交流组织则在政策支持和国际合作方面发挥作用。“智慧村民”（“产科教”数字人）是国际职教合作联盟在人才培养方面的创新举措。通过培育“智慧村民”，提升乡村振兴人才的数字化素养和技能，为数字乡村建设提供人才支持。“智慧村民”具备数字化思维和技能，能够熟练运用信息技术进行农业生产、农村管理和乡村服务。通过共育，培养出具有国际视野、专业技能和实践经验的乡村振兴人才。

(3)共管和美乡村建设指挥中心。为了确保和美乡村建设项目的顺利实施，国际职教合作联盟共同管理和美乡村建设指挥中心。指挥中心负责协调各方资源，监督项目进度，解决项目实施过程中出现的问题。各方通过建立有效的沟通机制和管理体系，共同参与指挥中心的管理工作，确保项目按照预定计划推进。例如，在斯里兰卡的乡村建设项目中，联盟成员共同参与指挥中心的管理，协调各方资源，确保项目的顺利进行。

(4)共建和美乡村建设国际化标准体系。为了提高和美乡村建设的质量和水平，国际职教合作联盟合作共建和美乡村建设国际化标准体系。各方共同制定乡村建设的标准和规范，

① 宾恩林，郝天聪．新质生产力背景下职业教育助推共同富裕的独特使命与实现路径[J]．职业技术教育，2024，45(31)：22-27.

包括农业生产、农村环境、乡村文化等方面。通过共建国际化标准体系,为乡村建设提供了统一的标准和参考,促进了乡村建设的规范化和可持续发展。例如,联盟成员共同制定了观赏鱼养殖技术等乡村特色产业的标准,为斯里兰卡的观赏鱼产业发展提供了技术支持。

(5)共享和美乡村建设国际化资源和成果。国际职教合作联盟倡导各方共同分享和美乡村建设的国际化资源和成果。职业院校分享教学资源和科研成果,企业分享市场信息和技术经验,政府机构和国际交流组织分享政策支持和国际合作渠道。通过共享,实现了资源的优化配置和成果的最大化利用,促进了各方的共同发展。例如,联盟组织共建"一带一路"国家学员来重庆开展"中文+乡村技能"培训,实地观摩乡村振兴的"重庆样态",同时将重庆的成功经验分享给其他国家和地区。

2. 国际交流合作功能

国际职教合作联盟搭建了一个促进国际化发展,推动国内外职业院校切磋交流、互通有无的国际合作交流平台。平台为国内外职业院校提供了交流合作的机会,促进了职业教育的国际化发展。通过平台,国内外职业院校可以分享教学经验、课程资源和科研成果,开展师生交流和合作办学项目。例如,举办国际学生创新创业大赛,组织来自共建"一带一路"国家的涉农专业学生来校参赛,为学生提供了展示创新能力和交流学习的平台。同时,平台还促进了国内外职业院校之间的师资交流和培训,提高了教师的教学水平和专业素养。

平台还为国内外企业和政府机构提供了与职业院校合作的机会。企业可以通过平台寻找合适的人才和技术合作项目,政府机构可以了解国际职业教育的发展趋势和先进经验,为制定政策提供参考。例如,联盟与斯里兰卡社会赋能及乡村振兴国务部、斯里兰卡农业企业等合作共建乡村振兴"田间学院",构建面向共建"一带一路"国家可复制、可推广的乡村合作机制。通过平台,各方实现了资源共享和优势互补,共同推动了国际数字乡村振兴。

(二)联盟的运行机制

国际职教合作联盟通过多方合作机制、"五共"人才培养机制和品牌建设与推广机制,实现了高效的运行和可持续发展。

1. 多方合作机制

国际职教合作联盟由国内外职业院校、教育国际化智库专家、国际交流组织、政府机构、国内外企业五方主体共同运营。各方发挥各自的优势和资源,共同推动联盟的发展。职业院校提供教学资源和人才培养平台;教育国际化智库专家提供理论支持和决策咨询;国际交流组织促进国际合作和交流;政府机构提供政策支持和资源保障;企业提供实践机会和市场需求。通过五方主体的共同运营,各方实现了资源共享和优势互补,共同推动了国际数字乡村振兴职业教育联盟的发展。

2. "五共"人才培养机制

共商机制:确定国际化发展对策。共商机制是国际职教合作联盟"五共"人才培养机制的重要组成部分。通过共商，各方共同探讨和美乡村建设的国际化发展方向，确定发展对策。共商机制包括定期召开会议、开展调研和交流活动等形式。各方通过会议和交流活动，分享经验和观点，共同制定发展规划和战略。例如，联盟成员定期召开国际数字乡村振兴研讨会，邀请国内外专家学者和企业代表共同参与，探讨和美乡村建设的国际化发展方向和对策。通过调研活动，了解不同国家和地区的乡村发展需求和特点，为制定发展对策提供依据。例如，在斯里兰卡的乡村建设项目中，联盟成员与当地政府和社区共同商讨项目的实施计划，充分听取当地居民的意见和建议，确保项目符合当地的实际情况和需求。

共育机制：整合教育资源培养人才。共育机制是国际职教合作联盟"五共"人才培养机制的核心环节。通过共育，联盟整合各方教育资源，共同培养和美乡村建设所需的各类人才。共育机制包括课程开发、师资培训、实践教学等方面。联盟成员共同开发适合国际数字乡村振兴的课程体系，结合不同国家和地区的实际情况，制定个性化的教学方案。例如，针对斯里兰卡的观赏鱼产业，联盟成员共同开发了观赏鱼养殖技术课程，为当地培养了一批专业的观赏鱼养殖人才。

共管机制：确保项目顺利实施。共管机制是国际职教合作联盟"五共"人才培养机制的重要保障。通过共管，联盟共同管理和美乡村建设指挥中心，确保项目的顺利实施。共管机制包括建立管理机构、制定管理制度、监督项目进度等方面。联盟成员共同建立和美乡村建设指挥中心，明确各成员的职责和分工，建立有效的沟通机制和管理体系。例如，在斯里兰卡的乡村建设项目中，联盟成员共同建立了和美乡村建设指挥中心，设立了项目管理部、技术支持部、教学培训部等部门，明确各部门的职责和分工，确保项目的顺利实施。

共建机制：合作共建国际化标准体系。共建机制是国际职教合作联盟"五共"人才培养机制的重要内容。通过共建，联盟合作共建和美乡村建设国际化标准体系，提高乡村建设的质量和水平。共建机制包括标准制定、技术研发、资源共享等方面。联盟成员共同制定乡村建设的标准和规范，包括农业生产、农村环境、乡村文化等方面。例如，联盟建立了观赏鱼养殖技术资源共享平台，成员单位可以在平台上分享观赏鱼养殖技术、市场信息、人才资源等，实现资源的优化配置和共享利用。

共享机制：实现资源和成果最大化利用。共享机制是国际职教合作联盟"五共"人才培养机制的重要目标。通过共享，联盟实现资源和成果的最大化利用，促进各方的共同发展。共享机制包括资源共享、成果共享、经验分享等方面。联盟成员共同分享和美乡村建设的国际化资源和成果，包括教育资源、技术资源、市场资源等。例如，联盟成员共同分享观赏鱼养殖技术、农村环境治理技术、乡村文化建设经验等，实现资源和成果的最大化利用。成果共享是共享机制的重要内容。联盟成员共同分享和美乡村建设的成果，包括项目成果、科研成果、教学成果等。例如，联盟成员共同分享观赏鱼养殖项目的成果，包括观赏鱼的产量和质量、经济效益和社会效益等。通过成果共享，激励各方积极参与乡村建设，共同推动乡村的繁荣和发展。

3. 品牌建设与推广机制

国际职教合作联盟创建了"品牌牵引、标准先行、机制护航"组团出海新模式，提升了联盟的品牌影响力和知名度。品牌牵引是指通过打造国际职教合作联盟的品牌，吸引更多的国内外单位加入联盟，共同推动国际数字乡村振兴。标准先行是指制定国际数字乡村振兴的标准和规范，为乡村建设提供统一的标准和参考。机制护航是指建立健全联盟的运行机制，确保联盟的高效运行和可持续发展。

此外，国际职教合作联盟还在国内外会议上推广“田间学院”出海经验，传播乡村振兴“中国经验”。“田间学院”是重庆三峡职业学院助力乡村振兴的育人品牌，通过与海外国家的合作，将中国特色的乡村振兴育人模式推广到海外。联盟积极推广“田间学院”的成功经验，为其他国家和地区的乡村振兴提供借鉴和参考。例如，在“职业教育国际认证暨中国西部职业教育评估平台建设推进会”“数智教育引航，新质动能永续——数字化时代创新人才培养模式推动新质生产力发展研讨会”“中国—南亚产教融合研讨会”“陆海新通道职业教育国际合作工作推进会暨国际产教融合研讨会”等市内外会议上，联盟成员分享了“田间学院”出海的经验和成果，引起了广泛关注和好评。

第五章

思政行动:园区职教的润心铸魂

重庆三峡职业学院作为三峡库区“产科教”农业园区的学校牵头单位,始终坚守立德树人根本任务,秉承强农兴农办学初心,聚焦库区农村“未来谁来种地”“如何种好地”“粮食饭碗谁来端,如何端得稳”等重大战略问题,积极探索,薪火相传,为推动国家的农业农村现代化和乡村振兴战略培养大批高素质技术技能人才,提供坚实的农业技术支撑。立德树人是新时代党和国家教育的根本。在思政育人的大背景下,农业园区立足“产科教”融合育人的思政体系建设,落实立德树人的根本任务,以达成农业园区融合育人的润心铸魂目标。其中,涉农教育作为“产科教”农业园区融合思政育人的切入口,其本身就需要不断结合最新科研成果和市场需求进行教育模式的调整和优化,因此,“产科教”农业园区融合育人的又一种指向是通过产业、科研与涉农教育三者深度融合的新型教育方式,促进学生在理论学习与实践应用间能够实现有效转化,以成就具有创新能力和实践技能的高素质人才。新型教育模式,能够滋养和启发学生的心灵,不仅使其掌握专业知识和技能,更有助于学生树立正确的世界观、价值观和人生观,培养良好的道德品质和社会责任感。在“产科教”农业园区融合育人过程中,还需要塑造学生的灵魂,即形成坚定的理想信念、爱国情怀和“坚守求是创新、敢为人先的科学追求,不断解决生产实际问题。”[①]使其通过参与实际的农业生产和科研项目,能够更加深刻地领会农业强国建设的重要性,从而激发出他们为农业现代化贡献力量的决心。

① 李明.为强农兴农贡献青春力量:深入学习习近平总书记给中国农业大学科技小院的同学们的回信[J].中国农业大学学报(社会科学版),2024,41(3):16-25.

第一节　强农兴农：园区职教育人理念

高校办学理念是培养优秀人才的关键，抓实"产科教"农业园区融合育人，要以强农兴农为己任，培养立德为先的"三农"人才。2019年，习近平总书记在给全国涉农高校的书记、校长和专家代表的回信中强调，"新时代，农村是充满希望的田野，是干事创业的广阔舞台，我国高等农林教育大有可为。希望你们继续以立德树人为根本，以强农兴农为己任，拿出更多科技成果，培养更多知农爱农新型人才，为推进农业农村现代化、确保国家粮食安全、提高亿万农民生活水平和思想道德素质、促进山水林田湖草系统治理，为推进乡村全面振兴不断作出新的更大的贡献。"[①]这是习近平总书记对培养农业人才的殷切希望，也寄希望于涉农高校在人才培养方面要不断更新办学理念，为农业农村现代化发展培养"三懂"人才。"产科教"农业园区坚守"兴农报国"初心，秉持"心向农业、走近农民、干在农村"的办学核心理念，扎根农业园区办大学。因此，园区职教育人理念要以培养悯农爱农兴农情怀为宗旨，强调对农民的关怀、对农业的热爱，以及推动农业发展的决心。中国自古就是一个重农的国家，保护农村家园就是为了守卫好农村这片净土。"人的命脉在田"，高质量农田需要农业人才来守护。"农田是粮食生产的基础，而高标准基本农田作为耕地中的'精华'，是确保国家粮食安全的关键基础"[②]，因此，保家为民的实质就是要守卫好人的命脉之田。但热爱人的命脉之田，需涉农学子怀悯农爱农兴农之情。这不仅是对园区发展的一种情感表达，更是一种保护农本的实际行动。它既能激发莘莘学子对农业农村关注和支持的热情，还可促进园区农业的可持续发展，最终实现园区社会的整体进步，同时还能够实现园区职教育人以实现强农兴农理念。

一、以悯农之心，融身于农村经济发展

当前，农业农村尤其是西部地区的发展相对处于落后状态，农业农村现代化程度低下，农村自给自足的自然经济还有相当地区存在，农村新技术、新手段的运用还远远低于东部区域。涉农学子的悯农之心就是对农村里常驻农民尤其偏远山区农民的困境有深刻的理解和同情，能够真情真意融身于农村地区的发展大潮中。

深入理解农民需求，为农民生产巡航导向。作为从学校走来的新农子，要脚踏实地、融入农村，深入理解农民真正的需求，为农民的生产发展保驾护航。要了解农民，就要走近农民，了解他们心里的所思所想所盼。方式和渠道较多，比如走访。可以直接与农民交流，了解他们的日常生产和生活情况，听取他们面临的实际问题，并找到解决这些问题的办法，至少要让他们理解目前状态改变的时间性和阶段性；也可以设计调查问卷，覆盖农民农业生产的各个

---

① 习近平回信寄语全国涉农高校广大师生：以立德树人为根本　以强农兴农为己任[EB/OL].(2019-09-06)[2025-04-26]. https://www.cac.gov.cn/2019-09/06/c_1569301191274116.html.

② 倪丹丹.高标准农田建设与耕地"趋粮化"：基于"双规模化"与技术进步视角[J].技术经济，2024,43(10):27-38.

方面,如种植品种、病虫害情况、家畜家禽等,以获取量化数据。组织农民参与调查结果讨论会,了解农村现实状态,集中讨论特定问题,如农业新技术的应用、农业市场需求变化等。对农民咨询的问题,要建立交流沟通平台,如利用微信、抖音等社交媒体平台,建立与农民的互动渠道,及时收集反馈;还可设立农业咨询热线、亲民热线等,解答农民在生产过程中遇到的问题;同时设立村落在线平台,如农业服务平台,以村命名的 App 平台,为农民提供实时的农业服务信息。

开发产销平台,提高农民的经济收入。数字经济已成为市场经济发展的新趋势。无论在城市还是在农村,数字经济已经发展成为各种物质交换的基本形式。产销平台为农民数字经济收入增长提供了便利,也是促进农村经济发展和改善农民生活水平的有效途径。因为通过建立一个高效、透明的产销平台,可以解决农产品销售难、价格低、时间长等问题,增大数字化供销参与,帮助农民更好地对接线下市场,从而增加农民经济收入。其中"数字化供销参与可以通过增进农户跨区域、跨组织的人际互动,帮助农户拓展商业圈层、促进阶层流动,提高其使用'乡村钉''为村'等数字治理平台的主动性"[①],因此开发产销平台利大于弊,不仅能够帮助农民通过电商平台销售农产品,拓宽农产品销售渠道,还能够协助农民打造农产品的品牌,提升农产品的附加值,从而增强市场竞争力。

开展政策宣导,动员农民经济自创。让党的政策理论飞入寻常百姓家,是基层组织的重要工作,也是涉农学子的重要责任和使命。开展政策宣导并动员农民进行经济自创,是推动园区农村经济发展、提高园区农民收入的重要手段。向农民宣导政策理论,不仅能够帮助他们更好地理解国家和地方政府的扶持政策,还能激发他们的创新和创造热情,进而促进农村经济的多元化发展。而农民要实现经济自创,还需要深刻理解党的政策与理论,才能为农业生产找准航向。具体说来,可以开展政策宣讲中心,定期组织政策宣讲会,邀请政府官员、农业专家、农业经理人、青年大学生等为农民详细解读最新的农业政策和支持措施,帮助农民理解政策、运用政策。同时要印制政策宣传资料,把政策宣传资料制作成通俗易懂的宣传手册、海报等,分发给农民,并为农民讲好政策,确保他们能够轻松获取政策信息。当然,利用网络、微视频、微电影、微课等形式积极宣传党的政策更为便捷有利。

二、驻爱农之情,投身于农业产业升级

涉农学子驻爱农之情就是要把对农业的深厚情感转化为实际行动,切实通过推动农业产业的现代化、高效化和可持续化,提高农业生产效率、产品质量和农民收入,改变农村落后面貌,促进农村经济的可持续发展,助力乡村振兴,实现园区农业农村的现代化,增强农民的幸福感、获得感和安全感。

用真情革新传统农业产业发展模式。要投身农业产业升级之路,发扬涉农学子爱农之情,必须把对农业的深厚情感和责任感转化为农业产业升级实际行动,通过创新和改革传统农业产业来推动农业产业的现代化、高效化和可持续化发展。涉农学子这种真情不仅体现在对农民的

---

① 苏岚岚,彭艳玲,周红利.共同富裕背景下农户数字经济参与的收入效应及作用机制[J].中国农村经济,2024(8):145-165.

关怀和支持上,还体现在对传统农业技术、农业生产管理方式的全面革新上。园区的一些地区传统农业产业发展模式虽然在一定程度上能够满足农民当下的基本生存和生活的需求,但在新时代政治、经济、文化、社会和生态发展的背景下,传统农业产业发展模式的局限性逐渐显现。一是仍然以家庭农场作为单位,所经营的土地面积狭小且土地质量参差不齐,所以农民通常采用精细的耕作方式,力求从有限的土地上获得最大农业产量。二是生产技术较为落后,仍然是以手工劳动为主,特别是山地丘陵较为密集的农村,主要还是依靠人力和简单的农具(如锄头、犁、镰刀等)进行耕作,农业生产的技术和方法主要通过口耳相传,缺乏系统的理论支撑和科学指导。三是土地资源利用率低,作物单一,且管理粗放,比如作物单一,缺乏多样化种植,容易受到病虫害的影响。还有过度使用化肥和农药,容易导致土壤退化和环境污染,导致产量自然下降。因此革新传统农业产业,成为涉农学子用武之地的真情表达。

用真心打造新型农业产业发展道路。新型农业产业的打造并非一朝一夕、一蹴而就,但真诚所至、真心所动,久久为功,这一目标也终将实现。农业产业转型发展的实现需依托产业技术革新,并依照不同的区域及现实情况而成。鉴于此,探索和实践基于技术革新的基础上采取的农业产业发展模式与路径,依据针对不同地区以及不同的现实情况来进一步推动农业产业转型,能够实现更好、更快地推进农业产业化发展①。因此,打造新型农业产业发展模式,一要引领农业产业的技术革命,对农业土地加大技术投入,利用大数据分析、人工智能等技术实现精准农业,根据农村土地的不同情况,分别检测土壤湿度、温度等参数,根据所得参数自动调节灌溉和施肥,以提高农业产量和质量;二要广泛推动机械化作业,生产适宜的农业机械和自动化设备,如投入无人驾驶拖拉机、无人机喷洒农业等,减轻人工劳动强度,提高农业生产效率;三要增强农业产业风险管理和应对,积极参与农业保险,降低因为客观因素导致的经济损失风险。同时加强应对突发农业产业风险的能力,建立农业生产监测系统,为新型农业产业的发展提供充分的保障。

用真力实现农业产业结构转型升级。这里的"真力"是指为农业产业发展付诸实实在在的努力和行动。长期以来,农业产业发展依靠的就是真力行动才得以向前推动。而实现农业产业发展还须推进农业产业的结构性升级。习近平总书记指出:"推进农业供给侧结构性改革,提高农业综合效益和竞争力,是当前和今后一个时期我国农业政策改革和完善的主要方向",要"以科技为支撑走内涵式现代农业发展道路","要研究和完善粮食安全政策,把产能建设作为根本,实现藏粮于地、藏粮于技"。可见,实现农业产业结构转型升级不仅关系到园区农业自身的可持续发展,还会直接影响农村经济的发展与繁荣,影响农民生活水平的提高以及影响国家粮食安全和经济社会的整体稳定。当前,"我国农业已进入新的发展阶段,迫切需要由追求数量向数量、质量、效益和竞争力并重转变,农业供给侧结构性改革正是实现这种发展方式转变的重要手段"②。因而实现农业产业结构转型升级既要靠人才推动,又要靠科技的支撑;既要靠政策的支持,又要靠农业产业的转型升级,以此实现走好农业农村现代化发展道路。

---

① 王智伟,王树进.基于新技术革命的我国新型农业产业发展模式与路径研究[J].科学管理研究,2017,35(1):79-82.

② 韩一军,姜楠,赵霞,等.我国农业供给侧结构性改革的内涵、理论架构及实现路径[J].新疆师范大学学报(哲学社会科学版),2017,38(5):34-40,2.

三、立兴农之志,献身于为农民谋福利

为农民谋福利,志存高远,是“产科教”农业园区人才培养的战略目标和航向,也是学习者“学农务农”“以身献农”的使命与担当。“产科教”农业园区融合育人本质是培养“三农”人才,促进农业农村现代化,实现乡村振兴战略。农民福利是否变现,是考验教育、政策、行动的根本指标,也是农业农村一切工作的根本出发点和落脚点,更是国家大政方针政策的战略选择。“谁来为农民谋福利”是“产科教”农业园区人才培养要解决的根本性问题。因此,促进学习者立兴农之志,是农民之福,百姓之幸。

树重农之观念,有深情,体恤农民艰辛。“产科教”农业园区融合育人首先就要培养人的重农观念,具备“三农”情怀,这是为农民谋福利的基本思想之源。因此,要立农思想、转旧观念。“一要立‘爱农’思想,转变‘学而优则仕’的观念。二要立‘重农’思想,转变‘摘农帽,脱农皮’的观念。三要立‘农’思想,转变‘进城才有出路’的旧式观念”①。当然,在融合育人过程中,还要增强对“三农”重要性的认识,深刻理解农业不仅是国家粮食安全的基础,也是社会稳定的重要因素。学校、社会、媒体等要更多地报道农业成就和农民的故事,提升学习者对农业的关注度,在此过程中提升学习者重农情怀。同时帮助学习者建立与农民的情感纽带,通过参与乡村实践活动、农村志愿服务等方式,让广大学习者深入了解农民的生活方式和面临的挑战,从而增进对农民的理解,增强对农民深深的敬意和关怀。同时要引导学习者关心农民的心理健康,为农民设立心理咨询和支持服务机构,帮助农民应对生活中的压力和困难,特别是对于那些面临自然灾害或经济困境的农民家庭,要情理合一,助其走出阴霾。浸润式教育,能够感化学习者,使其从思想上体恤农民的艰辛。

展务农之行动,合实际,助力农民获得幸福。农民幸福是农业农村现代化建设的重要内容,而采取实际行动支持农业发展和农民福祉的提升,是助力农民幸福的关键。因此,使农民幸福感提升,就需要开展针对农民发展的具体实践活动。第一,推动村庄民主发展。“研究显示,村庄民主可以显著提升农村居民的幸福感。可以通过提升政治信任、改善农村社区环境以及腐败抑制等路径机制得以实现。异质性分析表明,村庄民主对农村居民幸福感的影响在不同特征农户群体中呈现了差异化特征。村庄民主可以显著影响高中学历以下、60 岁及以上,以及完成了农村宅基地确权的农村居民的幸福感”②。因此,要建立健全村民委员会(村委会)等基层自治组织,从而保障农民的选举权和被选举权,增强农民对村务管理的信任感。并且要提高村干部的领导能力和管理水平,使其更好地组织和引导农民参与民主决策。第二,加大农村治理力度。鼓励和支持非政府组织、志愿者团体等社会力量参与到农村社会的治理中来,发挥其专业优势和服务功能,有效治理农村社会,利用现代化的互联网技术,如微信公众号、App 等移动应用平台,搭建便捷高效的沟通桥梁,使农民可以随时随地参与村庄事务治理过程。

---

① 赵杰.新乡村青年农民高素质发展的思政赋能路径研究[J].佳木斯职业学院学报,2024,40(11):16-18.

② 陈吉平,赵丽敏,任大鹏.村庄民主与农民幸福:基于中国乡村振兴调查的数据分析[J].华中农业大学学报(社会科学版),2024(5):181-192.

立旺农之志趣，坚信仰，实现兴农事业。"产科教"农业园区融合育人要培养学习者兴农旺农信仰。在广大农村地区，依然有年轻人可以施展才华的平台和空间。因此要提升学习者旺农志趣。一是"产科教"农业园区融合育人发挥学习者的首创精神。鼓励学习者探索新的农业种植模式和技术，对有潜力的农业创业项目给予资金和政策上的扶持，使学习者能够在产业发展中创新创造，从而提升旺农获得感。二是"产科教"农业园区融合育人提升学习者坚定农业发展的信仰。首先，要提升学习者从事农业的自豪感。通过各种媒体渠道宣传农业的重要性和农民的历史价值、现实价值和社会价值，提高学习者对农业的认识和支持度，增强学习者对农业职业的自豪感。其次，要树立农业兴旺的人才榜样。在各农村要坚持树立并表彰优秀农民代表，分享他们在农业生产发展中的成功案例，从而激发更多人投身于农业事业的热情。三是"产科教"农业园区融合育人通过学习者坚定信念和不懈努力来推动农业的发展，以提升农民的生活品质，这是保障国家的粮食安全和社会稳定的力量之源。农村农业现代化是建立在兴农旺农的基础之上，因而，坚定信仰是兴农之根，旺农之魂。

第二节　启智润心：躬耕报国勤勉教风

"产科教"农业园区融合育人需要良师引导。要实现对学生启智润心，需要教师像农民一样辛勤耕耘于教育的土地上，全身心投入教学工作之中。躬耕报国勤勉教风要求教师对教育事业的高度敬业态度以及默默奉献的精神，这是优秀教师该有的品质和追求，不仅要传授知识，还要塑造人格；在对教育负责的同时，对学生学习负责，实现双主体间的互进，将个人的努力融入更大的社会价值中，在平凡岗位上创造出不凡的成绩。启智润心是教师教育的结果，躬耕报国是教师教育的初心。"在师生交往活动中，师生主体双向理解、彼此接纳、相互尊重，教师尊严则在富有社会性、互动性和理性的师生交往场域中持续生成"①，以达成良好的教风和学风。因此，"产科教"农业园区融合育人的良师勤勉教风成为学生所需的"国之大者"。

一、金授躬耕报国，铸就大国良师

"产科教"农业园区融合育人能否实现启智润心取决于师者风范，教师既要有躬耕报国之心，同时要有大国良师之范。"金授躬耕报国，铸就大国良师"实质上就是要强调教师在"产科教"农业园区融合育人中的重要角色，以及他们为培养农业人才所作出的贡献。其中"金授"的含义是，师者传递给学生的不仅是知识和技能，更是能够改变人生、影响社会发展的宝贵财富。而"躬耕报国"，则强调教师要有强烈的爱国情怀和社会责任，能够像辛勤耕耘于田间的农夫一样，在教育领域默默奉献，通过教育工作为"产科教"农业园区发展贡献力量。要实现躬耕报国理想，必然要成为大国良师。所谓"大国良师"，指的是具备深厚专业知识，且拥有高尚品德、深受学生尊敬爱戴，并能代表高等教育水平的一流教师。

---

① 戴妍，陈佳薇. 教师尊严的理论蕴涵及其实践指向[J]. 国家教育行政学院学报，2021(4)：88-95.

促进金授躬耕报国,铸就大国良师是新时代师者风范的楷模,有着特殊的时代意义和时代价值。首先,金授躬耕报国,铸就大国良师具有时代意义。一是正视了知识之贵。教师不仅要传授知识,还要启智润心,对学生的世界观、人生观和价值观产生积极影响。高质量的教育能够极大提升学生的理论知识水平,从而促进社会整体素养提升。“我国高质量教育提出的目的,主要在于在‘有学上’的基础上解决‘上好学’的问题,办人民满意的教育,其基本内涵是公平而有质量。”①因而才能形成正视知识之贵的社会风尚。二是教师奉献精神的传承与发展,铸就真正的大国良师。习近平总书记指出,“要把加强教师队伍建设作为建设教育强国最重要的基础工作来抓”②。可见,教师不仅是教育强国建设的关键力量,还是对学生产生深远影响,帮助学生掌握知识技能,引导他们形成正确的世界观、人生观和价值观的领航人。其次,金授躬耕报国,铸就大国良师具有时代价值。对教师个人而言,要达到金授目标,需要教师躬耕教育,不断提升自我,追求卓越。把教书育人,启润心智,激发学生创新创造能力转化为自身报国履行的一言一行。对教育层面而言,“产科教”农业园区发展离不开教师的躬耕精神,拥有高素质的教师队伍可以确保“产科教”农业园区长远发展所需的人力资源得到充分保障,提高整体教育质量。对文化发展而言,中国自古就有着尊师重教的文化传统,弘扬教师躬耕精神,有利于构建尊重师者、尊重知识和尊重人才的社会氛围,从而推进社会主义先进文化的发展与进步。

二、金育“三农”人才,尽展国师师风

高素质“三农”人才的养成需要有效的培养,简称“金育”,而金育“三农”人才旨在通过系统化、高质量的教育培训,培养出一批既懂农业、懂农村、懂农民,又具备广泛社会技能的人才,这样的人才将在未来成为推动中国农业农村现代化进程和优质“产科教”农业园区建设的关键力量。而金育“三农”人才的关键是还要有优质的教师,“产科教”农业园区的“国师”指的是具有国家级别的优秀教师或教育家,主要是在“三农”教育领域具有卓越贡献的教育工作者。“国师”所展现出的“师风”,则包含教师的崇高职业道德、优异教学风格和独特个人魅力。塑造“产科教”农业园区的“国师”,实质上就是要充分展现他们的专业素养和人格魅力,即国师风范,使其成为学生乃至整个社会学习的典范。

金育“三农”人才,尽展国师师风,对于推动乡村振兴、促进农业农村现代化、缩小城乡差距,以及“产科教”农业园区的文化传承与创新等方面具有重要意义。首先,在助推乡村振兴教育中尽展国师师风。众所周知,高质量的“三农”人才掌握了先进的农业技术和管理方法,有利于提高农业生产效率,促进农产品加工业和农村服务业的发展,从而增加农民收入,推动农村经济的全面发展。事实上,“农民的收入与农民的素质有很大关系。要想提高农民的收入,农业必须向产业化的方向发展”③。因而金育的“三农”人才是使农业向产业化转向的力量之源。其次,通过金育,可以提升农民的整体素质,加速农业科技的研发与应用,如智能农

① 景玉慧,周洁忆,沈书生,等.学习空间何以实现高质量:设计逻辑与应然样态[J].电化教育研究,2023,44(1):28-35.

② 习近平.加快建设教育强国 为中华民族伟大复兴提供有力支撑[N].人民日报,2023-05-30(01).

③ 王妍.农村教育发展对农村经济增长的作用机理及制度创新[J].农业经济,2017(4):120-121.

业、生物技术等,实现农业生产的智能化、精准化。同时,金育可以增强农民参与社会治理的能力,还有助于构建和谐稳定的园区农村社区,比如通过提供优质的教育资源,可以缩小城乡之间的教育差距,使园区农村地区的孩子也能享受到高水平的教育,为园区孩子提供更多的人生选择和发展机会。

金育"三农"人才,尽展国师师风有着内在价值体系。这体现在系统性的教育体系、政策与市场的双重驱动,以及社会认可与个人职业发展的良好前景。这种教育理念和实践方式,为园区农业农村的教育长远发展提供了坚实的人才基础,提升"三农"人才道德品质、创新能力、社会责任感等多方面,形成一个完整的教育体系。第一,国师金育"三农"人才,能够促进和鼓励园区农民养成终身学习的习惯,使人才在不断变化的环境中持续成长,适应园区农业发展面临的新的挑战。随着消费者对食品安全和质量要求的提高,以及对绿色健康生活方式的追求,市场对高素质"三农"人才的需求日益增长,这为国师培养人才提供了动力。第二,国师金育"三农"人才,能够得到社会认可,并不断提升自身社会地位。金育"三农"人才并为这些人才提供清晰的农村职业发展路径,包括从园区基层技术人员到园区高级管理人员的不同层级岗位,确保他们的园区职业发展有明确的方向和支持。

三、金化农人心智,筑实师之教风

"金化农人心智"实质上是强调教育者在学生成长过程中所扮演的关键角色,通过教育感化农业人才的心智,实现启智润心;同时意味着教师的躬耕精神在育人过程中的重要作用,还意味着通过教师高尚的道德品质和扎实的教学能力,建立起坚实而正直的教风。"筑实师之教风"强调教师应在各自的领域内以身作则,不仅要在学术上引导学生,在品德上树立榜样,在言行中率先垂范,通过自己的实际行动展示出如何关爱学生、提升自我修养、严谨治学,还要在实际教学中不断追求卓越和创新,以激发学生的学习兴趣和创新潜能。"产科教"农业园区融合育人强调"金化农人心智,筑实师之教风",是对教师职业的高度评价和深厚期许,要求教师不仅要具备扎实的专业知识,更要拥有崇高的职业道德和社会责任感,秉持师之教风,成为塑造学生灵魂的重要力量。"教师不是孤立的存在,而是具有不同的社会身份。他们既是普通公民,又是承担教育教学职责的专业人员,同时还是全社会的道德表率"①。因此,筑实师之教风,是社会道德表率的基本表现,也是实现金化农人心智的关键支撑,具有历史传承性和时代迫切需求性。

筑实师之教风以金化农人心智的行动具有历史传承性。在中国传统文化思想,尤其是儒家学说中,非常重视教育过程中教风的作用和个人品德的培养。孔子提出的"教学相长""有教无类""因材施教"等理念,表明教师应当具备高尚的情操、扎实的教学能力和务实的教风,以引导学生向上、向善、向学。实际上就是要通过教育来塑造学生的心灵,使其像金子一样珍贵。当然,这也表明还要强化尊师重教的传统。自古以来,在中国教育史上十分注重渲染尊师重教的文化氛围。《礼记·学记》中有言:"安其学而亲其师。"指出良好的学习态度首先来自对师者的尊敬。还有《荀子·大略》中的"国将兴,必贵师而重傅",讲的就是尊师重教的重要作用。历史上,尊师重教的案例不计其数,许多著名学者,如朱熹等人,都强调了教师具备

① 马怀德.教师的职业操守与行为边界[J].教育研究,2022,43(10):44-49.

良好品格的重要性，普遍认为这是影响学生品德形成的关键因素。由此可见，倡导尊师重教，扬长教师教风，并非限于当代，而是在历史传承中延续和发展下来的。

筑实师之教风以金化农人心智的要求具有时代迫切需求性。教师的教风形成与提升体现在职业道德的发展上，因为“教师职业道德是教师的处世准则，只有不断提高教师的师德修养，才能为学生思想品德的形成和发展提供示范，促进学生在德、智、体、美等方面的健康发展”[①]。新时代，社会价值观多元化背景下道德调整，需要以师之教风来感化农业人才心智，才能健全农业人才德、能、勤、绩的品质。这样的教风体现在教育的正面传递和社会价值观的正确树立。同时良好教风的影响，能够催动教师知识的学习更新和传授。当今社会，信息更迭迅速，知识更新周期快速缩短，要求教师掌握扎实的专业知识，同时还需要不断学习新知识，以适应新的教学方法和技术。唯有如此，才能有效地传授给学生最新、最前沿的知识和技能，从而使学生成为既掌握深厚专业知识又具备良好综合素质的人才，促进学生全面发展，以满足其在未来社会中生存发展的需要。

第三节　修身明志：耕读传家务实学风

修身明志是“产科教”农业园区融合育人的出发点和落脚点。融合育人的目标是培养在农业领域内德、智、体、美、劳全面发展的农业人才，他们不仅要有健康的身心，更要有较高的道德品质、精神境界。学生应通过自我学习和自我完善，实现内心世界的和谐统一，明确志向，成为对农业园区建设有用之人，能够具备更高层次的精神追求。而要实现修身明志，需要耕读教育的正确引领。我国千百年来，一直重视农业生产，农业文明是中华文明的重要组成部分。发展“产科教”农业园区融合育人行动，应引导学生既学好农业书本知识，又掌握实际农业生产能力和解决农业问题的能力，端正学风，脚踏实地，注重实效。传承好、发展好我国农耕文化，要求在注重提升物质生活基础的同时，也要丰富精神世界的内容。因此，推进学生耕读传家务实学风，以实现修身明志，需要立足中华优秀传统文化的价值引领，以及学好农耕文化，发扬农耕精神，为实现农业强国而立志遂行。

一、引导精读传统农文化，铸牢兴农理想

习近平总书记强调，“当代中国是历史中国的延续和发展，当代中国思想文化也是中国传统思想文化的传承和升华，要认识今天的中国、今天的中国人，就要深入了解中国的文化血脉，准确把握滋养中国人的文化土壤。”[②]农业领域的传统文化历史厚重而深远，如二十四节气、农谚与民间智慧、传统农具、灌溉技术、农作物轮作制度等，这些传统文化不仅包含丰富的

---

① 赵培举.加强师德师风建设　培养高素质教师队伍[J].中国高等教育，2013(Z2)：66-68.

② 习近平.在纪念孔子诞辰2565周年国际学术研讨会暨国际儒学联合会第五届会员大会开幕会上的讲话[N].人民日报，2014-09-25(01).

农耕知识和技术，还蕴含着深厚的文化价值和社会伦理。可见，农业领域内的传统文化也是一个历史的生成，带有厚重的历史痕迹，但当今世界，农业领域的传统文化面临着巨大的挑战，那就是"传统文化及其精神虽然因其强大的生命力几经摧残却不绝如缕，但也在一定程度上失去了完整性、系统性和正统性，成为可以随意曲解、抹黑、篡改的大杂烩"①。面临这种情形，谈学生的兴农理想就显得乏力。因此，在"产科教"农业园区融合育人过程中，引导学生精读传统农文化，铸牢兴农理想显得尤为迫切。

文化传承是文化发展规律和文明走向的重要源泉。如今，许多农业传统正在遭受失传的危险，引导精读传统农文化是保护、继承并发展农文化的关键举措。引导精读的传统农文化"遵循我国传承的精耕细作与间作、轮作、套种、复种、种养结合技术体系，以及用地养地结合、农林牧副渔复合生态模式等传统农业生产技艺，是农业生产智慧的高度凝结"②。只有通过学习和了解传统农文化，才可以更好地保存并传递给下一代关于耕作方式、灌溉技术、节日习俗、饮食习惯、农作物轮作制度等方面的知识，同时使其深入了解我国先民们如何利用智慧，克服自然条件的限制并实现丰收的可歌可泣的故事，能够激发学生对本土农业文化的热爱及对自身农民身份的认可，增强民族自信心和自豪感。同时，也只有铸牢学生的兴农理想，使其自觉投身于农业生产和发展，主动学习古人的节水灌溉技术、土壤改良措施等技术，有效地管理自然资源，减少浪费，农业资源、农业生态才能够实现可持续发展。

精读传统农文化能够激发学生从事农业生产的创新灵感，提升爱农务农综合素养。"产科教"农业园区融合育人导向就是要使农业园区"见得到年轻人"，土地上"看得见年轻人"，鼓励学生锻炼农业生产的动手能力和解决农业问题的能力，参与传统农事活动，以获得直接的经验。精读传统农文化是为了实现以文化感化人、激励人，发挥农业人才的创新创造精神，使农业园区中"农村充满生命力""农业充满生产力""农民充满战斗力"。精读传统文化，能够从传统文化中寻找智慧来源，根据不同地区的农耕文化差异，将传统农业文化知识与现代农业科技相结合，可能会产生新的农业解决方案或农产品，实现农业转型升级，增强农业效益，从而推动农业领域的创新发展。"围绕农业转型升级，更加注重数量、质量、效益并重，更加注重提高竞争力，更加注重技术创新，更加注重可持续发展，努力走出一条产出高效、产品安全、资源节约、环境友好的现代农业发展道路，实现农业强、农村美、农民富"③。不仅如此，精读传统农文化在提升学生农业实践能力的同时，还有利于塑造学生的"农格"魅力。在农业传统文化中有很多农谚故事，其中蕴含的勤俭节约、尊重自然等美德观念，对塑造良好人格具有重要作用。

二、勇立助产兴村农志趣，胸怀"三农"情怀

"产科教"农业园区建设根基在三峡、血脉在三峡、力量在三峡，发展为了三峡，依靠三峡，因此，"产科教"农业园区融合育人始终把定位瞄准三峡库区农业农村现代化发展，培养三峡库区农业人才，发展三峡库区产业，建设三峡库区美丽乡村，这彰显了以三峡发展为本的教育情怀。

---

① 张志宏.论传统文化当代发展的问题域[J].江汉论坛，2015(6)：34-39.

② 张星星，陈国生.农业文化遗产的基本特征、旅游价值及其逻辑结构研究[J].湖南社会科学，2024(3)：71-78.

③ 孙中华.我国现代农业发展面临的形势和任务[J].东岳论丛，2016，37(2)：17-23.

（一）笃定振兴乡村的“三农”情怀

三峡库区的乡村振兴离不开“三农”人才的支撑。“产科教”农业园区融合育人立足三峡实情，把脉三峡库区乡村发展走向，顺应三峡农业农村发展潮流，培养出具有“三农”情怀的人才。唯有如此，才能充分发挥人才优势，推进三峡库区乡村振兴，实现三峡库区农业农村现代化发展。因此，培养三峡库区的“三农”人才，就是要培养他们懂三峡库区、发展三峡库区。从对三峡库区的认知上，要培养他们“三能够”：一是能够了解并适应三峡库区的自然条件。三峡库区有着特殊的地理环境，只有熟悉三峡的气候、土壤、水资源等自然条件，并掌握适合当地环境的作物种植技术，如柑橘、茶叶、蔬菜等特色农产品的栽培管理，以及“稻田鱼”“青脆李”等的生产和管理，才能够为三峡库区乡村振兴贡献力量。二是能够掌握适应三峡库区自然条件的农业现代化技术和管理知识。三峡库区的特殊性，要求农业人才能够有效应用现代农业技术，如智能农业设备、精准农业、生物技术等，促进三峡乡村发展。不仅如此，他们还应具备良好的农业经营管理能力，能够结合当地的实际情况，进行农业生产和经营方式的创新，并运用现代管理理念和技术手段提高库区农业生产效率和经济效益。三是能够熟悉三峡库区文化和传统的属地农耕知识。他们应懂得尊重三峡地区的库区文化和农耕文化，能够将传统文化与现代园区农业相结合。在保护和传承三峡地方特色的同时，利用这些资源发展三峡的乡村旅游、特色农产品等产业。

从对三峡库区发展上看，这种情怀还应体现在对三峡库区的经济价值和社会价值的发展上。三峡库区的乡村不同于城市，其人才培养需要一定的规划，把专业学科与“产科教”农业园区融合起来，推动人才作为三峡库区乡村振兴发展的主体力量。当然做不好，也会导致严重影响，所以在耕读务实的学风下，“产科教”农业园区培养具有农业情怀的人才就有着内在的经济和社会发展逻辑价值。首先，能够提升三峡库区的经济价值。一是能够有效提高农业生产的能力。所培养的“三农”人才利用现代农业技术的应用和管理知识，有助于提高库区农业产量和质量，促进库区农业产业链的延伸，使之从单一的种植业向加工、销售等环节拓展，提升农产品附加值，从而提升库区的经济价值。二是有助于促进三峡库区农业转型升级。培养“三农”人才的创新意识和创业精神有助于推动库区农业转型升级，发展具有高附加值的特色农业项目，并通过品牌建设和市场营销，提升当地农产品的市场竞争力，带动三峡库区的经济发展。三是能真正提升三峡农民的经济收入。“产科教”农业园区建设增加了就业机会，为农民提供了更多的就业选择，从而提升了农民的收入水平，改善了农村居民的生活条件。其次，能够提升三峡库区的社会价值。一是培养具有“三农”情怀的人才，有助于增强乡村凝聚力。他们在参与乡村建设的过程中，能够加强与村民之间的联系，形成良好的社区氛围，并通过合作社等形式的合作模式，增强三峡农民之间的互助合作，促进社会公平和和谐。二是日益增多的就业机会，吸引了大量外出务工人员返乡创业，促进了外出人口的回流。外出务工人员返乡创业或就业，还能减少农村空心化现象，提升三峡农村地区的活力，促进社会稳定。

（二）服务“三农”的园区职教学习

弘扬园区职教学风就是要开展“产科教”融合育人服务“三农”的学风建设，强调的是产业

(产)、教育(教)和科研(科)三者之间的深度融合,形成以学助产、以学兴村的学习氛围。这不仅能够对农业现代化、乡村振兴起着直接的促进作用,同时还能对教育体系改革、科技创新及社会经济发展产生积极深远的影响;既能够解决当前农业农村现代化发展中面临的人才瓶颈和技术难题,还能够为全面建设社会主义现代化,推进美丽中国、农业强国建设贡献力量。因此,"产科教"园区学习本身具有服务"三农"的多维功能。

第一,"产科教"园区学习服务"三农"促进职教改革,推进高质量农业人才培养体系建设。职教改革与经济社会发展、科技科研水平提升,尤其是教育水平发展,有着密切的联系,"职业教育是与经济社会发展联系最为直接、最为密切、具有跨界属性的教育类型,是一种让受教育者获得从事某种职业或生产劳动所必需的职业知识、技能和职业道德的教育"①。推进"产科教"园区学习服务"三农",需要立足职业教育发展,唯有如此,改革下的职业教育才能更加贴近农业园区的市场需求,同时也为学生提供更多就业机会和发展空间,还有助于吸引更多优秀学子选择涉农专业学习,并缓解当前园区农业领域人才短缺问题。事实上,通过产业、教育与科研之间的紧密合作,以服务"三农"为基本诉求,能够培养出既掌握现代农业科学技术又具备较强实践能力的专业人才,满足现代农业农村向智能化、绿色化转型的需求。

第二,"产科教"园区学习服务"三农"强化科技成果转化,进而推动农村经济社会发展。"科学技术是乡村生产发展的重要因素,有利于激发乡村资源活力,发挥科技资源的集聚优势,实现科技要素与乡村要素的有机结合"②。因而,强化科技成果转化本身,就是要将科技要求与乡村要素结合,从而促进和推动农村经济社会的发展。

第三,"产科教"园区学习服务"三农"对生态文明建设和传统文化弘扬有着积极推动作用。"产科教"园区学习服务"三农"本身就包含了中国传统文化中的生态智慧。"中国传统文化的理念、伦理与制度、生产实践蕴含着深刻的生态智慧,其内在精神如'天人合一'、中庸之道、和谐包容等核心思想,与当今世界方兴未艾的环境文化有着惊人的吻合,因此,西方很多学者提出二十一世纪解决世界生态环境问题要从中国文化中寻找良方"③。可见,在推进园区农业农村现代化的同时,不忘传承发扬传统农耕文化中的智慧结晶,如生态循环理念、自然和谐相处之道等,都是继承和弘扬了中华优秀的传统文化。

三、养成学农务农好行为,立志学农报国

"产科教"农业园区融合育人志在培养农人的报国志向。农业农村现代化建设,离不开乡村人才振兴发展。农业园区有了人,"产科教"就有了动力之源。培养农业园区的农人,还需要立足农村教育的实情,扩大以农为本的教育价值取向。"'为农'的农村教育价值取向是一种主张农村教育理应立足于农村、以农民为主体、以农村为中心的农本主义教育价值取向"④。基于"农本主义"教育价值取向,"产科教"农业园区融合育人模式应当突出学生的学

---

① 陈子季.推动新时代职业教育大改革大发展[J].国家教育行政学院学报,2019(5):3-9.

② 赵建强,梁雪,田素娟,等.乡村振兴背景下科技成果转化实现路径研究[J].农业经济,2024(5):116-118.

③ 刘飞.论生态文明背景下传统文化价值的实现[J].湖南农业大学学报(社会科学版),2013,14(S1):91-93.

④ 肖正德,谷亚.农村教育到底为了谁?:农村教育价值取向研究述评[J].教育研究与实验,2019(6):24-28.

农务农行为培养。促进学生养成学农务农的好行为，对其个人成长、园区社会发展乃至国家的长远利益都有着重要意义，还能提升学生的爱国情怀和为民服务意识，实现“学农报国”的理想。

“产科教”农业园区融合育人促进学生养成学农务农好行为，有利于园区经济发展和粮食安全。粮食安全是最根本的安全。在经济全球化背景下，如何端牢中国人自己的饭碗，确保本国的粮食供应不受外部因素影响至关重要。学生学农务农，是地区粮食稳定生产的重要前提。因为，学生通过学习和实践掌握现代化农业技术，既可以提升粮食的产量和质量，还可以满足工业生产发展所需，为乡村工业化提供坚实的原材料。农业与气候因素有着密切的联系，学生掌握相关的农业知识后，能够较好地应对气候变化给农业生产带来的挑战，运用所学农业知识和技能不断革新技术，并开发适应气候变化的新的粮种，保障种业安全。农业产业是推动农村经济发展的支柱性产业。促进学生养成学农务农好行为有利于推动乡村经济发展，通过发展农业产业及相关产业为园区农村提供了大量就业平台和机会，吸引更多有为青年返乡创业或就业，不仅有助于缩小城乡就业差距，还能够促进乡村社会的和谐稳定。在一定程度上，农村产业发展后，不仅能提高对农作物精细化耕种水平，提高农作物的产量和质量，还能够增加农民的经济收入，对改善园区农村的生活品质有极大促进作用。

“产科教”农业园区融合育人促进学生养成学农务农好行为，有利于园区农技进步和产业发展。“实践无数次证实，只有紧密结合农业与科技，才能找到发展的道路。农业科技是人类赖以生存的重要支撑，也是社会经济发展和现代农业的命脉。要实现现代农业的良好发展，就必须依靠持续的农业科技发展来支持和引导。”[①] 养成学农务农好行为的重要表现，就是要推进农业的科技进步和产业的持久发展。首先，能够加速技术创新，推动科技成果的转化。园区通常汇集了生物学、动力学、农学、信息技术等不同领域的专家，促进了跨学科的合作，有助于提增农业产生创新点。在优质教育下，学生可以直接将最新的研究成果应用于农业实际生产中，通过园区试验田等方式验证技术的有效性，并进行调整优化，还可以及时从园区农业的实践中获取反馈，不断改进农业生产技术和方法，加快科技成果的转化速度。学生在学习过程中参与到实际的农科研项目中，增强了创新活力。其次，能够增加农产品的市场竞争力。通过应用先进技术和科学管理方法，农业园区可以生产出更优质、更安全的农产品，满足市场需求，同时还有助于降低生产成本，提高园区的整体竞争力。

第四节　“五化”实践：园区职教育人实践

园区职教育人的思政行动实践是针对园区职业教育融合育人的一种特定模式，在党建引领、劳动践学、文化润学、生态融学、精神励学方面，通过感化、深化、浸化、孵化、教化（“五化”）的不同方式来全面提升学生的综合素质和职业能力，构建一个全方位、多层次的高职思政育人体系，注重学习者个人品质和社会责任的培养，从而增强人才学农务农素养。

① 匡远配，阳佩玉．中国农业科技进步的探索历程、实践经验与政策展望[J]．科技导报，2024，42(16)：14-25．

一、党建促学孵化新农才培养

新农才即新型农业人才,他们是新时代乡村振兴根柱和关键力量。这样的人才首先是品德上佳的人才,唯有如此,人能尽其才,才能倾其才。而其中党建促学是关键,"抓紧抓好立德树人这一根本性的工作,为强农兴农培育爱农村、懂农业、知农民的优秀人才。立德树人与强农兴农在涉农高校彼此关联,相互影响,相互促进"[①]。因而,党建工作与新型农业人才培养的教育模式,强调通过加强党组织建设,尤其是基层的党组织建设,发挥党员先锋模范作用,来促进学生综合素质的提升及专业能力的发展。这不仅要关注学生的学识成就,更要重视培养学生正确的世界观、人生观和价值观,鼓励他们成为具有社会责任感的新时代农业人才。

以党建为引领,促进"产科教"农业园区融合育人培养"更多知农爱农新型人才,应当以有信仰、有担当、有本领、有情怀为努力方向"[②]。而党建促学的实质是通过加强党的领导,确保乡村人才选、育、用等工作的正确方向,从而确保乡村振兴战略的有效实施。首先,强化党对新农才培养工作的领导能够为乡村振兴提供坚实的群众基础。党的基层组织在农村地区起战斗堡垒作用力量越来越大,通过建设强而有力的党支部,并选好党支部的带头人,可以更好地落实国家关于乡村发展的政策,确保新农才培养工作符合党和国家的方针路线。其次,党建在新农才培养中起着引领作用,将思想政治教育的内容融入"产科教"农业园区融合育人全过程中,能够培养出一批既懂现代农业技术又具备良好政治素质的新农才。这些人才不仅能够提高农业生产效率,还能积极投身于乡村治理与服务之中,从而推动农村社会和谐稳定发展。再次,党建促学工作有助于搭建"产科教"农业园区引才平台,吸引更多的优秀人才回到农村、留在农村。2023 年中央一号文件强调,"加强乡村人才队伍建设,实施乡村振兴人才支持计划。实施高素质农民培育计划"[③],文件要求党组织来协调各方资源,为农业人才培养创造有利条件。同时在培养过程中还要高度重视党员队伍建设和管理,充分发挥先锋模范作用。通过加强对教师和学生中党员的发展工作,尤其要对品质性和纯洁性负责,以及注重选拔有能力、有干劲且作风正派之人担任"产科教"农业园区党支部书记等关键岗位,从而使"产科教"农业园区基层党组织成为推进农业农村现代化的重要力量。

因此,党建促学引领新农才培养,通过加强"产科教"农业园区党组织建设,特别是农业园区建好党支部、选好带头人,能够有效促进新农才的全面发展。这既符合习近平总书记关于加强党的基层组织建设的要求,也是实现"产科教"农业园区建设在乡村振兴战略的重要举措。在这一过程中,"产科教"农业园区党组织发挥了战斗堡垒作用,确保了对园区新农才的思想政治工作、教育管理党员及群众工作的落实,为"产科教"农业园区培养具有坚定理想信念和扎实专业技能的新时代农业人才提供了坚强的政治保障。同时,通过选拔有能力、有干劲且作风正派的人担任"产科教"农业园区党支部书记,并利用社会、学校和企业中的先进典

---

① 吴平,肖湘平.以立德树人为根本以强农兴农为己任[J].中国高等教育,2019(21):7-9.

② 林琳.着力培养知农爱农的新型人才[J].中国高等教育,2021(5):16-18.

③ 新华社.中共中央　国务院关于做好 2023 年全面推进乡村振兴重点工作的意见[EB/OL].(2023-01-02)[2023-02-13].https://www.gov.cn/zhengce/2023-02/13/content_5741370.html.

型和榜样人物的事迹来激励人才，可进一步提高“产科教”农业园区整个团队的积极性与创造力，从而更好地服务于乡村振兴发展需求。所以，“产科教”农业园区党建促学对于引导和支持新一代农业人才的成长至关重要，它有助于形成良好的园区文化氛围，激发学生的学习热情和服务社会的理想信念，进而为推动乡村振兴发展进程贡献力量。

二、劳动践学深化新农技提升

劳动践学是指“产科教”农业园区融合育人通过农业劳动的方式实现育人目标。“劳动是生产的主要要素，是财富的源泉，是人的自由活动”①。“劳动是人的自由活动”，强调了劳动对于个人自我实现的重要性，以及劳动作为人类创造力表达的方式，体现了人类本质及其社会关系。“产科教”农业园区融合育人通过劳动践学来实现人才技能的提升，即通过在农业园区的劳动实践来学习和掌握知识与技能，是提升新农技（新型农业技术）的有效途径和重要步骤。劳动践学内容不仅涵盖了传统的农业实践，还融入了现代科技应用、科学研究及产业化运作的知识内容，为未来成为具有农业创新能力的复合型人才打下坚实的基础。在农业农村现代化建设进程中，随着科技的进步和农业生产的现代化，新农技的应用对于提高农业生产效率、促进农业可持续发展和改善农村面貌具有重要意义。“产科教”农业园区融合育人不仅能够帮助学生获得扎实的专业知识和技术技能，还能激发他们对农业领域的兴趣，培养解决农村产业问题的实践能力和社会责任感。

同时，“产科教”农业园区融合育人通过“科技创新”，以劳动践学促进其内驱力发展形成新农技，提升新农技，其目的是“通过不断提升生产效率、优化资源配置，实现生产力的持续发展，体现生产力的升级与跃迁。”②因此，劳动践学推进新农技提升具有多方面的效益。

第一，“产科教”农业园区融合育人推进劳动践学能够直接促进农业生产的现代化和效率提高。首先，能够扩大农业规模经济和农业范围经济，让农业人才能够尽展其能，“为农业生产注入源源不断的人力资源，为农业集约化生产提供动能基础”③。从而促进生产成本大幅度降低，并能提高经济效益。同时能够推进农业产业基础进步，“强化乡村产业发展的技术服务能力”④。产业新技术的引入不仅能够提高农业生产率，还能减少农村资源的浪费，从而增加农业的产出。其次，能够加强园区农业精益管理。一是提升农业产业流程效率；二是确保农业产业供应从采购到产品销售的全过程能够有条不紊，运行通畅；三是提升农业劳动者的积极性和创造力，为农业农村发展蓄积人才力量。

第二，“产科教”农业园区融合育人能够在教育、社会经济发展等多个方面产生积极影响。一是通过实践促学，让学生在农业园区的生产活动中，获得实际操作经验与应用技能。在实践过程中，能够通过具体实践发现农业生产中的问题，并找寻解决方案，以此培养出创新思维能力。园区育人并非单一学科建设下的获取知识，而是结合多学科知识，促进学生的全面发

---

① 马克思，恩格斯．马克思恩格斯选集（第一卷）[M]．北京：人民出版社，2012．

② 李怀，张越．农业新质生产力：理论内涵与实现路径[J]．新视野，2024(4)：65-74．

③ 祁占勇．农村职业教育赋能农业强国：逻辑向度、现实困境与实践路径[J]．华中师范大学学报（人文社会科学版），2024，63(5)：166-176．

④ 王京雷，陈欣，李晓阳．乡村产业振兴科技园区技术诱致模式研究[J]．农业经济问题，2023(6)：135-144．

展。二是以实践促学为途径帮助学生树立正确的职业规划。通过实践导向，让其了解现代农业发展优势和良好前景，让他们能够提前找到发展机会，适应发展环境。三是能够增强学生对农业生态发展的认识，进而在开展生态农业实践的同时，增强其对生态保护的责任意识。

三、文化润学浸化新农生心灵

"产科教"农业园区融合育人需突出"文化润学"，就是要强调以文化的力量来滋养和丰富教育过程，使学习不仅仅是知识的传授，更是价值观、情感态度及社会技能等多方面能力的培养。旨在通过文化的魅力和力量丰富教育内容，促进学生的全面发展，使他们成为知识渊博的人，具备高尚情操和良好的社会适应能力。其中的"文化"，不仅指历史传承下来的"产科教"农业园区知识体系，也包括"产科教"农业园区生活方式和社会实践，它能够为学生提供更广阔的理解世界的角度，并促进个人全面发展。"文化是一个大学得以生存、发展的重要根基和血脉，也是大学间相互区别的重要标志和特征"[①]。对于"产科教"农业园区发展、兴旺，文化同样也是重要根基和血脉，更是实现"新农生"个人价值和社会价值的重要场域。所谓"新农生"，指的是新时代下的新型农民或农业领域的年轻一代学习者。因此，"产科教"农业园区融合育人通过文化润学以浸化新农生的心灵，实现新农生的综合素养提升。

需要思考的是，"产科教"农业园区融合育人以何文化润学？在教学过程中，应引入历史、哲学、文学、艺术、传统习俗等多种文化资源，使学生在学习过程中不仅能获取知识，还能感受到文化的魅力，从而激发其学习兴趣，强化对传统文化的再认识和现代解读，从文化中汲取灵感，发展创新思维能力。同时，通过教育活动增强学生对自己所属文化的认同感，最终促进文化传承、发展和创新。更为重要的是，借助文化中的道德故事、英雄事迹、美好生活哲理等正面案例，能够向学生传递正确的价值观念和生活理念，帮助他们形成良好的人格特质、道德品质和社会责任感。当然，文化浸润也并非纯理论学习，更重要的是通过实践来加强文化浸润的效果，要借助具有中华民族优秀传统文化、革命文化和社会主义先进文化的文史馆、博物馆、纪念馆、科技馆和文艺馆等，使理论知识与实际经验相结合，加深理解和记忆。习近平总书记强调："要系统梳理传统文化资源，让收藏在禁宫里的文物、陈列在广阔大地上的遗产、书写在古籍里的文字都活起来。"[②]因此，"产科教"农业园区要组织学生参与文化相关的实践活动，这不仅能够提升文化润学的功能，还能够通过参观、领悟，提高个人的审美水平和个人修养。

"产科教"农业园区融合育人因何以文化润学？"对人类文化史家而言，中国文化不仅蕴含着文化自信的乐观精神，而且在事实上具有世界性的文化价值。"[③]因而要展现文化润学价值，首先应该融入当地文化资源。"产科教"农业园区将当地的历史、传统习俗、文学艺术等内容整合到教育教学的全过程中，让学生更加了解自己所在农业园区的文化背景，增强归属感。同时，用日常生活中的例子来解释抽象的概念或理论，使教学既生动形象，又贴近学生的实际

① 李莉，彭世文．文化研究视角下的大学文化[J]．湖南大学学报(社会科学版)，2007(5)：123-126．

② 郭京宁．让古老文明的智慧照鉴未来(学苑论衡)[N]．人民日报，2023-02-20(09)．

③ 张茂泽．论中国文化的特点及世界价值[J]．西安交通大学学报(社会科学版)，2016，36(5)：55-59．

体验并与实践相符，从而激发学生学习兴趣。其次是融合跨界文化交流。援引不同园区文化、地域文化，通过比较教学、比较学习，拓展学生的全球视野，同时增强学生对多元文化的深刻理解和尊重，实现“产科教”农业园区融合育人的文化润学目标，润化新农生心灵，以培养出具有“三农”品德的新农生。

四、生态融学感化新农子行为

“产科教”农业园区融合育人注重生态融学，是为了感化农业人才在践行农业生产过程中能够“常怀农清”“深知农意”“怀感农恩”。生态融学实质是将生态学原理和可持续发展理念融入“产科教”农业园区教育、学习以及日常生活中的过程。重视生态融学，还有一个意图，就是通过教育和实践来提高人们对自然环境的认识，培养尊重自然、顺应自然、恢复自然以及保护环境的态度，并促进农业园区可持续的生活方式和生产模式。将生态教育与农业实践相结合，来影响和塑造新农子的行为和思维方式，是“产科教”农业园区融合育人的重要举措。新农子是新生代农业劳动力的重要组成部分，“新生代农业劳动力是中国未来农业生产的主力军和接班人，同时也是推进中国农业现代化和保障国家粮食安全的基础支撑力量。”① 因而“产科教”农业园区融合育人过程中注重生态融学对新农子的感化力量有着积极意义。

首先，生态环境的挑战使得“产科教”农业园区融合育人需要注重生态气候融学的倾向。一是气候变化导致农业生产中的第一、第二产业受到气候影响较大，比如气候变暖对农业生产造成一定影响，在这个过程中能够发现，包括温度升高、降水模式改变、极端天气事件增多等因素在内的问题频发，这些都对农作物生长和产量构成了挑战。还有导致气候变暖的温室气体不断被发现和新增，给农作物的致害影响增大。“气象与农业经济间的高度相关，这是客观规律。遵循这一客观规律，推进农业增长的理念应当是密切关注气象条件变化的短、中、长期影响。”② 这就需要新农子掌握适应气候变化的农业技术，才能推动农业园区的发展。

其次，土壤退化的现实使得“产科教”农业园区融合育人需要立足在地现实情形开展土壤环境融学教育。过去，过度耕作和不合理的土地管理已经导致了土壤质量下降的现实，因而“产科教”农业园区融合育人在解决过度耕作和不合理土地管理导致的土壤质量下降问题中扮演着至关重要的角色。“产科教”农业园区通过教育，可以提高新农子对土壤健康重要性的认识，并且新农子通过学习，能够掌握科学的土地管理和可持续农业实践方法。“同时让学生养成勤俭节约、珍惜粮食的良好习惯；其次引导学生积极投身到修复设施退化土壤、提升耕地质量的事业中去，为保障粮食安全、促进农业可持续发展贡献自己的力量。”③ 可见，生态土壤融学教育不仅能够感化新农子的心理，更重要的是能够培养新农子的农耕情怀。

最后，有效运用生态水资源满足农业园区的产业发展是“产科教”农业园区融合育人所推进生态融学的日常且重要的教学管理。当今世界，随着全球气候变化和人口增长，水资源变

---

① 韩占兵. 中国新生代农业劳动力主体行为研究[J]. 华中农业大学学报(社会科学版)，2016(3)：96-103，135.

② 刘丰. 气象条件变化对我国农业经济增长的影响研究[J]. 上海经济研究，2024(8)：69-81.

③ 赵军，戴沈艳，刘子豪，等. “土壤地理学”课程思政教学改革探索[J]. 南京师大学报(自然科学版)，2023，46(S1)：16-20.

得越来越稀缺，无论是发达国家还是发展中国家，水资源都是农业生产的关键资源，因此提高灌溉效率、减少浪费成为现代农业的重要课题。从教育角度上看，重视水资源的有效循环利用，不仅能够提升农业园区的产业发展，还可以显著提高园区农业灌溉用水的效率，减少水资源浪费，确保农作物的健康生长和产量，使农业园区能够发展成为国家重要粮仓。园区育人教育，不仅有助于应对当前的水资源挑战，还能促进农业园区的可持续发展。

五、精神励学教化新农人志趣

"产科教"农业园区融合育人依靠精神励学，特别是对于新农人而言，是指通过激励和教育来激发他们对"产科教"农业园区农业工作的热情与兴趣，同时帮助他们掌握现代园区农业技术、管理知识等，以促进园区农业现代化和个人职业发展。所谓新农人是指那些在新时代背景下，以现代农业理念为指引和农业技术为支撑，专门从事农业生产、加工、销售等环节的新型农业产业从业者。"近些年，年轻人'跳回农门'正在成为新时尚。有的人放弃城市的工作，回农村跨界开社区生态农场；有的博士生回到农村，乐此不疲干起了养殖；市面上许多小而美的农副产品品牌，十有八九背后有高人'在运营'。这些人有一个共同的名字：新农人。"[①] 可见，新农人的来源实际上很不简单，背后有先进知识理念与技术作支撑。但让新农人能够返乡就业，若非逼迫，自愿回乡创业者不会太多。因而，精神鼓励是促进新农人回乡的有力武器。

"产科教"农业园区融合育人依靠精神励学鼓舞新农人志趣，有其内在价值意义。一是精神励学能够鼓舞新农人将所学知识与农业实践有机结合。既能加深对所学知识的理解和运用，又能提升学习效率和实践能力，还能为园区农业生产贡献力量。二是精神励学有助于激发新农人的创新思维。新农人善用新媒体技术获取新信息，具备互联网思维，这对改善农业发展方式具有重要作用，"互联网思维是新农人与其他农业从业者的显著区别。新农人是伴随互联网发展成长起来的年轻一代，互联网融于他们日常生活和生产经营的全过程。"[②] 新农人本身具有较高水平的专业技能，精神励学能够在心理层面给予他们强大的动力，促使他们在日常工作中保持好奇心和探索欲，把新媒体技术有效运用于农业生产领域，勇于突破传统束缚，树立创新意识，激发个人潜能，最终实现农业领域的创新发展。三是精神励学能够增强新农人的职业认同感。之所以能够把精神励学作为增强新农人在职业发展方向不断取得认可度的方式，是因为其促进了新农人个人成长、社会认可和情感连接，让其在农业园区感受到自身工作的价值所在，进而建立起对自己职业道路的自信心和自豪感。正面的情感体验对于新农人长期保持高昂的工作热情至关重要。此外，精神励学帮助新农人不断学习最新的农业知识和技术，随着他们的技能水平的不断提高，对专业能力提升更有信心，从而能够增强对职业的归属感。

---

① 左停.新型农业经营人才队伍建设研究[J].人民论坛，2024(1)：17-21.

② 农业部农村经济体制与经营管理司课题组，张红宇.农业供给侧结构性改革背景下的新农人发展调查[J].中国农村经济，2016(4)：2-11.

第六章

课程革命:“定向育人”的破墙行动

第一节　打破空间,丰富课程形态

一、课程形态的生成

(一)目的

1. 满足多元学习需求

不同学生在学习风格、进度及兴趣方向上存在显著差异。通过丰富课程形态,打破传统单一课堂空间的束缚,能为学生提供如线上课程、虚拟仿真实践课程、企业实地教学课程等多种选择,满足学生个性化的学习需求,使每个学生都能找到最适合自己的学习方式,提升学习效果与积极性。

2. 对接职业岗位要求

职业教育的目标是为社会输送具备实际工作能力的专业人才。丰富课程形态,增加与企业实际工作场景紧密结合的课程,如远程企业案例分析课程、线上线下融合的实习实训课程等,可以让学生及时了解行业最新动态和岗位实际需求,缩短从校园到职场的适应期,提高学生的就业竞争力。

(二)意义

1. 拓展教育资源边界

丰富课程形态可以使学校突破自身资源的局限,整合来自不同地区、不同行业的优质教育资源。例如,引入知名企业专家线上授课,或与其他院校联合开展跨区域的实践课程等,使学生能够接触到更广泛、更前沿的知识和技能,拓宽学生的视野。

2. 促进教育公平

对于一些地理位置偏远或教育资源相对匮乏地区的学生来说,丰富课程形态为他们提供了获取优质教育的机会。通过在线课程、远程教育等方式,学生无须受限于空间位置,就能享受到与发达地区学生同等质量的课程,有助于缩小地区间职业教育的差距,推动教育公平的实现。

3. 提升职业教育的适应性

随着科技的飞速发展和产业结构的不断调整,行业对人才的需求也在持续变化。丰富课程形态能够使职业教育快速响应这些变化,及时更新课程内容,调整课程设置,培养出更符合市场需求的高素质技术技能人才,提升职业教育对社会经济发展的适应性。

(三)路径

1. 构建线上线下混合式课程体系

一方面,开发高质量的线上课程资源,涵盖专业理论知识、操作技能演示等内容,学生可利用碎片化时间随时随地进行学习;另一方面,合理安排线下课堂教学,用于重点知识讲解、小组讨论、实践操作指导等,实现线上线下优势互补。例如,在机械制造专业课程中,线上通过虚拟模型展示机械结构原理,线下进行实际机床操作训练。

2. 推进虚拟仿真课程建设

利用虚拟现实(VR)、增强现实(AR)等技术,创建高度仿真的虚拟实践环境。对于一些成本高、危险性大的实践教学环节,如养殖场设计与搭建、烈性传染病样品采集与诊断、动物解剖等,虚拟仿真课程既可以让学生获得身临其境的实践体验,又能有效降低教学成本和风险,同时突破时间和空间的限制,学生可随时进行反复练习。

3. 加强校企合作,拓展课程空间

与企业深度合作,建立校外实习实训基地,开展企业现场教学课程。邀请企业技术骨干到学校授课,将企业实际项目引入课堂教学。同时,组织学生到企业进行短期或长期实习,参与企业实际生产运营活动,使学生在真实的工作场景中学习专业技能和职业素养,实现课程与工作岗位的无缝对接。

4. 建设国际合作课程项目

与国外知名职业院校、企业建立长期稳定的合作关系,共同开发国际合作课程项目。学生可以通过线上线下相结合的方式参与国外院校的课程学习,与国外学生共同完成项目任务。同时,选派学生到国外企业进行实习,拓宽国际视野,提升学生在国际市场上的竞争力。

二、课程形态的分类

(一)线上、线下课程

1. 线上课程

(1)专业线上课程

借助网络平台，将农业专业知识进行系统呈现。例如，畜牧兽医类专业设置线上的"猪疫病防治技术""动物解剖""动物病理"等课程，通过高清视频展示不同疾病从发病到诊治的全过程，配合专业教师的讲解，让学生清晰地了解疫病诊治技术要点。同时，利用动画模拟病害发生机理及防治方法，生动形象地传授专业知识。此外，设置线上答疑与讨论板块，方便学生随时与教师、同学交流学习心得。

(2)素质线上课程

素质线上课程注重培养学生的综合素养。开设农业文化素养课程，介绍国内外悠久的农耕、兽医文化历史、传统农业智慧以及现代农业发展理念，增强学生对农业的认同感与使命感。通过线上讲座、视频资料等形式，开展沟通技巧、团队协作等通用能力培养课程，提升学生在未来职场中的综合竞争力。

2. 线下课程

(1)理论课程

在传统教室环境中，教师进行面对面的深度讲解。如"畜牧业市场营销"理论课程，教师通过板书、PPT演示等方式，阐述农业经济运行规律、农业政策法规等内容，引导学生深入思考农业产业发展中的经济问题，培养学生的理论分析能力。

(2)实践课程

实践课程强调学生的实际操作能力。以畜牧兽医专业为例，设置动物解剖实验课程，学生在实验室中亲自动手解剖动物标本，了解动物的生理结构，掌握解剖操作技能。同时，开展种植养殖实践课程，学生在学校的实训基地进行农作物种植、畜禽养殖管理，从实践中积累经验，提升专业技能。

(二)校内、校外课程

1. 校内课程

(1)通识课程

通识课程注重培养学生的基本素养和综合能力。开设"大学语文""高等数学"等基础课程，提升学生的语言表达、逻辑思维能力。同时，设置"农业生态与环境保护""农业伦理""动物福利"等特色通识课程，使学生树立可持续发展理念，了解农业发展中的道德规范。

(2)专业课程

学校围绕农业专业领域设置核心课程。学校各学院各专业课程衔接紧密，课程结构清晰，课程内容紧密结合行业需求，注重培养学生的专业知识和技能，使学生毕业后能够迅速适应农业机械相关岗位工作。

2. 校外课程

(1)实习实训课程

学校与农业企业、农业园区、家庭农场等建立了合作关系，让学生深入生产一线进行实习实训。园艺专业学生到花卉种植企业实习，参与花卉栽培、养护、销售等环节；兽医专业学生到动物医院、养殖企业了解行业实际运作模式，提升实践操作能力和解决实际问题的能力。通过实习实训，学生能够将校内所学知识与实际工作相结合，为就业做好充分准备。

(2)创新创业课程

学校依托校外创业孵化基地、农业科技园区等资源，开设创新创业课程，邀请农业领域的创业成功人士进行经验分享，并组织学生参加农业创新创业大赛，鼓励学生开展农业创业项目实践。此类课程注重培养学生的创新思维和创业能力，激发学生的创业热情，为农业领域培育创新创业人才。

(三)学院、田野课程

1. 学院课程

(1)学历教育课程

此类课程为学生提供系统的学历提升教育。按照农业高职教育的人才培养方案，设置三年制或五年制的学历教育课程体系，涵盖公共基础课程、专业核心课程、实践课程等多个模块，确保学生在完成学业后能够获得相应的学历证书，具备扎实的专业知识和技能。

(2)继续教育课程

学校针对在职人员、农村劳动力等群体，开展继续教育课程。课程形式灵活多样，包括短期培训、业余进修等。为农户、重庆市万州区残疾人联合会等开设新型种养殖技术培训课程，帮助他们提升种养殖技能，增加农业收入。通过继续教育课程，提高农业从业者的整体素质，推动农业产业发展。

2. 田野课程

(1)培训课程

学校在田间地头、农业生产现场开展培训课程。例如，针对当地农民开展果树修剪技术培训课程，学校农林科技学院专家王强教授亲自示范操作，手把手指导农民掌握正确的修剪方法，同时，结合实际案例，讲解果树生长习性、病虫害防治等知识，使农民能够学以致用，提高农业生产效益。

(2)研学课程

学校还会组织学生开展田野、车间研学活动。教师带领学生到自然保护区、生态农场等地进行实地考察，研究土壤质量、生态系统平衡、养殖效率等问题。学生通过实地观察、采样分析、数据记录等方式，深入了解农业生态环境，培养科研兴趣和实践能力，拓宽知识面和视野。

第二节 打破专业，创设课程集群

一、课程集群的形成逻辑

（一）基于知识体系

每个专业都有其内在的知识结构和发展脉络，课程围绕某类核心知识，依据内在逻辑逐步展开，帮助学生系统地掌握知识体系。

课程集群会按照知识的难易程度和先后顺序进行编排。以畜牧类专业课程为例，先设置"动物生理解剖""动物微生物"等基础课程，让学生掌握基本概念和原理，后续再开设"猪疫病防控技术"等高阶课程，深入探讨更为复杂的理论和技能，这种循序渐进的课程设置有助于学生逐步深化对整体知识的理解。

（二）基于职业发展需求

通过对特定职业领域内不同岗位的工作内容、技能要求和职业发展路径进行详细分析，确定与之对应的课程集群。例如，在畜牧领域，分析家畜繁殖员、动物疫病防治员、动物检疫检验员等岗位，发现需要掌握生理解剖、微生物等基础知识，同时又各有侧重，如家畜繁殖员需重点精通生理解剖知识，基于此，可构建包括"动物解剖生理""畜禽繁育技术"等课程的课程集群，以满足不同岗位的需求。

课程集群致力于培养学生在特定职业领域所需的综合能力。以畜牧兽医专业为例，为培养学生的饲养管理、疫病防控、环境控制等职业能力，构建由"动物疫病防控技术""畜禽舍建设与环境控制"等课程组成的课程集群，使学生通过学习这些课程，具备职业发展所需的能力。

（三）基于学习目标与成果

根据学生预期达到的学习目标来组建课程集群。例如，学校希望培养学生的批判性思维和研究能力，可整合课程形成课程集群。通过这些课程的学习，学生能够系统地学习批判性思考的方法和研究技巧，实现既定的学习目标。

围绕学生最终应取得的学习成果来设计课程集群。例如，在动物医学专业，若期望学生毕业后能独立完成动物疫病诊断项目，可构建由"兽医实验室检测""动物疫病诊断"等课程组成的课程集群。

二、课程集群的实例

重庆三峡职业学院以"产科教"为特色，服务万州区农业园区建设，集成了围绕农业园区产业的课程集群。

（一）农业基础认知课程群

农业基础课程：涵盖植物学、动物学、微生物学等内容，帮助学员了解农作物生长发育规律、畜禽生理特征，以及农业微生物在土壤改良、病虫害防治中的作用。例如，学习植物的光合作用原理，有助于理解如何为农作物创造最佳的光照条件。

农业生态课程：探讨农业生态系统的结构、功能及农业与环境的相互关系，包括生态平衡、资源循环利用、生态环境保护等知识。例如，讲解生态农业模式中，稻田养鱼如何实现物质循环和能量多级利用。

土壤与肥料课程：介绍土壤的形成、结构、肥力特性，以及各类肥料的性能、施用方法，使学员掌握土壤改良与合理施肥技术，以提高土壤生产力。例如，根据不同土壤类型和作物需求，精准确定施肥量和施肥时间。

（二）农业种植与养殖技术课程群

作物种植技术课程：针对当地主要农作物和特色经济作物，详细讲解种植全过程技术，包括选种、育苗、田间管理、病虫害防治、收获等环节。例如，针对玫瑰香橙种植，讲解如何进行夏季修剪、疏花疏果以提高玫瑰香橙品质。

园艺栽培技术课程：聚焦蔬菜、花卉、果树等园艺作物，传授设施栽培、无土栽培、有机栽培等先进技术，以及园艺植物的整形修剪、花期调控等特色技术。例如，利用温室设施进行反季节蔬菜栽培，满足市场多样化需求。

畜禽养殖技术课程：围绕常见畜禽品种，教授养殖环境控制、饲料配制与投喂、繁殖技术、疾病防控等知识，提升畜禽养殖效益与动物健康水平。例如，讲解母猪的发情鉴定与配种技术，提高母猪受孕率。

水产养殖技术课程：介绍各类水产动物的养殖技术，包括池塘养殖、网箱养殖、工厂化养殖等模式，以及水质调控、饲料投喂、鱼病防治等关键技术。例如，在对虾养殖中，讲解如何通过调节水质预防对虾白斑综合症。

（三）农业工程与设施课程群

农业机械与装备技术课程：讲解各类农业机械的工作原理、操作方法、维护保养及选型配套，如拖拉机、收割机、播种机等，提高农业生产机械化水平。例如，教授联合收割机的正确操作与故障排除，确保收获作业高效进行。

农业设施工程技术课程：针对温室大棚、畜禽舍、水产养殖设施等农业设施，介绍其设计、建造、环境调控技术，为农业生产创造适宜环境。例如，设计智能温室，实现温度、湿度、光照等环境因子的自动调控。

农产品加工与贮藏工程技术课程:传授农产品保鲜、加工、包装等技术,延长农产品货架期,提高附加值,如水果的冷链保鲜技术、谷物的深加工技术等。例如,将水果加工成果汁、果脯,增加农产品经济效益。

(四)农业经营与管理课程群

农业企业经营管理课程:介绍农业企业的组织架构、战略规划、生产管理、市场营销、财务管理等内容,培养学员的企业运营能力。例如,制定农产品市场营销策略,提升产品市场竞争力。

农业项目管理课程:教授农业项目从申报、规划、实施到验收的全过程管理方法,包括项目可行性研究、项目预算编制、项目进度控制等。例如,指导申报农业产业化项目,争取政府扶持资金。

农业合作社运营课程:讲解农民专业合作社的组建、运行机制、民主管理、利益分配等知识,推动农业适度规模经营和农民抱团发展。例如,规范合作社财务管理,保障成员合法权益。

(五)农业政策与法规课程群

农业政策解读课程:深入分析国家和地方出台的农业扶持政策、农业补贴政策、农业产业政策等,帮助学员了解政策导向,争取政策支持。例如,解读农机购置补贴政策,引导农民合理购置农业机械。

农业法律法规课程:普及与农业生产、经营、资源保护等相关的法律法规,如《农业法》《土地管理法》《农产品质量安全法》等,增强学员法律意识,依法从事农业活动。例如,学习《农产品质量安全法》,确保农产品质量安全。

(六)农业科技创新与拓展课程群

智慧农业技术课程:介绍物联网、大数据、人工智能、无人机等现代信息技术在农业领域的应用,如智能灌溉系统、农产品质量追溯系统等,推动农业数字化转型。例如,利用无人机进行农田病虫害监测与防治。

农业生物技术课程:讲解基因工程、细胞工程、酶工程等生物技术在农业育种、生物防治、农产品加工等方面的应用,开拓农业发展新途径。例如,通过基因编辑技术培育抗病虫害的农作物新品种。

休闲农业与乡村旅游课程:针对农业与旅游融合发展趋势,传授休闲农业园区规划、乡村旅游项目开发、旅游服务管理等知识,拓展农业多功能性。例如,开发以农事体验为主题的乡村旅游项目,增加农民收入。

第三节 打破篇章，实施模块课程

一、模块课程的开发路径

开发农业产业园模块课程，必须紧密围绕农业产业发展实际需求，遵循科学系统的路径，以确保课程的实用性与有效性。

（一）需求调研与分析

确定调研对象：与农业产业园内的从业者（农民、技术人员、管理人员等）、农业企业代表、行业专家、农业院校及科研机构人员，以及农产品市场的采购商、消费者等进行沟通交流，了解他们对农业知识与技能的需求。

选择调研方法：运用问卷调查收集大量基础数据，了解从业者在种植、养殖、经营管理等方面遇到的问题和期望学习的内容；通过访谈，与关键人物深入探讨行业发展趋势、新技术应用需求等；组织实地考察，观察农业生产实际操作流程，发现现有技术与管理的不足。

分析调研结果：对收集到的信息进行整理和分析，明确不同岗位、不同生产环节对知识和技能的具体需求，找出产业发展中的痛点和急需解决的问题，为课程目标和内容的确定提供依据。

（二）课程目标设定

基于需求定方向：依据需求调研结果，确定每个模块课程的总体目标。例如，针对农产品加工模块，若调研发现企业对提高产品附加值和开发新产品需求迫切，课程目标可设定为使学员掌握先进的农产品加工技术，具备创新产品开发能力。

细化目标层次：将总体目标分解为具体的、可衡量的学习目标，包括知识目标（如掌握农产品加工的原理和工艺流程）、技能目标（能够熟练操作常见的加工设备）和素质目标（培养食品安全意识和创新思维），以便为课程内容设计提供清晰指引。

（三）课程内容设计

知识体系构建：以课程目标为导向，构建系统的知识体系[①]。如农业种植技术模块，按照作物生长周期，依次安排土壤准备、种子处理、播种育苗、田间管理、病虫害防治、收获贮存等知识内容。

---

① 夏莹，邵元君，朱红萍."一带一路"背景下职业院校协同企业出海新型商科人才培养模式创新[J].中国职业技术教育，2023(29)：36-40.

融入实践案例:结合农业产业园实际生产案例,将理论知识与实践应用紧密结合。例如,在讲解病虫害防治时,引入园区内某种作物曾发生的病虫害实例,分析病因、防治措施及效果,帮助学员更好地理解和应用知识。

关注前沿动态:及时更新课程内容,纳入农业领域的新技术、新方法、新政策,如智慧农业技术、农业绿色发展理念等,使学员掌握行业最新发展趋势。

(四)教学方法选择

理论讲授法:对于基础概念、原理等知识,采用课堂讲授方式,确保学员系统掌握理论知识[①]。例如,在讲解农业经济学原理时,通过清晰的讲解和图表展示,帮助学员理解供求关系、成本效益等概念。

实践操作法:在涉及种植、养殖技术和农业机械操作等课程中,安排大量实践操作环节,让学员在实际操作中掌握技能。例如,在农业机械课程中,学员亲自操作拖拉机进行耕地、播种等作业,提高操作熟练度。

案例分析法:针对农业经营管理、病虫害防治等课程,运用实际案例进行分析讨论,培养学员解决实际问题的能力。例如,组织学员分析某农业企业成功或失败的经营案例,探讨市场策略、财务管理等方面的经验教训。

小组协作法:设置小组项目或任务,促进学员之间的交流与合作。例如,在休闲农业规划课程中,让学员分组完成一个休闲农业园区的规划设计,培养团队协作和沟通能力。

(五)教材与资源开发

编写教材讲义:根据课程内容,编写针对性强、通俗易懂的教材或讲义,内容应图文并茂,便于学员学习。教材中可穿插案例分析、操作指南、拓展阅读等板块,丰富学习内容。

制作多媒体资源:开发配套的多媒体教学资源,如教学视频、动画、PPT 等。通过视频展示农业生产操作过程、病虫害症状及防治方法等,学习内容更加直观生动。

建立在线学习平台:搭建在线学习平台,将课程资源上传至平台,方便学员随时随地学习。平台还可设置互动交流区、在线测试等功能,增强学习的互动性和自主性。

(六)课程实施与评估

课程实施:按照预定的教学计划和教学方法,组织开展课程教学活动。在教学过程中,教师要关注学员的学习情况,及时调整教学进度和方法,确保教学效果。

过程性评估:采用课堂提问、作业、小组讨论等表现方式,对学员的学习过程进行持续评估,及时发现学员在学习过程中存在的问题,给予针对性的指导和反馈。

终结性评估:课程结束后,通过理论考试、实践操作考核、项目成果展示等方式,对学员的

---

① 汤伟群.产教融合育英才 技能出海促发展:广州市工贸技师学院办学改革创新实践[J].职业,2019(30):4-7.

学习成果进行全面评估。根据评估结果，判断学员是否达到课程目标要求。

结果反馈与改进：收集学员和授课教师对课程的反馈意见，分析评估结果，找出课程内容、教学方法、教材资源等方面存在的问题，对课程进行针对性的改进和完善，不断提高课程质量。

二、模块课程的实例

以畜牧兽医专业为例，介绍其素养模块课程体系、专业模块课程体系及职业能力拓展模块体系的具体情况。

（一）素养模块课程

畜牧兽医专业学生应具备如下综合素养。

1. 政治素养

拥护党和国家的基本路线和方针政策，热爱祖国、拥护中国共产党的基本路线、方针和政策，懂得马列主义、毛泽东思想、邓小平理论、“三个代表”重要思想、科学发展观、习近平新时代中国特色社会主义思想的基本原理；具有爱国主义、集体主义、社会主义思想；具有正确的世界观、人生观、价值观。

2. 思想素养

热爱农村、热爱动物、热爱畜牧业；具有为国家富强和人民富裕而艰苦奋斗的心理素质和职业道德；具有实事求是、言行一致的思想作风；关键是应具有在畜牧兽医行业艰苦环境中长期积极工作的精神和毅力。

3. 道德素养

遵纪守法，具有良好的社会公德；养成爱岗敬业、吃苦耐劳、敢于负责、善于沟通和团结合作的职业素养；培养学生具有诚实守信、自律谦让的职业意识。

4. 文化素养

具有相应的文化科学知识，掌握本专业所必需的基本理论、基本技能，具有较快适应岗位实际工作的能力和素质，并能运用所学知识分析和解决工作中的问题。

5. 身体素养

具备一定的体育保健知识，达到《国家学生体质健康标准》规定的要求，养成良好的卫生习惯和生活规律，具有健康的体魄、良好的体能和适应本职岗位工作的身体素质。

6. 心理素养

具有一定的心理承受能力和自我管理能力，具备稳定向上的情感力量、坚强恒久的意志力量和鲜明独特的人格力量。

畜牧兽医专业的素养模块课程体系

课程类别	课程名称	课程目标
公共基础课程	国家安全专题教育	围绕总体国家安全观和国家安全各领域，确定综合性或特定领域的主题。学习习近平关于总体国家安全观重要论述，牢固树立总体国家安全观，坚持统筹发展和安全，坚持人民安全、政治安全、国家利益至上有机统一，坚持维护和塑造国家安全，坚持科学统筹。以人民安全为宗旨，以政治安全为根本，以经济安全为基础，以军事、科技、文化、社会安全为保障，健全国家安全体系，增强国家安全能力。完善集中统一、高效权威的国家安全领导体制，健全国家安全法律制度体系
	思想道德修养与法律基础	领悟人生真谛，坚定理想信念，践行社会主义核心价值观，做新时代的忠诚爱国者和改革创新的生力军；形成正确的道德认知，积极投身道德实践，做到明大德、守公德、严私德；全面把握社会主义法律的本质、运行和体系，理解中国特色社会主义法治体系和法治道路的精髓，增进法治意识，养成法治思维，更好地行使法律权利、履行法律义务，做到尊法、学法、守法、用法，从而具备优秀的思想道德素质和法治素养
	毛泽东思想和中国特色社会主义理论体系概论	对马克思主义中国化进程中形成的理论成果有更加准确的把握；对中国共产党领导人民进行的革命、建设、改革的历史进程、历史变革、历史成就有更加深刻的认识；对中国共产党在新时代坚持的基本理论、基本路线、基本方略有更加透彻的理解；对运用马克思主义立场、观点和方法认识问题、分析问题和解决问题能力的提升有更加切实的帮助
	形势与政策	正确认识国家的政治、经济形势，以及国家改革与发展所处的国际环境、时代背景，正确理解党的基本路线、重大方针和政策，正确分析社会关注的热点问题，激发爱国主义热情，增强民族自信心和社会责任感，把握未来，勤奋学习，成才报国
	信息技术Ⅰ、Ⅱ	深入了解计算基础知识，熟练掌握计算机的基本操作，了解计算机网络、信息安全、多媒体技术等计算机信息技术应用方面的知识和相关技术，具有良好的信息收集、处理的信息素养和运用能力；结合课程思政，了解我国巨型机、量子技术和量子计算机等的发展现状，以及计算机网络安全和信息安全对国家安全的重要性

续表

课程类别	课程名称	课程目标
公共基础课程	军事课(军事技能+军事理论)	了解掌握军事基础知识和基本军事技能,增强国防观念、国家安全意识和忧患危机意识,弘扬爱国主义精神,传承红色基因,提高综合国防素质。理解大国防观、总体国家安全观,提升防间保密意识;深刻认识当前我国面临的安全形势。理解习近平强军思想的科学含义和主要内容,树立科学的战争观和方法论。了解机械化战争、信息化战争的形成、主要形态、特征和发展趋势,了解世界主要国家信息化装备的发展情况,树立打赢信息化战争的信心
	心理健康教育	针对高职学生的心理特点,运用科学有效的心理学知识与方法对学生进行心理素质训练,将课程的计划性、组织性、系统性与课程的互动性、活动性、开放性相结合,注重培养学生的参与意识和行动意识,旨在提高大学生关注心理健康的意识,促进高职学生心理成长、潜能开发,增进其自我认知能力、人际沟通能力、自我调节能力,全面提高学生心理素养
	大学体育Ⅰ、Ⅱ、Ⅲ	增强学生体质,使其掌握运动健身的基本知识、基本技术、基本技能,理解部分体育项目竞赛规则
	大学英语	一是以应用为目的,全面培养学生的英语综合应用能力,使学生具有一定的阅读能力和听、说、写、译的实际运用能力,使他们在毕业后的社会交往和工作、学习和研究中能够用英语有效地进行口头和书面的信息交流。二是以素质教育为本,提高综合文化素养和创新能力,以适应将来各方面发展的需求,为提升学生的就业竞争力及未来的可持续发展打下良好的基础
	创新创业教育	提高创新创业意识,认识创新的重要性,并掌握一些基本的创新技法;激发创业激情,对于当下的创业政策有清晰认识,理解创业的概念和意义;使学生创业能力得到提升,较全面地掌握团队组建、机会识别、商业模式开发、创业资源整合的方法,对互联网经济趋势有较清晰的认识,学会撰写并演示商业计划书,学会初创企业运营决策和技巧,全方位提升创新、冒险、合作、执着的创业素质
	劳动教育	理解和形成马克思主义劳动观,牢固树立劳动最光荣、劳动最崇高、劳动最伟大、劳动最美丽的观念,培养勤俭、奋斗、创新、奉献的劳动精神;具备满足生存发展需要的基本劳动能力,形成良好的劳动习惯
	职业生涯规划与就业指导	充分了解自己的个性特征、爱好、特长、能力,了解国家及地方的就业创业政策,培养职业道德和素养,培养职业观和就业意识,促使学生依据职业发展理论对自己的职业进行探索,清晰认识自己的未来之路并形成一定的规划,全面提升其职业核心竞争力

续表

课程类别	课程名称	课程目标
公共基础课程	艺术概论	通过鉴赏艺术作品、学习艺术理论、参加艺术活动等，树立正确的审美观念，培养高雅的审美品位，提高人文素养；了解、吸纳中外优秀艺术成果，理解并尊重多元文化；发展形象思维，培养创新精神和实践能力，提高感受美、表现美、鉴赏美、创造美的能力，促进德、智、体、美全面和谐发展
	入学教育、安全教育及法治教育	了解学校的相关规定制度，尽快适应身份转变，适应大学生活，了解相关法律法规知识，提升安全意识
	应用文写作	主要学习应用文体的写作规律和方法，包括公务文书、商务文书、法务文书、传播文书、礼仪文书等与人们生活、工作、学习、科研等直接相关的，为处理有关具体事务、解决实际问题而使用的文书

（二）专业模块课程

畜牧兽医专业的专业模块课程体系

课程类别	课程名称	课程目标
专业（技能）课程	动物解剖	理解本课程与后续课程的关系；掌握正常常见宠物（犬、猫）有机体的基本结构；掌握运动、消化、呼吸、心血管、泌尿、生殖、神经、免疫、内分泌系统的组成，掌握主要器官的形态、位置、构造和生理特点；熟悉主要观赏鸟、兔的解剖特征；具备独立开展岗位工作所应有的宠物解剖生理知识，为后续课程的学习打下坚实的基础
	动物生理	理解本课程与后续课程的关系；掌握运动、消化、呼吸、心血管、泌尿、生殖、神经、免疫、内分泌系统的组成和生理活动的特点和规律，掌握主要器官的生理特点；具备独立开展岗位工作所应有的宠物解剖生理知识，为后续课程的学习打下坚实的基础。能够应用所学生理的基本原理知识、动物生理活动机制解释畜牧生产及临床中的一些现象，具备分析和解决实际生产中常见问题的能力，以进一步培养树立独立思考、团结协作、勤奋工作的意识，为今后从事生产一线的工作奠定良好的基础
	动物微生物及免疫	能运用微生物的知识和技能，对动物传染病进行诊断和防制，会制定相应的防制措施，控制动物传染病的发生。利用实训环节培养动手能力，提高职业素养，注重敬业精神、吃苦耐劳品质等方面的教育，并形成良好职业道德

续表

课程类别	课程名称	课程目标
专业（技能）课程	动物病理	掌握疾病发生的原因和条件，疾病过程中各器官机能、代谢的变化，病变器官形态结构主要有哪些变化，以及这些变化的发生的机理，从而为进一步阐明疾病的本质，以及疾病的预防、诊断及治疗提供理论基础
	动物药理	掌握常用药物的作用与用法；理解药物的作用原理；了解毒理的有关知识。具有准确选药、合理用药的能力；具有检查配伍禁忌和准确、快速换算药物剂量的能力；具有正确保管、贮存药物，判断假劣兽药的能力
	兽医临床基本操作技能	培养"会诊断-能操作-能分析"的能力，掌握宠物疾病诊治和宠物保健必备的基本理论知识，能对宠物各种疾病准确检查、诊断和鉴别，能准确地制定出各种疾病防治方案，并能组织实施；熟练掌握宠物日常保健和外科保健方法；同时具备创新、自主学习、敬业等精神，成为懂技术、懂管理、素质高的应用型技能人才
	动物疫病	掌握常见宠物疫病防疫、诊治的基本理论知识和基本操作技能，熟悉宠物疫病的病原、临床特征、诊断方法，并能独立提出科学防治方案且能熟练施治，初步成为能独立开展门诊工作、指导宠物主人科学养护和自身继续学习提高的技术技能型人才
	动物内科	掌握动物内科疾病的诊断、治疗和预防能力。课程内容包括常见内科疾病的病因、病理、临床表现、诊断方法和治疗策略，涵盖消化、呼吸、心血管、泌尿、神经等系统疾病。通过理论学习与实践操作相结合，掌握临床检查、实验室诊断和影像学技术，提升对复杂病例的分析与处理能力，为动物健康管理提供科学依据
	小动物麻醉技术	本课程以动物解剖、生理、病理药理为基础，对周边宠物疾病诊治、内科等课程的学习起到重要的相辅相成作用。掌握常用小动物麻醉技术与常用小动物外科手术技术职业能力；培养"会规划-能操作-善应变"的能力。能力的培养贯穿于教学的具体知识目标、技能目标和素质目标中。能制定不同生理与病理状态下的小动物麻醉方案以及会操作常规小动物手术，旨在培养宠物医师岗位所需要的能力
	宠物护理技术	掌握常见宠物犬美容的基本理论知识和基本操作技能，熟悉宠物美容的流程及技巧，并能独立完成常见宠物的基本护理与美容，初步达到能独立完成宠物美容的要求，指导宠物主人科学养护，自身继续学习提高

续表

课程类别	课程名称	课程目标
专业（技能）课程	小动物影像技术	培养"会诊断-能操作-能分析"的能力。能力的培养贯穿于教学的具体知识目标、技能目标和素质目标中。会操作X线机与B超机，培养宠物医师助理工作岗位所需要的能力，能分析不同生理与病理状态下的影像并据此给出诊断结果，旨在培养宠物医师工作岗位所需要的能力
	中兽医应用技术	本课程是传统中兽医学与现代畜牧兽医发展相结合的一门专业技术课程，是专门研究中国传统兽医理、法、方、药及针灸技术，以防治动物（家畜、家禽、伴侣动物、水产动物、竞技动物以及野生动物）病症和动物保健为主要内容的一门综合性应用科学。主要内容包括基础理论、诊法、中药、方剂、针灸和病症防治等部分。本课程自成体系，相对于现代兽医学，具有独特的理论体系和诊疗手段。旨在培养学生应用中兽医技术防治动物疾病的能力
	兽医实验室检验技术	掌握一般器械的准备和使用方法，了解样品的采集和保存方法；掌握各种血液常规检验的方法，了解各种血液常规检验的临床意义及应用；掌握各种临床生化检验方法、应用、临床意义及注意事项；掌握传染病的实验室诊断技术；掌握寄生虫病的实验室诊断技术；掌握各种肝、肾功能检验方法、应用、临床意义及注意事项；了解微量元素、毒物、药品残留样品检测、应用、临床意义及注意事项
	小动物行为与福利	本课程以了解动物的基本法规、喂养方法、动物福利及动物行为和研究方法等为主要内容。以适应社会需要为目标，使学生具有基础理论适度、技术应用能力强、知识面较宽、素质高等特点
	岗位实习	本课程主要任务是使学生通过岗位实习，其专业技能在生产工作中得到综合训练，提高分析问题和解决问题的能力；培养吃苦耐劳、团结协作、协调人际关系的能力；增强良好职业道德和环境保护意识；提升创新精神和创业能力；提高社会适应能力
	技能大赛	技能大赛主要是一种技能性的课程，它的许多内容是不能够或不完全能够通过语言或其他符号系统传授学习的。本课程中的知识学习内容有两个特点：一是本课程学习中的知识主要是一种操作性、技能性的知识，它不同于其他课程中以认知、理解为特征的知识；二是本课程中的知识学习，包括技能性知识和认知性知识的学习，主要是通过技能实践，而不是通过读书或课堂传习而实现的

续表

课程类别	课程名称	课程目标
专业（技能）课程	毕业设计	毕业论文要以学生本专业领域内有价值或有意义的问题为研究对象；毕业论文的内容必须是反映研究对象的本质与特征的系统化的理性认识，即运用逻辑思维的方法对所研究的问题进行系统的论证；毕业论文要做到论点鲜明、论据可靠、推理合乎逻辑、论述准确、章法严谨、行文简洁生动，尽可能使内容与形式达成有机的统一

（三）职业能力拓展模块课程

畜牧兽医专业的职业能力拓展模块体系

课程类别	课程名称	课程目标
职业能力拓展模块	动物病例解析	动物病例分析是动物医学专业临床课程所学知识的综合和具体运用，其研究对象主要为伴侣动物，旨在提高小动物临床执业兽医师综合分析问题和解决问题的能力。本课程是动物医学小动物疾病防治专业方向的必修课，在已经系统学习了兽医基础知识如兽医基础医学课或临床课程的前提下，训练学生在临床工作中综合应用所学知识进行临床分析、判断的能力
	兽医文化	本课程是为培养动物医学类专业学生的兽医文化底蕴而开设的。课程内容主要由兽医教育、兽医人的就业与创业、兽医发展、万物健康、兽医名人堂、兽医典籍、兽药发展、中兽医发展、中国好兽医、兽医文化育人实践等专题组成。知识点的选取紧紧围绕怎样做一个好兽医的需要来进行，同时又充分考虑了高等职业教育对理论知识学习的需要，并融合了相关行业企业的职业岗位对知识和态度的要求。培养动物医学类专业学生做有自信、懂自尊、能自强、高素养、讲文明、有爱心、知荣辱、守诚信、敢创新的新一代兽医人，争做中国好兽医
	演讲与口才	全面、系统地了解演讲与口才方面的基本知识，以语言为突破口，开发学生的表达、思维、交际等潜能，掌握演讲与口才的一般规律、方法和技巧，从而提高演讲水平与口头表达能力，培养勇气和自信、团队精神和合作精神
	动物医院综合管理与实践	基本掌握现代动物医院管理的概念和思想方法，通过对动物医院管理知识的深入理解和掌握，熟悉医院工作的客观规律及管理方法，了解动物医院管理的发展方向和国内外医院管理新进展，为毕业后的相关实践奠定坚实的基础

续表

课程类别	课程名称	课程目标
职业能力拓展模块	企业文化与团队建设	了解如何将企业的经营理念和个性特质，通过统一的设计加以整合传达，建立具有鲜明个性的企业形象、品牌形象和产品形象，使社会产生一致认同感和价值观，从而创造最佳经营环境，提高市场竞争力的现代企业经营战略
	市场营销	研究企业如何将产品或劳务有效地转移到消费者或用户手中，主要内容包括怎样识别市场需求，分割市场，以及针对目标市场所采取的营销组合策略，如产品策略、价格策略、分销策略和促销策略等
	职业体验	在高职新生入学时引入职业体验课程，不仅可以使学生借此认识动物医学相关职业、了解自我职业发展倾向，也可以避免盲目地选择发展专业。本课程包含三个层面的体验，即职业意识体验、职业知识体验和职业技术技能体验。本课程对学生职业能力培养和职业素质养成起重要引导作用
	跟岗实习	本课程以"宠物疾病诊疗""宠物疫病"等课程为基础，基于职业能力分析，以典型工作任务为载体，通过完成每项工作任务（项目）的分析和制作，将知识的基本理论与实践技能有机地融合，配合临床实践教学，培养学生综合解决问题的能力和操作能力。跟岗实习的目的是通过现场实习，使学生了解专业技术人员实际工作中应了解的基本理论及部分操作技能。本课程对学生职业能力培养和职业素质养成起主要支撑作用
	顶岗实习	本课程构建于"宠物疾病诊疗""宠物疫病"等课程的基础上，基于职业能力分析，以典型工作任务为载体，通过完成每项工作任务（项目）的分析和制作，将知识的基本理论与实践技能有机地融合，配合临床实践教学，培养学生综合解决问题的能力和操作能力。顶岗实习的目的是通过现场实习，使学生掌握专业技术人员实际工作中应掌握的基本理论及部分操作技能。 本课程主要任务是使学生通过顶岗实习，其专业技能在生产工作中得到综合训练，提高分析问题和解决问题的能力；培养吃苦耐劳、团结协作、协调人际关系的能力；增强良好职业道德观念和环境保护意识；提升创新精神和创业能力；提高社会适应能力
	实验室安全管理与规范	本课程内容包括安全与防护、应急急救、质量管理三大部分。学习安全与防护，培养师生养成良好的规范操作和个体防护习惯，提高安全防范意识；学习应急急救，让师生掌握现场逃生和应急救护技能；学习质量管理，熟悉实验室的质量控制和评价，做到科学化管理。本课程旨在倡导安全理念，弘扬安全文化，提高安全意识，让更多的人远离危险，避免伤害

第四节 打破常规,迭代课程内容

一、课程内容的迭代方式

(一)内容更新

农业行业发展日新月异,新的种植养殖技术、农业经营模式不断涌现。高职农业教育课程需紧密跟踪行业前沿动态,及时更新内容。随着精准农业技术的广泛应用,在农业信息技术课程中,应增加智能化养殖设备、卫星定位、地理信息系统(GIS)、遥感技术(RS)在农业生产精准管理中的应用案例与实操教学。实时引入农业企业最新的生产标准和管理规范,让学生所学知识与行业实际需求无缝对接。定期邀请行业专家走进课堂,分享最新的行业发展趋势和实践经验,对课程内容进行补充与完善。

(二)数字化赋能

利用数字化技术,为课程内容注入新活力。创建农业虚拟仿真实验室,学生可通过虚拟现实(VR)、增强现实(AR)技术模拟操作大型农业机械设备、进行复杂的农业生产流程实验,突破传统教学中设备昂贵、场地受限等问题。开发互动式数字化教材,融入视频、动画、3D模型等多媒体元素,使抽象的农业知识更加生动形象。借助在线学习平台,实现课程内容的动态更新与个性化推送,根据学生的学习进度和特点,为其提供针对性的学习资源,提升学习效果。

二、课程内容迭代实例

现以重庆三峡职业学院首批国家级精品在线开放课程"猪疫病防控技术"为例,论述课程内容迭代情况。

(一)理论迭代

1. 引入前沿研究成果

与传统课程侧重于讲解常见疫病的基础理论不同,"猪疫病防控技术"课程紧跟国际国内猪病研究前沿,鉴于近年来非洲猪瘟给全球养猪业带来的巨大冲击,及时纳入非洲猪瘟及快速检测技术的最新研究成果,包括病毒的变异机制、流行病学新特点等。通过深入剖析这些前沿理论,学生可以了解疫病防控的复杂性与动态性。

2. 融合多学科理论

打破单一学科局限,融合免疫、分子生物技术、生物信息技术等多学科理论。在讲解猪疫病免疫防控时,引入免疫学中关于新型疫苗研发的理论知识,如基因工程疫苗、核酸疫苗的原理。同时,结合分子生物学技术,介绍如何利用核酸检测技术快速准确诊断猪疫病,拓宽学生的知识视野,培养其综合运用多学科知识解决猪疫病防控问题的能力。

(二)资源迭代

1. 更新教材内容

传统教材内容相对滞后,无法满足学生对新知识的需求。猪疫病教师团队重新编写或修订教材,并纳入最新的猪疫病防控技术标准、法规以及行业案例。例如,《猪场生物安全》一书将国家最新发布的关于生猪调运过程中的疫病防控规范编入教材,确保学生学习到权威且实用的知识;同时,书中补充了国内外典型的猪疫病防控成功与失败案例,通过案例分析加深学生对知识的理解。

2. 整合线上资源

搭建线上课程资源平台,整合优质的网络教学资源。引入知名农业院校的猪疫病防控精品课程视频、行业专家的线上讲座等。此外,收集网络上关于猪疫病防控的最新资讯、科研论文等,定期推送给学生,引导学生自主学习,拓宽学习渠道。

(三)形态迭代

1. 开展项目式教学

改变传统的以教师讲授为主的课程形态,采用项目式教学。设定"某规模化猪场猪疫病综合防控方案制定""某规模化猪场场址选择与场舍设计"项目,由学生分组完成。从猪场实地调研、疫病风险评估,到制定防控措施、跟踪防控效果等,学生全程参与。在项目实施过程中,学生将理论知识应用于实践,培养解决实际问题的能力。

2. 实施情景化教学

创设真实的猪疫病防控情景,利用 VR 技术模拟猪疫病暴发场景,让学生扮演兽医、猪场管理人员等角色,进行疫病诊断、疫情报告、防控措施实施等环节的演练。通过情景化教学,学生的应急处理能力和职业素养得到提高。

(四)手段迭代

1. 利用数字化技术

借助虚拟现实(VR)、增强现实(AR)技术,让学生身临其境地学习猪疫病防控技术。通过 VR 技术模拟猪疫病实验室诊断过程,学生可以"亲手"操作实验仪器,进行样本采集、检测等操作,增强学习的趣味性与直观性。利用大数据分析技术,对猪疫病的流行数据进行分析,预测疫病的发生趋势,为学生提供更科学的防控决策依据。

2. 采用智能化设备

引入智能化的猪疫病监测设备，如智能体温监测系统、疫病预警传感器等。在课程教学中，让学生了解并掌握这些设备的使用方法，以及如何通过设备收集的数据进行疫病分析与防控，使学生适应现代化养猪业的发展需求。

（五）师资迭代

1. 加强教师培训

定期选派教师参加国内外猪疫病防控领域的学术研讨会、培训课程，及时更新教师的知识结构。鼓励教师深入养猪企业一线实践锻炼，猪疫病教师团队的每位教师每年均有不少于1个月的行业实践锻炼经历，以了解行业最新的防控技术与管理经验，并将实践经验融入教学中。

2. 引进行业人才

聘请具有丰富实践经验的猪场兽医、疫病防控专家担任兼职教师或开展讲座培训，如德康集团万州区总经理郑春晓（全国农业农村劳动模范）、重庆市畜牧科学院院长刘作华（国务院政府特殊津贴享受者），都曾参与课程教学。他们可以带来行业内的实际案例、最新技术应用等一手资料，丰富教学内容，同时指导学生的实践操作，拉近课程与行业的距离。

第五节　打破国界，促进课程"出海"

一、课程"出海"的途径

（一）国际化融合策略

1. 跨学科内容整合

将农业科学、畜牧生产等多领域知识深度融合，形成独特的跨学科课程体系。课程内容应涵盖最新的研究成果、国际标准和实践案例，确保学习者能够掌握国际前沿知识。

2. 国际教育理念引入

借鉴国际先进的教育理念，如以学生为中心的教学方法、批判性思维培养、项目式学习等，提升课程的互动性和实效性。同时，引入国际通用的教学评估体系，确保课程质量与国际接轨。

3. 国际合作与认证

积极寻求与国际知名高校、研究机构及行业组织的合作，共同开发、认证和推广课程。参与国际课程认证，提升课程的国际认可度和竞争力。

（二）定制化输出策略

1. 需求分析与课程设计

深入了解国外合作伙伴或特定行业的需求，包括学习者的文化背景、语言习惯、专业需求等，以此为基础进行课程内容的定制设计。确保课程既符合国际标准，又能满足特定群体的需求。

2. 多语言版本开发

根据目标市场的需求，开发多语言版本的课程，包括英文及其他主要国际语言。确保课程内容、教学材料、评估工具等全面翻译和本地化，提升课程的国际吸引力和可访问性。

3. 灵活多样的学习方式

利用线上课程平台的灵活性，提供远程教学、在线直播、互动讨论、自主学习等多种学习方式。同时，根据学习者的时间和节奏，提供个性化的学习路径和进度安排，满足不同学习者的需求。

（三）技术支持与平台搭建

1. 在线课程平台建设

选择或搭建稳定、易用、功能齐全的在线课程平台，支持视频直播、在线测试、作业提交、互动讨论等功能。确保平台具有良好的用户体验和跨平台兼容性，支持多种设备和浏览器访问。

2. 技术支持与维护

提供全天候的技术支持和服务，确保课程平台的稳定运行和及时维护。同时，根据学习者的反馈和需求，不断优化平台功能和用户体验。

（四）市场推广与品牌建设

1. 多渠道市场推广

利用社交媒体、搜索引擎优化（SEO）、行业论坛等多种渠道进行市场推广，提高课程的知名度和曝光率。同时，与合作伙伴共同举办线上或线下的推广活动，吸引潜在学习者关注和参与。

2. 品牌建设与维护

注重课程品牌的塑造和维护，通过高质量的教学内容、优秀的教师团队、良好的学习体验等方面提升品牌形象。同时，积极收集学习者的反馈和评价，不断优化课程内容和服务质量，提升品牌信誉和口碑。

二、课程"出海"的实例

在"职教出海"的背景下，学校积极响应国家号召，致力于培养具有国际竞争力的高素质农业人才。针对共建“一带一路”国家现代农业产业对猪疫病防控技术人才的需求，启动了一项“定向育人”计划。该计划旨在通过国际化课程合作，打造一套集理论与实践于一体的猪疫病防控技术课程体系，并成功推向国际市场，以满足全球农业产业的迫切需求。

（一）课程设计与实施

1. 课程体系构建

课程团队结合国内外猪疫病防控领域的最新研究成果和实践经验，精心设计了涵盖基础理论、实践操作、案例分析等多个环节的课程体系。同时，课程团队还注重跨学科融合，将兽医学、生物学、管理学等多领域知识有机结合，培养学员的综合素养。

2. 国际化平台搭建

为了拓宽学员的国际视野，课程团队与印度尼西亚、泰国等国家的农业院校和科研机构建立了紧密的合作关系，共同开发了印度尼西亚平台、中泰课程等国际化课程平台。同时，为了满足全球学员的学习需求，课程还推出了中英双语版本，以确保不同语言背景的学员都能无障碍学习①。

3. 实践基地建设

为了增强学员的实践能力，课程团队与国内外多家畜牧业企业合作，建立了多个实践基地。学员在完成理论学习后，可以前往基地进行实地操作，将所学知识应用于实践，提升解决实际问题的能力。

（二）课程“出海”成果

1. 印度尼西亚平台成功上线

印度尼西亚作为东南亚地区重要的畜牧业国家，对猪疫病防控技术的需求迫切。课程团队与印度尼西亚农业院校合作，成功推出了印度尼西亚平台，为当地学员提供了优质的学习资源和实践机会。该平台不仅受到了印度尼西亚学员的广泛好评，还吸引了周边国家的学员前来学习。

2. 中泰课程深入合作

泰国畜牧业发展迅速，对猪疫病防控人才的需求日益增长。课程团队与泰国相关机构合作，推出了中泰双语课程，并组织了多次中泰学员之间的线上交流活动。这些活动不仅促进了中泰两国在农业教育领域的交流与合作，还为泰国培养了一批高素质的猪疫病防控人才。

3. 中英双语课程全球推广

为了满足全球学员的学习需求，课程团队推出了中英双语课程，并通过在线学习平台向

---

① 吴诗源. 职教出海背景下高职酒店管理课程国际化及“一课两翼三融合”升级措施[J]. 当代旅游，2024，22(10)：77-79.

全球推广。该课程不仅吸引了来自世界各地的学员，还得到了国际知名农业院校的认可和推荐。通过在线学习，学员可以随时随地掌握最新的猪疫病防控技术，为全球畜牧业的发展贡献力量。

4. 国际影响力显著提升

随着课程的国际化推广，其国际影响力也显著提升。越来越多的国内外农业院校、科研机构和企业开始关注并寻求与课程团队的合作机会。这不仅为课程团队带来了更多的资源和支持，也为课程的持续发展提供了有力保障①。

5. 人才培养成果丰硕

经过几年的努力，课程团队已经培养了一大批具有国际视野和专业技能的猪疫病防控技术人才。他们不仅在国内畜牧业领域发挥了重要作用，还走出国门，参与国际畜牧业合作项目，为全球畜牧业的发展作出了积极贡献。

① 许新华.高职教育"三借一筑"校企合作模式创新实践范例：以信息技术学院为例[J].河北软件职业技术学院学报，2012，14(3)：15-18，39.

第七章
教学变革:"四轴联动"的体系升级

教学是"产科教"农业园区融合育人这一创新性人才培养模式的主阵地,直接影响园区融合育人的质量和效益。基于农业领域多方利益相关者构建的行业产教联合体——"产科教"农业园区实体化空间,本章从融合育人的教学空间联动、实践性教学方法驱动、教学环节的融通推动及涉农职业能力导向的教学评价机制撬动四个方面擘画融合育人的教学行动体系。

第一节　校园、田园、产业园"三空间"联动

教学空间是以教学活动的发生为存在的前提,由教学活动所涉及的场所、设施、参与者等各因素之间所释放出来的教学影响共同构成的一种存在样态,它是动态发展的,可以随着教学活动的延伸而进行空间的调整与转换[①]。职业教育作为一种跨界教育类型,其教学活动天然具有超校园空间的天然特质。"产科教"农业园区融合育人的教学行动即是在涉农高职院校的校园空间、农业生产的一线田园空间及"产科教"资源融聚的农业园区空间构成的联动空间体系中实施的有组织的教学活动集合。三个教学空间构成了支持涉农专业学生的农业专业知识—农业生产技能—农业职业能力交叉性提升的交替场域,三个空间的交替形式是动态灵活的,依据不同涉农专业的特色属性、农业发展的季节性特色等按需规划空间跳转时间和形式。

一、以农业专业知识流通为核心的校园空间

涉农高职院校校园空间是农业专业知识传授的重要场所,依托教室、实验(实训)室、图书

① 齐军.教学空间的内涵及与邻近概念的关系摭论[J].上海教育科研,2011(4):12-14.

馆及其他校园实体建筑环境为知识流通平台,以纸质或数字化教材、讲义和课件资源、教学多媒体资源等线上线下资源为知识载体,形成由教师-学生、学生-教师、教师-教师、学生-学生构成的专业知识传输网络。

(一)校园空间农业专业知识流通的类型

高等农业职业教育的职业性和技术性本质属性直接规定了农业专业知识的知识论基础,即是以职业导向的技术知识为核心、区别于普通教育的学科知识的农业技术知识体系①。技术知识的本质在于以人的行动直接指向目标,无论是人工制品本身,还是制作和使用过程,都关乎特定专业领域实际问题的解决。简单来说,是关于"做什么""如何做"的知识。具体看,校园空间农业专业知识分为理论知识、职业知识和实践知识②。农业理论知识涉及对农业科学体系的基础性、系统性知识,包括农业系统的技术原理、规律、定律、模型、概念等基于农业领域的实践经验凝练的具有实践指导作用的基础前沿知识,是关于"为什么要这样做""为什么要做"等前置性的技术性问题。农业理论知识是涉农专业学生进入这一专业领域的前置性知识,是专业身份的集中表征。这类知识主要依赖于校园空间的教师通过各种教育技术并使用相应的教学资源而传递至对这一领域缺乏理论认知的学生群体。农业职业知识是关于农业领域的各种职业的专门性知识,包括农业生产标准、规格等领域特殊的规定性知识,农业工具设施设备的性质属性(功能、可用性、外观等)、农业行业的发展状况等描述性知识,这是学生顺利从事农业工作岗位的必要知识。农业实践知识是在前两种知识的基础上,关于农业生产实践中的过程性、方法性、技术性等程序性知识,包括实践流程和过程、实践方式和手段、实践技巧和诀窍等农业职业活动中所需要的知识。这是在具体的农业实践环境中"如何做""怎么做"的知识类型,是农业产业从业人员在工作情境中必须展现的知识。实践知识在校园空间的传递依赖于企业导师进校园、企业设备资源进校园(例如校内产业学院)、校园实验(实训)设施设备、数字化资源等实践知识主体的操作性展示或学生的具身化操作和观摩等。相较于前两种知识,实践知识在校园空间流动更为困难,需要借助校园外的生产实践空间才能有效生成。

(二)校园空间农业专业知识流通的平台

农业专业知识在校园空间的流动必须借助多样化的教学资源,其中,教材和实训资源是彰显职业教育类型化特色的重要载体。教材作为职业教育领域"三教"改革的对象之一,强调教材的职业类型特色,在类型上集中开发服务国家战略和民生需求紧缺领域专业教材、新兴专业和薄弱专业教材、新形态教材等,在主体上鼓励职业院校与高水平大学、科研机构、龙头企业联合开发教材,在教材编写上强调遵循以真实生产项目、典型工作任务等为载体的技术

---

① 徐国庆.开发技术知识:"双高计划"背景下高职院校课程建设的突破点[J].教育发展研究,2020,40(9):47-55.

② Houkes W. The nature of technological knowledge[M]//Philosophy of technology and engineering sciences. Amsterdam:North-Holland Publishing Company, 2009: 309-350.

知识的生成逻辑[①]。在"产科教"融合育人视域下，涉农专业教材开发主体应囊括建政地校企研等专家团队，依据农业专业知识的类型及渐次衔接要求，建立对接农业行业职业标准及岗位(群)要求的教材资源选用和引入、教材编写和出版、教材评估和修订等常态化联席工作机制。在内容形式上，要以农业多链复合，农业＋第二、第三产业的专业知识生成为导向，共建立体化、适应性强的线上线下相结合"产科教"融合教材体系，一方面对接涉农专业群建设对教材内容的模块化、系统化要求，另一方面及时吸纳农业领域的新工艺、新技能、新技术和新规范等，以快速响应领域适应的农业技术技能人才培育目标。实训资源是职业教育高素质技术技能人才成长必不可少的基础，是职业领域的技术知识获取的重要基地。校园空间的实训资源在功能上包括校内实验实训室和校内生产性实训室，在形式上包括实体实操实训室和虚拟仿真实训室。校内实训室作为校园空间承载最多实践知识的教学平台，必须兼顾区域农业产业行业人才需求与学院专业群建设发展需求。一是要做到尽量还原真实工作现场。实训室的仪器设施设备、场地环境等要与真实的农业企业工作环境一致，操作技术、流程要符合真实工作进程；通过与企业建立紧密的合作关系，有效对接农业行业最新的技术标准、操作流程和市场需求，及时更新升级实训课程体系与教育教学内容。二是要做到实训室的专业群覆盖性。专业群建设是高职院校人才培养应对市场复合型技能技术人才需求的必然举措，具体包括实施"专业群＋基地"建设的资源共享模式，覆盖专业群的所有专业的实训需要，整合实训室的基本技能、专业技能与专业群总额和技能训练平台。

(三)校园空间农业专业知识流通的主体间网络

校园空间及其承载的教学资源为农业专业知识提供了对象性条件，但知识在不同主体间的流动依赖于人类行动者之间的教学关系、指导反馈关系、专业发展关系和互惠学习关系等二元关系组的建立。一是教师和学生的教学关系。教师基于校内课堂、实训室、实验基地，以及校园空间的教学资源平台(图书馆、校史馆等)，以讲授法、讨论法、实验法、案例法等多元教学方法向学生传授农业专业知识；在正式课堂实施以外，教师还通过课后辅导交流等非正式教学形式形成和学生的知识传授关系。二是学生和教师的指导关系。学生通过向教师提供反馈或分享自己关于专业学习的见解，帮助教师改进教学方法或更新课程内容，促进农业专业知识在两个主体之间更高效、顺畅地流通。三是教师之间的专业发展关系，即通过构建专业群教师专业学习共同体，成员平等地分享技术知识生产所取得的成果，一方面发挥农业专业知识的整合作用促进高职院校的技术知识开发和生产功能，另一方面促进教师的专业发展。四是学生之间的互惠学习关系。通过创设集体合作学习情境，学生可以在小组讨论、项目合作中互相交流思想、分享知识，从而促进知识的深入理解和应用。

二、以农业生产技能应用为重点的田园空间

田园空间是一个广义的农业生产场所的集合，包括种植业依托的农田、温室大棚、灌溉系

---

① 教育部办公厅.关于印发《"十四五"职业教育规划教材建设实施方案》的通知[EB/OL].(2021-12-07)[2024-11-21].http://www.moe.gov.cn/srcsite/A07/s7055/202112/t20211207_585534.html.

统等，畜牧业依托的牧场、养殖场等，林业依托的苗圃、经济林、森林等，渔业依托的池塘、水库、海洋等，是按照专业群类型划分的特色生产空间。田园空间是超校园边界的以农业生产技能应用为重点的校外教学空间，是农业专业知识在农业一线生产空间中的技能性转化场域。

（一）田园空间农业生产技能应用的类型

作为一种以农业"职业"为导向，开展农业职业研究并利用其研究成果解决农业职业岗位中存在的关键问题、培养农业领域技术技能型人才的学科①，农业生产技能的类型直接与农业生产一线的技能需求以及涉农高职院校专业群建设的技能人才培养目标一致。具体看，面向田园空间的农业生产技能应用类型，按行业领域可分为种植技能、养殖技能、加工技能、林业技能、渔业技能及农业服务技能等；按应用阶段分为前期准备技能（生产空间规划、育种选择等）、生产过程中的技能（作物管理、动物饲养管理等）以及后期处理技能（收获后处理、储存、包装等）；按技能复杂度分为基础技能（简单的农业劳动技能）和高级综合性技能（复杂的农业机械操作、农业科学研究等）；按技能的可转移性分为特定领域的专业技能和通用技能（专业群或农业产业链均可使用的技能）；按技能的复合性分为基于单一学科知识面向单一农业生产环节的单一性技能和基于跨学科的专业群知识面向农业生产多环节的复合性技能；按技能的更新频率分为传统技能（长期稳定，变化不大的技能）和现代技能（随着科技发展而不断更新的技能）。涉农高职院校应以服务区域农业转型升级需求为导向，立足高等职业教育类型化办学属性与农业职教现代化改革方向，通过深度融入田园生产场景，重点强化学生在现代农业技能领域的多环节、复合性、可转移、现代性技能的实践应用，基于田园空间这一全方位、沉浸式的技能实训场景，促进学生亲身体验或参与农业生产过程以加深学生技能认知和操作熟悉度。

（二）田园空间农业生产技能应用的场景

与校内教学空间聚焦学生的农业专业知识生成不同，校外田园空间强调农业专业知识的技能性转化，即是为学生提供农业生产技能应用的实体化场景。田园空间的技能应用场景包括农业实验性基地和生产性基地。农业科学研究是高等职业教育的职能之一，基于田园空间的校外实验基地为涉农高职院校的技术开发和实验教学提供了实体化平台，聚焦农业理论知识的验证和科学方法的训练，涉及农业领域的基础科学实验、应用技术研究、新产品开发等科学研究和技术创新内容。利用实验基地的测试设备、信息技术设备等现代农业装置，教师主要采用实验指导、研究项目、课题研究等教学方法，学生则主要扮演研究助理、实验员、测试员等科研角色，在生成实验报告、研究成果、技术专利等教学成果的过程中应用农业生产领域所需的科研和实验技能。基于田园空间的实训基地则是旨向学生在实际工作环境中的农业生产技能的实际操作训练，涉及种植、养殖、农业设备操作和维护、农产品加工、信息技术应用等农业生产场域实时产生的技能需求的实际操作。利用实训基地的专业生产设备（农业机械、

---

① 侯长林，蒋炎益．职业学科体系构建：价值判断与路径选择[J]．职业技术教育，2021，42(27)：8-14.

灌溉系统等)参与实际工作场景,教师通过案例教学、模拟操作、现场实训等教学方法,学生扮演技术农民、操作员等农业产业工人的角色,实现农业生产技能在应用中提升的技能训练成效。

(三)田园空间农业生产技能应用的支持来源

得益于超校园的社会实践场域承载的多元行动者,学生在田园空间的农业生产技能应用受到学校教师、农民导师、农技推广导师等农业教育推广网络的师资支持。学校教师通过制订详细的实训计划、提供现场指导和技术支持,确保学生能够将理论知识与实际操作相结合,并通过整合跨学科知识,提供现代农业技术培训,鼓励学生参与研究项目,全面促进学生农业技能的提升;同时,教师还承担着联系生产场景中的实践导师的作用,帮助学生和农业行业建立联系。农民导师的来源包括专业合作社带头人、家庭农场主、农业企业负责人等。作为田园空间的生产实践者,他们具有丰富的农业生产和管理经验,能够通过亲自示范和指导农业操作向学生传授实际工作中的经验和技巧。在传授实践技能以外,农民导师在促进"三农"文化传承与创新、提升创新创业精神以及增强学生的农业职业兴趣方面也有支持作用。农技推广导师则在田园空间扮演着技能培训者和行业指导者的角色。他们不仅教授农业实用技术,还通过实践指导和技术推广,促进学生农业生产技能的应用和更新,是学生从理论学习到实际应用、再到职业发展的重要桥梁。

三、以农业全链条能力培育为关键的产业园区空间

农业园区是一个空间划分的,由科技、资金、人才、产业、企业、劳动力等生产要素集聚形成的科技密集、经营规模大、高产值、农业产业链条多、辐射带动强、综合效益大的基础设施平台,主要以县域或镇域为基本单元,由农业企业行业、研究机构、涉农服务供应商(金融、物流、存储等)构成的农业产业集群实体,是一种新型农业发展模式[①②③]。不同部门主体的空间集聚为涉农专业人才的全链条能力培育提供了"产科教"融合的跨界空间。

(一)农业园区空间农业职业能力培育的类型

职业能力作为将工作任务转化为专业教学标准和课程内容的"桥梁",其成功开发对于职业教育培养规格与内容的确定至关重要[④]。农业职业能力培育是涉农高职院校和农业劳动力市场有效衔接的关键联通性要素。农业园区从农业全链条的纵向融合与多业态复合经营的横向融合两方面发挥农业产业的集聚效应,前者是农业生产、加工、销售和服务链条的有机整合,后者是通过拓展农业功能催生智慧农业、休闲农业等农业+多业态复合模式,以农业和第

① 罗其友,刘子萱,高明杰,等.现代农业园区发展机制探析[J].中国农业资源与区划,2020,41(7):14-20.

② 汪晓文,杨光宇.现代农业园区:应重点培育的新型经营主体[J].河北学刊,2013,33(5):118-120.

③ Moratalla A Z, Paül V. What is an agricultural park? Observations from the Spanish experience[J]. Land Use Policy, 2022, 112: 105584.

④ 谢莉花.职业教育反馈机制模型下产教融合的发展要点:职业能力标准与证书建设[J].河北大学学报(哲学社会科学版),2024,49(5):142-151.

二、第三产业的深度融合丰富园区的产业类型[1]。因此，涉农高职院校基于农业园区这一跨界融合空间可以从整体性、综合性视角培育学生的农业职业能力。基于《国家职业技能标准》的工作任务导向，以及职业教育领域的职业能力培育取向，构建了农业园区这一真实的工作情景的农业职业能力培育类型(图 7.1)。

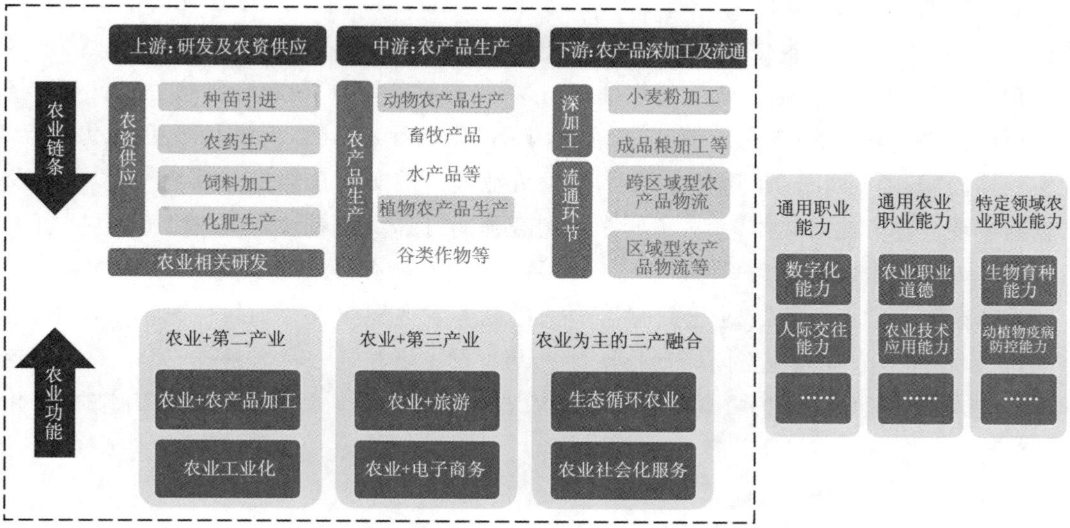

农业园区农业职业能力培育的依据及类型[2]

(二)农业园区空间农业职业能力培育的场域

作为一种区域适应的规模性、范围性农业资源综合实体，农业园区为区域涉农专业人才培养、农业科技创新以及农业产业结构提质升级提供了实践场域。以农业园区为实体化运作载体，产、科、教等部门在地方政府的统筹下将各自的优势资源投放至融合育人网络，构成一个不同行动者来源、不同类型、不同等级的育人资源集合。农业园区将教育资源、技术资源、人才资源集聚在一个空间场域，为教育部门的涉农专业人才培养尤其是农业职业能力培育提供了亲身观摩和实践训练的实体空间和组织场域。农业园区为涉农专业人才的职业能力培育提供了对接现实的产业链和岗位链的实践参照，即涉农专业学生的职业能力标准是专业群能力标准和岗位群能力标准的有机融合。政地校企研要依据园区技术技能需求联合制定实践教学方案，发挥园区利益相关者的资源聚集功能。农业园区为涉农专业人才职业能力培育提供了问题导向、农业职业能力序化生成的基于真实工作现场的实践教学空间。一方面，要以园区生产实践中的真实工作问题共同设计实践教学的流程框架、权责分工、能力目标、评估方式、预期成果；另一方面，要构建校园、田园、农业园区三空间联动的实践教学空间，通过一体化设计理论教学、具身化教学促进学生农业专业知识—农业生产技能—农业职业能力交叉并进的生成机制。

① 孙顶强，梅玉琦，杨馨越．现代农业园区建设能否促进农村产业融合：基于全国 8325 个农业园区的经验证据[J]．中国农村观察，2024(3)：39-61．

② 关于现代农业链条的划分来源于前瞻产业研究院。

(三)农业园区空间农业职业能力培育的主体网络

以涉农院校为主体的教育者应该与企业行业、科研机构等协同教育者的价值链进行整合链接,促进生产性行动者之间的价值增益最大化。而学生作为价值链中的重要消费者,其农业职业能力提升是农业园区空间融合育人主体的共同目标。高水平、结构化的涉农专业教师队伍是"三教"改革的根本性能动主体。农业园区的师资队伍汇集了不同部门的智力资源。在教师来源上,汇集涉农院校的专任教师、涉农企业的职业导师、涉农科研院所的农业科技导师、农技推广机构的农技推广导师,以及农业园区的农民导师队伍,构建专兼互补、人员互聘、理实一体的"五师"队伍。在师资培养上,借助农业园区的实践教学平台、产业实践平台及科技创新平台等师资能力载体,针对不同来源的教师制订异步发展计划,并在"五师"队伍的交流合作育人实践中同时提高其错位发展能力和"产科教"融合育人能力。

总体来看,在"产科教"农业园区融合育人的高等农业职业教育创新性改革实践中,校园空间、田园空间和农业园区空间联动指向涉农专业人才培养这一育人目标,架设了涉农专业学生作为未来农业职业人的农业专业知识—农业生产技能—农业职业能力三环节交叉并进的教学空间。

第二节　项目式、菜单式、模块式"三教法"驱动

以农业园区为重要类型载体的农业行业产教联合体为区域农业职业教育改革创新提供了跨界主体的多元资源集合。教法改革作为职业教育"三教"改革的关键要素,在跨界融合育人空间中能最大化释放职业教育教学的实践性、开放性和职业性,彰显农业职业教育的为农、亲农属性。

一、生产、研发、服务学习三位一体的项目式教学

基于农业园区"产科教"融合机制创新,校企政研等多元主体合作开发了一批实体性项目,为涉农专业实践性教学提供了汇集跨部门主体的真实项目情景。项目式教学自16世纪问世以来,一直是职业教育领域的前沿性教学方法,且在19世纪即用于农业职业教育[①]。项目式学习的核心在于学生在一段时间内基于真实的工作环境对真实的、复杂的问题进行探究,并从中获得知识和技能。

(一)回应农业园区技能需求的生产项目

农业职业教育的目标是培养农业生产、管理、建设、服务等一线的技术技能人才。农业园

① Borroni C, Pimentel-Ávila A, Stoore C, et al. A unique approach to Project-Based Learning (PjBL) in a veterinary anatomy course[J]. Medical Science Educator, 2021, 31: 511-517.

区为学生提供了参与农业生产一线的真实工作场景。基于农业园区组织学生参与农业链条的生产性项目，既能满足园区内企业部分生产需要，又能满足学校实践教学需要，达成价值增值的生产与教育一体化目标。农业园区生产项目主要有两个来源。一是根据园区内农业企业的现时生产特点，依托园区企业的常规性生产项目，例如季节性的种养殖生产项目，以及日常性的产品加工、销售、管理项目等。结合实践教学情景需要，安排不同专业的学生参与到园区农业企业生产团队，通过生产性的工作让学生感知、体验和习得农业链条中的生产技能。二是涉农高职院校要积极探索在农业园区进行生产性实训基地建设的校企合作新模式，主动开发适应园区技能需求甚至牵引园区技能提质升级的生产性教学项目。对接区域特色农业转型升级及园区产业效益提升的市场需求，高职院校应从智能化、生态化、可持续化、在地化等现代农业发展方向，依托学校的智力、项目资源，与园区企业合作开发增值性生产性项目。具体来看，生产性项目教学应遵循如下步骤。一是确定项目的目标——要解决园区农业生产中的何种问题。这一目标必须符合专业规定的核心课程和生产技能以及园区企业的生产技能需求。二是分析支持项目实践所需的园区人力、物力资源，包括校企师资、生产设备设施、生产场所等保证项目顺利运转的资源。三是设计满足企业生产技能需求和学生生产技能训练需求的项目教学计划，明确组织形式、教学安排、学生管理和教学流程等，并明确学生的技能训练目标及园区企业的生产目标。四是项目执行阶段，在校企双导师指导和监督下，学生通过个人实践或小组协作投入特定生产项目，记录项目流程及完成情况，并完成项目报告。五是项目评估阶段，引入园区的利益相关者（企业雇主、师父、政府管理人员、职业院校教师、农民、科研人员等）开展针对学生的生产技能、生产绩效等全方位的交叉性评估，反馈总结后明确后续生产性项目的改进方向。

（二）针对农业园区技术痛点的研发项目

"科教融汇"是党的二十大报告提出的新表述，是高等教育高质量发展的核心理念。高等农业职业教育处于培育高素质技术技能人才的第一线，在促进创业链和产业链对接中承担着工作现场科技成果转化的中介作用。高等农业职业教育的目标不仅是培养技术工人、技术员，还应培养现场工程师、农技推广人才等高素质涉农专业人才。"产科教"农业园区为涉农高职院校主动融入农业农村现代化的新发展格局，与区域农业科技体系、农业产业体系对接，以提升农业全链条的科技附加值为抓手，快速响应区域农业经济发展的高质量人力资本、科技资本需求提供了农业科技研发平台。立足于涉农高职院校的农业科技研发职能，针对农业园区技术痛点的研发项目为学生的农业技术创新能力、农业科研能力和农业研发能力提供了生成场景。农业园区促使学校、企业和科研机构形成更紧密的合作关系，能够共享教育改革和技术创新的成果，并基于园区内的科研设备合作开发研发性项目式教学。面向园区企业的农业科技升级需求，尤其是对接当前园区产业实践中的技术难点，涉农高职院校、企业、政府部门、科研机构应共同遴选或开发潜力大、前景好、效益高的科技项目，在根据项目需要整合、调配多方科技资源的同时，发挥项目平台的育人作用。具体来看，基于园区联合开发的农业技术研发项目的项目式教学首先应建立校企研导师团队，以"导师制"形式开展研发项目教学。其次，要将学生科研项目参与纳入学生人才培养方案和学分要求中，让学生在研发项目中直接接触到行业前沿技术和管理理念，培养学生的农业创新能力。

(三)支持农业园区可持续发展的服务学习项目

服务学习源于欧洲博洛尼亚进程(Bologna Process)中强调的公民大学概念，即是将社会参与融入高等教育，发挥高等教育机构社会服务的第三使命。服务学习(也被称为基于社区或社区参与的学习)是一种创新的教学方法，它将有意义的社区服务或参与整合到高等教育课程中，并为学生提供相应学分。在个体层面，基于农业园区的农业服务学习项目，强调使学生在真实的农业产业实践情境中获得工作经验和农业行业的社会联系，通过让学生直接感受到个人工作产生的实践效益，以提升其职业责任感和归属感，促进他们未来选择农业职业①。在涉农高职院校层面，农业服务学习是提高高等农业职业教育的有效性和适应性，以及发展院校和园区内跨界主体的伙伴关系的有效工具。在园区层面，农业服务学习可以满足或回应生产、研发实践中的人力资本、科技资本和智力资本等需求，维持园区的高效运转，并不断提升产业效益。实施基于农业园区的农业服务学习项目，应以增强学生和以农业园区为载体的农业企业网络的联系、建立对农业职业的尊重和归属感，以及培养“三农”情怀为目标，具体分三个阶段实施。第一阶段是农业服务学习的准备阶段，即农业服务学习项目相关的专业知识准备，可通过校企政研构成的导师团队帮助学生了解项目形式、知识和技能要求以及预期目标。第二阶段是进入农业园区开展特定领域或产业链条的服务学习，将农业专业知识、技能、职业道德和“三农”情怀等元素融入服务学习项目中，发挥农业园区的技能技术、文化环境的育人作用。第三阶段是学生的项目反思，将服务体验与专业课程内容和学习目标明确联系起来，并通过日记、总结性汇报、体验式研究论文等反思技术培养学生的批判性思维，使其进一步地理解服务活动对园区产业实践乃至区域农业产业的影响，并增强对农业行业及乡村社区发展的责任感。

二、跨学科、通识专业、选修必修三位互嵌的菜单式教学

现代农业产业链涵盖产前、产中、产后的复杂系统，涉及研发、生产、加工、储运、销售等多个环节；同时，农业和第二、第三产业融合产生的新业态打破了传统农业的单一发展模式。农业领域的复合型技术技能人才是适应农业技术进步、产业融合和绿色可持续发展的复杂要求，推动农业产业的创新和转型升级的人才基础。技能指向的菜单式教学为涉农高职院校的复合型人才培养提供了基于学生个体职业发挥需求的定制化选择可能。

(一)学科交叉与融合的复合型能力菜单

构建跨学科的菜单式教学体系，需要强化不同学科领域/专业之间的交叉与融合，实现不同农业专业知识和技能体系的深度融合和相互促进，培养解决现代农业领域的复杂问题的综

① Ellerton S, Di Meo C, Kemmerer A, et al. Service-learning as a pedagogical tool for career development and vocational training[M]//Service-Learning at the American Community College: Theoretical and Empirical Perspectives. New York: Palgrave Macmillan US, 2014: 211-224.

合性农业职业能力。涉农职业院校应联合农业园区的利益相关者,结合学校的涉农专业(群)和园区岗位能力需求确定不同专业学生的复合型能力菜单,以之为基础开展专业建设与设置、课程教学设计与实施等人才培养过程。专业和岗位适应的复合型能力菜单的确定需要遵循专业与岗位对接—岗位工作任务化—工作任务能力化—职业能力的拆解、分类和综合。在专业建设与设置上,应形成柔性的大专业口径、小专业定向的配置模式。涉农高职院校可结合区域农业产业结构及专业办学优势建设粮食安全、现代农业技术、智慧农业、乡村发展等专业群,并联合园区利益相关者,依据市场人才需求划分专业群中的子专业,以专业群招生,再根据学生的专业学习情况、兴趣、自主意愿,以及园区表征的区域农业产业人才需求,在中后学段选择小专业进行精深学习训练。在课程设置上,科学分解知识、能力和素质规格要求,系统设计专业核心课程体系及其教学内容,从专业群的职业基础能力、岗位能力、拓展能力渐次衔接的角度对不同学科的知识进行整合。同时,依托农业园区筛选并整合促进学生复合型能力培育的实践性教学资源,实现教学资源的共享和个性化定制。

(二)通识课和专业课并举的通用专业能力菜单

国内外职业教育都注重从通用职业能力、通用专业职业能力、特定领域职业能力方面对毕业生能力进行框架架构。如前所述,顺应现代农业链条的整合和农业功能形态的融合,农业职业能力框架也呈现出通—专—特的层次结构体系(图 7.1)。这对课程结构的通、专设置提出了相应要求。通用职业能力具有广泛的可迁移性,能够帮助学生应对持续变化的工作场景及市场需求。涉农高职院校应根据专业服务的特殊面向及农业职业的特点,科学合理地设计与其人才培养目标相适应的通识课程体系。具体来看,在课程内容上应关注学生未来的职业发展。融入职业适应和转换能力、工匠精神、职业情怀、职业文化、职业伦理、职业品格、国际视野等内容,适应农业职业的区域服务面向,以及当前“一带一路”倡议下职业教育国际化趋势。在教育形式上,应通过三个课堂(学校教室的第一课堂、校外实践场所的第二课堂、社区或园区工作现场的第三课堂)联动渗透通识职业教育,培养学生的农业立业敬业精神和社会责任感。通用农业职业能力是学生未来从事农业职业的基础性职业能力,特定领域农业职业能力则是涉农专业毕业生和其他专业毕业生的职业身份性能力,需要基于园区代表的区域农业产业市场需求定位岗位群及特定岗位的职业能力需求。具体看,涉农高职院校应基于园区利益相关者搭建的信息平台,实时掌握涉农专业人才供需信息和农业全链条职业标准信息(技术技能标准、职业素养标准、岗位规范、职业技能证书标准等),在专业课程设置上对接市场职业能力需求,以职业能力为主线排列组合课程内容及调整实施进度。此外,需科学规划通、专课程的比例及组合方式,使学生通专职业能力相互促进,同时培育何以为生的本领及为何而生的情怀①。

(三)选修课和必修课并重的整体性能力菜单

现代农业职业角色的复杂性,以及这一职业身份表征的专业知识、技能和能力的多元性,

① 袁广林.自由教育的旨趣、流变与现代价值[J].现代教育管理,2016(4):1-8.

要求从一种整体性视角来看待农业职业能力[1]。教师团队应根据学生的职业特质而提供一套完备综合的职业能力菜单,学生可以根据自己的职业特质及职业规划进行相应类别对应层次的自主学习。必修课程围绕涉农专业学生的必备能力、通用职业能力及专业职业能力,所有学生必须修习,旨在从职业人的角度为学生提供农业职业所需的基础专业知识、技能和能力,以及从社会人的角度培养学生的社会适应能力、社会责任感、文化素养、批判性思维等全面发展能力;在课程设置和课程内容的组织上,应从能力培养的整体性视角组合课程教学资源,例如设置知识、能力和情感三维目标。选修课的设置则关注学生职业能力的补充和个性化发展需求,一方面拓宽学生的专业知识面和专业视野,充分发挥学生的学习自主性,提高其关键职业能力;另一方面满足学生专业职业发展需求以外的其他个人价值目标。这要求发挥课程育人的主渠道作用,重视思政课程和课程思政的润育、渗透、入脑、入心的作用。

三、知识、技能、能力三线统整的模块式教学

模块化教学是一种以培养学生职业能力为核心目标的教学模式,它起源于 20 世纪 70 年代国际劳工组织的模块式技能培训。这种教学体系以职业能力本位为导向,教学内容根据其内在逻辑被组织成一系列相对独立的教学单位,即模块。每个模块都包含了一定关联性的内容,并通过特定的活动、方法和手段对相关的知识和技能进行教学与训练,目的是使学生能够获得特定的能力,强调学以致用。

(一)生成基于区域农业职业情境的专题性模块

职业教育的专题模块具有职业情境依赖性,农业园区为涉农高职院校的实践教学提供了多链条、多业态的真实工作情境,包括从种植(养殖)、管理到加工、销售的全产业链流程体验,设备设施和生产实验基地为载体的农业科技创新接触机会,校政企研等来源的指导网络,以及园区不同主体来源的生产研发项目等案例教学资源。在"产科教"农业园区融合育人视域下,涉农高职院校的专题模块设计与开发应最大化利用这一组织场域。专题模块的开发与设计的逻辑起点应是专业对应的园区的典型工作任务,通过对工作任务和工作过程的教学化改造,形成具有完整架构的专题模块体系。涉农高职院校应联合园区利益相关者,尤其是企业雇主和行业专业人士,开发不同专业群、专业的渐次衔接、相互促进又避免重复的专题模块,保证专题模块体系指向的职业能力培育覆盖园区岗位(群)的能力需求。以重庆山地农业特色为例,涉农高职院校的种植专业群的专题模块设计应从山地资源环境、农田宜机化改造技术应用、土地改造与农田升级、智能化与精细化种养等特色专题培养区域适应的现代化农业种植人才。

(二)设计融合知识、技能和能力的独立教学模块

在"产科教"部门联合构建开发的专题模块体系基础上,要对各个独立的专题模块进行针

---

① Cheetham G, Chivers G. Towards a holistic model of professional competence[J]. Journal of European Industrial Training, 1996, 20(5): 20-30.

对性的教学设计。每个专题模块都有强对应的农业岗位链环节，在专业知识、技能和能力上都有整体性的差异化要求。同时，模块的设计要体现不同模块之间的衔接，体现职业活动的逻辑关系和职业能力形成所需一系列行为的先后顺序，促进学生知识的衔接，以及技能和能力的迁移。具体看，单个专题模块围绕一个或多个具体工作环节设计，通过项目驱动、案例分析、模拟实训等教学策略，按专题特征分配理论和实践教学的比例、顺序衔接和教学组织形式，并调度相应的教育教学资源，促进学生整体性的农业专业知识、技能和能力的并进式发展。在模块教学的师资团队建设上，应实行"一双师队伍一模块"制度，保证学校专业课教师和产业、科技部门来源的导师的常态化合作沟通，以集中精力设计和实施特定教学模块，提高专题模块教育的整体性功能。

（三）联通"三园"教学空间的理论和实践教学模块

"三园"教学空间为涉农高职院校的专题模块的理论和实践教学内容提供了弹性交叉的联通平台，能够使理论与实践在单个模块教学阶段快速实时地结合起来，通过模块中理论知识在"三园"空间的实践校验和应用，加深对理论知识的复习和巩固。具体看，专题模块中的理论教学应以"实用、够用、适用"为原则，并吸纳园区生产实践中的前沿理论，融入专题模块的理论教学内容。在教学方式上，基于园区工作情境的实际理论需求，减少理论推导的过程，在实践教学中强化结论性的理论知识点。实践教学模块应基于"三园"空间的实践实训基地资源，从生产实验、生产实践、生产服务三个递进环节设计专题模块的实践教学的内容和流程，尤其是要结合农业行业的季节性特征，合理安排理论和实践教学的交付形式。通过理实一体化的模块教学，培养服务农业园区职业能力结构的涉农专业人才。

第三节　产教、赛证、课创"三融通"推动

"产科教"农业园区融合育人的教学行动是基于跨部门的信息、资源和价值空间，服务区域高素质农业技术技能人才的跨界实践，是体现职业教育自适应性的人才培养模式创新。这一育人范式创新性的发挥集中体现在教育过程中，包含生产和教学过程的常态化链接、课程教学活动和创新创业活动互惠性贯通以及竞赛活动和职业技能教学活动的互联性融合三个层面。

一、产教供需双向对接，共享资源持续更新

职业教育与产业都是社会再生产链条中的一个部门，共同推动社会再生产协调有序发展[①]。微观层面的产教融合即体现为职业教育的生产过程与教学过程的双向对接，形成职业教育与区域产业行业的常态化接触。农业园区为这一对接过程提供了利益相关者协同的资源集聚网络。

① 陈年友，周常青，吴祝平．产教融合的内涵与实现途径[J]．中国高校科技，2014(8)：40-42.

（一）基于农业园区的生产过程教学化

农业生产过程的教学化是指将农业生产的实际操作、技术和管理经验等转化为教学资源、内容和过程，使之成为教育的一部分，以培养涉农专业学生的农业职业能力。基于农业园区这一实践性教学的实体空间，需从三个方面推进园区农业生产过程的教学化转换。一是园区产业资源的教育性开发。园区的企业行业具有丰富的农业产业资源，包括水、电、路、通信等农业基础设施，土地的集约化利用，后勤服务、仓储和生产辅助等农业产业化设施，以及农业人力资源、技术资源、金融中介服务等农业提质升级的智力资源。校企政研应合力推进产业资源的教育性转化，包括基于园区空间的农业职业教育实验实训基地建设，汇集园区内企业技师、乡村土专家、行业专家、创业导师及科研人员等产业人才的实践导师网络的构建，工作任务导向的农业企业行业规范和职业标准等规定的职业胜任力要求开发与组织实践的教学内容，将农业企业生产工艺、技术标准、生产项目、典型工作任务、工程实践案例等产业文书资源转化为工作计划书、质量检测手册、工具书、文件清单等工作手册式教材、新形态教材资源。二是在园区的各个产业环节供给容纳职业教育实践教学的基础设施和人力资源。园区的研发、生产、加工、储运、销售等各个环节都具有实践性教学的功能，尤其是应对当前农业产业结构对农业技术技能人才的跨岗位、交叉岗位等复合性岗位能力和工作任务需求。园区承载各个生产环节的基础设施都应留置或分配相应的教学空间，例如生产技术设备的停工/缓工用教安排，工作场所的学生承载量等；与此同时，各个生产环节应配备企业导师资源，指导学生的实践训练和操作。三是通过强化学徒制实施保证生产过程的教学合法性。园区企业应积极探索现代学徒制，包括面向职业院校学生的现代学徒制和面向企业职工的企业新型学徒制，通过自发设计学徒制项目或与涉农高职院校合作开发学徒制项目，实现企业生产和人才培养的一体化协同，从而保障园区内学徒身份的合法性及其教育培训的常规性。

（二）基于“三园”空间的教学过程生产化

教学过程就是生产的课堂化过程，教学是一个动态的生产演示过程①。基于“三园”空间的教学过程生产化，是指将以涉农职业院校为主导开展的各种实践性教学活动与实际的生产实践紧密结合，并产生企业追求的经济绩效。这一转换过程主要涉及三条路径。一是基于园区生产实践所需的农业专业知识、技能和能力需求，规定教学内容的边界和范围。教学内容的选取、组织与安排应以园区农业产业链条的工作现场或生产研发项目等为主线，对照农业领域的职业标准设计和调整教学内容标准，在融入生产现场的知识需求的同时，还应融入技术技能、职业素养等职业能力要求，推进教学过程的职业能力培育和生产过程的职业能力需求的有效对接。二是教学过程持续释放经济效益。职业院校师生在基于“三园”空间的实践性教学过程中，要产生具有经济绩效的过程性效果或最终性效果，例如，在校内实验实训基地，学校教师和企业导师之间的知识和技能流动可以反哺园区企业的技术增值；参与田园和农业园区实践教学的学生可以作为“不完全”的劳动者服务生产环节的现实劳动力需求，通过

① 宋耀辉，梁小丽，杨锦秀．职业教育“政校行企”协同育人标准体系建设[J]．职业技术教育，2021，42(13)：27-31．

减少园区的劳动力成本、提高生产效率等降本增效方式产生企业期望的经济绩效。三是教学过程的技术创新破解园区技术难题。农业职业教育高质量发展的一个关键支撑路径，即是提升农业科技教学研究项目的比重，靶向性应对区域农业产业结构的技术攻关需求。涉农高职院校应与园区企业合作，共建技术技能创新平台、技术转移机构和孵化器等农业创新创业教育平台，一方面直接培养面向园区的农业科技人才，另一方面直接服务园区现时的技术升级和产品研发需求。

二、课创活动相互贯通，共通内容循环迭代

在"大众创业、万众创新"的战略背景下，构建职业教育的创新创业型发展模式是发挥其市场自适应性的创新性体现。高等农业职业教育对培养高质量高素质的涉农技术技能人才、促进涉农大学生在农业领域的就业创业创新、推动区域农业产业结构提质增效具有重要基础性作用。农业园区汇集了区域农业领域的利益相关者，是一个创新创业要素持续涌动的组织场域，为创新创业型涉农专业人才培育提供了课创活动相互贯通的实践空间。

（一）创新创业元素融入专业课程教学的全过程

创新创业教育活动的本质是基于各种校企合作形式，以专门性的创新创业课程、实践项目或融入专业课程教学的形式，培育学生的创新创业精神、意识和能力，指向学生未来职业生涯中的创新创业行为的融合教育模式。农业园区内容纳了多元类型的创新创业特色载体，包括农村创新创业园区、创新创业孵化实训基地、龙头农业科技企业孵化器、农业众创空间等，为涉农专业学生的创新创业教学活动提供了实体特色载体。涉农高职院校应协同农业园区的利益相关者，将创新创业元素融入专业课程教学的全过程。一是创新创业元素融入学校的专业课程教学，应基于区域农业产业发展现实，明确农业职业教育的创新创业定位，挖掘和整合区域农业创新创业教育的人力、智力和物质资源，以创新创业特色课程开发、专业课程融入创新创业教学内容和目标、创新创业能力纳入专业学习评价等形式扩充学校课程教学的创新创业属性。二是基于"三园"空间开发形式多样、专业职业属性明确的创新创业实践教学项目。基于专业群和园区岗位群的精准匹配，以"三园"空间的创新创业基地为依托，开发和实施具有岗位、职业特色属性的专门性创新创业教学活动，将创新创业教育内容作为专业实践教学的重要内容板块，通过创新创业讲座活动、沙龙论坛、实践项目课题等形式，为学生提供创办企业、商标注册、专利申请、产权保护、法律咨询、投资融资等创业环节，以及农业科技立地式研发、中试转化、推广应用等技术创新环节所需的知识、技能和能力。三是在专业教学全过程引入创新创业导师，来源包括园区企业的管理层人员、区域相关政府部门（人力资源和社会保障部门、发展和改革部门、科技部门、工商和信息化部门、商务部门等）的对接创新创业的工作人员、学校长聘的企业导师等，为学生的创新创业理论教学、实践项目参与提供现实经验的指导。

（二）专业（群）、岗位（群）特色浸入创新创业活动

依据专业（群）、岗位（群）特色开发设计创新创业活动是精准催化学生相关领域的创新创

业行为的前提条件。涉农高职院校的创新创业活动应体现明确的职业性、指向性和时效性，对接以农业园区为代表的区域农业行业的市场需求，促进创新创业活动和专业特色、职业属性的有效对接。一是创新创业教育内容和专业、职业属性对接，精准培养学生在特定领域的创新创业能力。依据涉农专业群和园区农业产业链条的耦合性分析，从专业链对接的岗位链组织专门性、针对性的创新创业教育内容，并设计相应的创新创业训练计划。例如，针对畜牧专业学生，应围绕畜牧业的产业链条、畜牧类型、畜牧业的融合发展产业生态等特色产业环节，设计一体化的创新创业教育内容，并在各个创新创业实践环节安排相应的训练计划。例如，在畜牧技术实践中，聚焦学生的技术研发和推广能力，基于园区畜牧业的规模扩张或业态融合实践提供相匹配的创新创业训练。二是为具有特定领域创新创业意愿的学生提供转置学习或跨专业学习的机会。一方面，涉农高职院校应基于大专业群入学、小专业毕业的宽进窄出原则，支持学生根据创新创业意愿在专业群内转换小专业或跨专业学习；另一方面，为具有创业意愿和行为的学生设置弹性学制，通过放宽修业年限、保留学籍休学创业等灵活调整学生的修业过程，最大化释放学生的创新创业能动性。

三、赛证教学互连融合，共育能力强化升级

职业院校的各种竞赛是职业教育教学中一个重要的子系统，包括职业技能、创新创业、文化艺术等各类竞赛。其中，职业技能竞赛是依据国家职业技能标准，结合生产和经营工作实际开展，以突出操作技能和解决实际问题能力为重点，有组织的专业性竞赛活动[①]，是职业院校实践性教学的重要场景，为专业课程教学提供了实践示范和标杆，是推进产教深度融合的职业技能指挥棒。"三园"空间，尤其是跨界联合的"产科教"农业园区，为涉农高职院校以赛（农业相关竞赛）证（农业专业学历证书、农业领域职业资格证书等）融通教学活动表征的产赛教融合育人模式是发挥跨界共育能力的机制性创新。

（一）农业领域的竞赛标准、教学标准、产业标准的融合

农业领域的各种竞赛标准、专业（群）的教学标准，以及产业行业的职业技能标准和岗位标准等的融合，是将竞赛链、教育链、产业链的运行尺度打通，以明确教学过程依据的基础[②]。基于农业园区这一市域产教联合体的行业特色载体，校企政等利益相关者应联合开发赛证融通的标准体系，以指导"三园"空间多主体协作的赛证育人实践。这具体包括三个方面的标准融合：一是涉农专业（群）的教学标准建设应依据覆盖专业的相关技能竞赛的技术评判标准，以及农业行业领域的职业技能标准和岗位（群）标准，形成对接农业产业结构的技术技能供给体系；二是"三园"空间的实践教学基地建设标准应对接职业技能大赛、创新创业大赛等竞赛训练场地的建设标准，以及园区企业的真实生产场地标准，尤其是通过空间的链接和融合实现实践基地建设标准的趋同；三是实践育人"五师"队伍的师资建设标准的互通融合，一方面依据竞赛标准、教学标准、产业标准组建支持赛证教学的师资队伍，另一方面要依据这些标准

---

① 曾天山.试论"岗课赛证"综合育人[J].教育研究，2022，43(5)：98-107.

② 朱德全，杨易昆.职业教育"产赛教"融合：机理、问题与治理[J].职教论坛，2020，36(11)：31-38.

培育师资队伍的赛证融通教学能力。只有形成基于"三园"空间的跨界行动者协同构建的跨场域互认的农业领域产赛教标准体系，融合育人的行动者才能规范竞赛教学、专业教学、生产教学等实践教学行为，发挥融合育人之于区域农业产业发展的技术技能适应和预测引领效能。

（二）农业领域竞赛指导培训与"1＋X"证书教学过程的融合

职业教育赛证教学过程的融通具体体现为竞赛指导培训与专业学历证书＋职业技能证书教学的交互融合过程。农业职业教育领域的各种竞赛是教育教学成果高端展示的重要场域，以农业领域的竞赛指导培训过程引领专业学历证书和职业技能证书教学是提升涉农专业人才培养质量的重要助力。一是要发挥竞赛指导培训过程的整体性引领作用。农业职业技能竞赛、创新创业竞赛等通过还原真实的农业工作情境，以综合职业能力驱动的完整任务的过程和最终表现为评价依据，是基于"三园"专业教学和实践教学但又高于日常教学并发挥引领作用的集中体现学校高质量教学的重要环节。竞赛的指导培训过程通常汇聚了"三园"空间的优势资源（师资、技术、场所、经费等），以追求竞赛成绩，并提升学校的办学影响力。要将竞赛的要求、规则、成果和经验等融入教育教学全过程，尤其是将竞赛指导培训过程使用的各种优势资源投入日常教育教学过程中，实现高质量教育教学的公共性和覆盖性，为缺乏竞赛参与机会的学生提供接触、感知和使用竞赛资源的机会，刺激涉农专业人才技术技能的整体性提升。例如，校企政可基于农业园区空间共建集竞赛、教学和生产实践于一体的实训基地，扩大优势资源的覆盖范围。二是以农业领域的竞赛标准、教学标准、产业标准的融合体系为依据，开发高质量、产业适应且专业属性突出的教学内容体系，将高水平、竞争性的竞赛内容及企业生产的技术技能内容融入全过程教学，形成赛证教学互通并以人力资本、科技资本增值作用于农业园区的产业增值。

第四节　主体、方式、指标"三评价"撬动

"产科教"农业园区融合育人的教学行动新形态催生了多元主体参与、多元方式组合及评价指标体系重构的新教学评价考核机制；反过来，评价体系的革新可以推动园区融合教学行动的持续改进。基于这一跨界的教学行动网络，应以共建共享为导向，兼顾网络内行动主体领域的多样特征，应吸纳多元主体参与园区育人的教学评价。

一、多元评价主体参与保证评价结果的客观独立性

相较于独立办学追求的育人绩效，园区融合育人涉及了政校企研等具有不同行为逻辑的育人主体，因而具有异质性的行动逻辑。地方政府是在政策执行的科层绩效逻辑和区域农业经济发展的行政绩效逻辑的双重驱动下追求作为一项公共服务的涉农专业人才培养的效率；行业企业等市场组织则是受经济效益和市场竞争驱使而在政策资源的吸引下卷入育人网络。

因此，多元主体基于自身的价值目标和利益诉求参与评价是保障多方主体融合育人网络的稳固性的重要机制保障。

（一）组建农科教部门协同的评价主体网络

遵循《关于加快推进现代职业教育体系建设改革重点任务的通知(2023)》《关于深化现代职业教育体系建设改革的意见(2022)》等党中央政策文件精神，地方政府是农业园区等产教联合体的规划者和管理者，应统筹涉农院校、园区企业、区域行业组织、科研机构等多主体建立涵盖农科教部门的跨界评价主体网络。具体看，应建立政校企研四位一体的评价主体网络，地方政府首先应赋予涉农院校、行业企业及研究机构同等的评价主体权利和地位，尊重各方主体的职能定位和利益诉求。一是建立园区教学行动评价队伍，地方政府统筹组织，吸纳园区毗邻的涉农院校的管理者、教育行政部门产教融合工作的负责人、区域农业行业协会的专家代表、园区企业的管理层和技术骨干、区域农业科研机构的管理者和科研人员、学校教师和学生干部、园区农民代表等园区内的多元行动者，组成农业园区融合育人的教学质量评价领导专家组，以及实施评价的工作队伍，构成保障园区高质量融合育人的专职评价部门。二是建立评价中主体间的信息透明机制，多方主体应基于对其他主体的行动逻辑、利益诉求等的了解，在利益互认、共建共享的基础上构建评价主体之间的互认互通机制。具体来看，农科教部门应在价值追求和行动逻辑上达成互认，以保证评价主体间的持续合作。一方面，政府应协同利益相关者澄清各自的价值目标，在持续的行为意识和资源交换中实现多元主体价值链的整合链接；另一方面，不同主体应共享各自的行动逻辑，以持续的信息和知识交换达致共同理解和尊重。

（二）建立差异化利益导向的评价内容体系

农科教部门的不同行动逻辑指向不同的价值目标追求，因而具有评价内容的差异化主体性偏好。具体来看，涉农院校中的教育者关注的是育人价值，即涉农专业人才培养的数量、质量；作为消费者的学生(包括园区的农民学生)关注的是知识技能提升、体面就业、教育经济回报等主体价值；同时作为生产者和消费者的行业企业关注的是人才培养端到输送端的价值链条；政府则关注教育公平、共同富裕、乡村振兴等社会价值。园区教学评价的内容体系应以不同主体的价值追求为基本依据，建立育人价值、经济价值、社会价值等板块的评价内容体系。在价值取向互通的基础上，政校企研应基于各自的实践场域特性合作引入教学评价标准，包括涉农高职院校的专业课程教学标准、顶岗实习标准、实训实验基地建设标准等，行业企业的职业技能等级标准、技术标准、生产标准等农业产业人才标准，农业科研机构的技术转化标准、行业认证标准、科研项目实施标准，以农科教部门的标准为导向建立相互对接融合的评价内容体系。与此同时，评价内容体系应在实践中不断协商、完善，政府应继续发挥外部监管作用，以清单形式明确园区各主体参与融合育人教学评价的范围和内容，形成权责明确的评价内容分工。

（三）引入农业园区外的第三方评价机构

国务院办公厅《关于深化产教融合的若干意见》提出，要"健全社会第三方评价，积极支持社会第三方机构开展产教融合效能评价，健全质量评价体系"。农业园区融合育人引入专业、独立、客观的第三方机构评价是提高"产科教"融合育人效能的有力支撑。不同于校政企研的单一视角，第三方机构可以综合不同视角来源，并跳出单一主体主导的价值视角，以专业权威构建"产科教"融合育人治理体系的监督制衡机制。首先，政府应协同园区的利益相关者购买第三方评价服务，就第三方评价机构的资质、来源、准入和退出机制达成一致，形成作为被评价方的园区育人主体——政校企研和作为评价主体的第三方评价机构的合法性互认。其次，应搭建园区的校政企研和第三方评价机构的信息共享交流平台，方便多方信息的公布与获取，被评价方依据评价过程及反馈获得教学质量保障的专门性意见，评价方则基于教学过程的全面信息提供更专业、科学的评价结果，由此发挥第三方评估的教学增益效应。

二、差异化评价方式融合保障评价结果的全面性

农业园区融合育人的教学行动的跨界性、多元性和实践旨向决定了教学评价方法的多样化和差异化。"产科教"农业园区汇集了多个社会部门，"产科教"融合育人的教学行动又综合了产教融合和科教融汇的复杂工作任务，因此涉及了多样化的教学流程表现和教学成果输出。构建适应这一复杂性教学场域的评价方式体系是保证评价结果全面、可信、可用的必要条件。

（一）采用多样化评价方式搜集园区教学行动的绩效结果

基于农业园区的融合教学行动在不同教学阶段、不同主体层面输出的绩效结果既具有独立性，也具有交叉融合性，因而，需要采用针对性的评价方式，以搜集多元主体在"产科教"融合育人教学行动过程中的各种表现性成果。在整体的方式方法架构上推进定性与定量数据搜集、过程性和总结性数据搜集、单项教学表现和综合教学表现数据搜集、政校企研及整体性教学行动主体网络的过程结果表现数据搜集等于一体，获得关于园区融合教学行动的饱和数据。具体看，应构建三维立体的评价方式体系。在微观层面，针对学生在"三园"空间的差异化教学任务，形成学校课堂成绩＋田园生产表现及总结报告＋农业园区的实践表现及实验实训报告等多角度、多层次的评价方式，全面反映学生在不同场域的学习成果。在中观组织层面，农科教部门的不同主体应基于各自的利益诉求和行动逻辑，以差异化方式评价主体追求的价值结果，例如，政府部门主要以增加社会价值的结果导向参与融合育人，应更多使用总结性评价；企业则以经济绩效增值为目的，更倾向使用过程性的实习实践表现和总结性的实践项目报告等方式。在宏观层面，应从整体上评价"产科教"融合的整体性教学成效，既包括在日常实施过程中的动态性、形成性评价形成的阶段性教学评价报告，也包括在更大的时间尺度上（季度、年度等）形成的总结性教学质量报告。

(二)建立教学活动评价过程的自查和他查相结合的监督机制

教学活动评价过程的监督机制是保障农业园区高质量融合育人的重要基础。在园区育人主体联合评价和引入第三方机构开展独立评价保障评价结果的科学性、客观性以外,还需对整个评价过程执行自查和他查相结合的监督机制。一方面,在农业园区组建的教学评价主体网络之外,应增设一个教学评价的多元监督专组,即负责对多元主体参与评价的过程进行监督,包括评价方法使用是否合理、评价流程是否科学、评价内容和标准是否公开透明,以及评价主体的具体操作是否合规等。另一方面,要在评价主体网络内部建立常规性的自查制度,在每个阶段的教学评价任务结束后,所有参与评估的人员需要进行自我检查,以回顾并审视他们所使用的评估方法及其实施过程,并通过记录评价活动过程,形成自查报告的形式归档评价资料,作为评价过程监督的参考资料。自查、他查互为补充的融合育人教学行动的评价过程,是切实保障政校企研在内的不同主体参与"产科教"融合办学的权益的有力抓手。

(三)搭建信息技术支持的评价监管反馈机制

中共中央、国务院印发的《深化新时代教育评价改革总体方案》强调要不断创新评价工具,充分利用人工智能、大数据等现代信息技术,提高教育评价的科学性、专业性和客观性。现代农业园区作为新技术集合体,应利用大数据、人工智能、云计算等新兴信息技术搭建"产科教"融合育人教学评估的智能化平台,动态监测育人成效并提供实时反馈。一方面,要利用农科教部门的信息技术资源,构建信息技术驱动的"产科教"融合育人大数据库。应基于相关大数据基础设施,对融合育人教育教学全过程、不同主体的表现信息、跨部门的信息资源进行整合、共享,实时监测园区融合育人中的问题和矛盾,形成有效、及时的教学反馈。另一方面,推进教学评价技术的数字化转型,包括利用数字算法模型构建动态更新的教学评价模型,使用数字化技术监测学生的学习过程,以及"五师"队伍的教学指导过程等,以大规模的动态数据库支持园区融合育人的评价信息实时反馈,且能以概率计算等大数据方法形成评价反馈的预测功能,不断改善教学过程以释放育人绩效。

三、分维分权评价指标体系确证评价结果的科学性

在园区农科教部门共同协商形成的评价内容体系的基础上,明确评价的具体内容和分级指标,以及各个指标的重要性程度(权重分配),是确证评价结果的科学性和可用性的技术保障。而评价指标的确立必须有一个标准准则和质量特征的描述①,这依赖于园区农科教部门基于各自的利益诉求和职能优势进行持续磋商以拟定。具体看,"产科教"农业园区融合育人的教学评价指标体系搭建有两个步骤。

① 张宏亮.行业企业参与职业教育质量评价研究:指标体系、实施路径及保障机制[J].中国职业技术教育,2015(33):5-9.

(一)搭建多方标准和多元内容融合的评价指标体系

评价指标体系的搭建是评价驱动园区融合育人实践改进的基础性工作,这首先需要明确评价标准和评价内容。涉农高职院校构建多元主体参与的评价体系时,应以利益相关方的差异化诉求为逻辑起点,系统整合不同场域形成的标准规范与内容框架,形成具有多维适配特征的评价内容清单,同时,需要考虑其现实可行性及实践导向性。前者要求针对园区融合育人的教学评价标准应具有现实操作性,是基于区域农业产业结构的发展现实、融合育人参与主体的资源禀赋,以及职业院校涉农专业学生能力的最近发展区等现实基础确定的可及性的评价标准;后者强调发挥评价标准的实践改良和预测功能,标准设置应体现对现代农业职业教育服务区域农业产业转型升级的预测性、引领性,即鞭策参与主体以更高标准、更高质量且更具前沿性的育人实践指向区域农业职业教育和农业产业的互惠性跃升。在评价标准和评价内容体系的基础上,融合育人参与主体应进一步协商教学评价的具体指标体系。在学生评价层面,需涵盖育人主体共评的学生专业知识、专业技能、职业能力等,以及设备操作能力、农业生产技能、项目实践能力等下级指标;在教师评价层面,应包含对"五师"队伍的差异化评价指标,例如针对学校教师的专业理论教学能力、专业实践教学能力等的评价,针对园区农民导师的实践教学示范能力、实践教学指导能力等的评价。总之,应尽量贴合"产科教"农业园区融合育人这一强职业实践旨向的教学行动,开发全面、系统、科学的教学评价指标体系。

(二)建立政府统筹的指标权重赋值流程体系

在确定了"评什么"的基础上,各项评价内容的重要性及对评价结果的影响程度需要在政府统筹下协同融合育人的参与主体共同商定。一是指标权重赋值方法的确定。在政府统筹的评价方案制定过程中,应兼顾园区企业、区域行业组织、学生、涉农院校、涉农科研机构等利益相关者的不同价值需求,综合采用专家咨询法和层次分析法计算评价指标的权重系数。指标赋值的专家既包括由园区育人参与主体构成的跨部门专家,也应纳入区域高水平高校、教育行政部门的评估督导机构的教学评价专家,从园区内外两个视角、园区主体的利益需求和外部评价主体的专业权威等综合视角进行科学权威的权重赋值、分值转化工作。二是在参与主体间保证权重赋值流程的公开透明性。在专家咨询过程中,对参与主体构成、评估指标、数据来源进行公开,在园区融合育人主体之间实时公开专家咨询的流程及赋值情况,并就异议之处不断协商,最终形成各方利益和价值共享、责任共担、目标共创的教学行动过程。

第八章

师资建设："启智润心"的金师队伍

习近平总书记提出，大国良师需要有"心有大我、至诚报国的理想信念，言为士则、行为世范的道德情操，启智润心、因材施教的育人智慧，勤学笃行、求是创新的躬耕态度，乐教爱生、甘于奉献的仁爱之心，胸怀天下、以文化人的弘道追求"。师资队伍是链接教育场域人才培养、科研场域技术创新、产业场域成果转化的重要桥梁和纽带。"产科教"融合与产教融合、科教融汇模式相比，更突出产业、科研、教育三元组织对创新的作用，融合层次更高、程度更深。在"产科教"农业园区建设过程中，一批又一批扎根基层、扎根一线、扎根课堂、扎根车间的大国良师以躬耕报国的志向奉献产业发展，不断赋能农业产业新质生产力。重庆三峡职业学院经过多年紧密对接企业，服务当地产业，组织专、兼职师资团队立足三峡库区开展调研和研判分析，根据师资类型、定位、目标分别搭建了产学研联盟(共同体)、教师发展分中心、教师企业实践流动站、生猪产业创新学院、"田间学院"等平台，形成了集交流、实践、育人、服务于一体的平台格局，为产科教师资团队提供了良好的教学科研环境和成长空间，有助于提高教师的教育教学水平和整体素质。因此，应聚焦国家现代产业发展，持续发挥平台作用，不断提高专业带头人的领军能力，骨干教师的创新能力及行业影响力，培养造就高水平教师教学创新团队。

第一节　组建"五师"混编师资队伍

职业教育师资队伍建设问题牵涉面较广，不仅要增加经费投入、优化资源配置，还应着力破除现有体制机制障碍。传统的"校企合作""工学一体"，采用的是合作联盟形式，其合作关系不固定，形式松散，成效参差不齐，极大限制了职教资源配置与产业发展的协同性。《中华人民共和国国民经济和社会发展第十四个五年规划和2035年远景目标纲要》提出，建立高等学校、职业学校与行业企业联合培养"双师型"教师机制。要解决职业教育师资队伍建设中的问题，关键是要紧扣国家经济产业发展战略和人才开发规律，探索符合现代职业教育发展需要的多元联合师资培养模式，更加充分发挥市场在资源配置中的决定性作用，更好发挥政府在关键领域的调控作用，促进人才制度建设和人才治理效能更好转化融合。

高职院校围绕培养模式、创新机制、现状分析、路径分析、问题与对策等方面开展了对"双师型"教师队伍建设的研究与实践。重庆三峡职业学院、成都职业技术学院、南充职业技术学院等多所院校围绕产教融合背景下"双师型"教师队伍建设开展了实践性的研究。研究发现：高职院校教师队伍建设存在师资来源单一、能力构成单一、兼职队伍不稳定、培训流于形式、教师团队合作意识薄弱、认定标准不统一、评价和激励机制不完善等问题。

一、职业学院"五师多能"型教师引培存在的问题

从职业院校的角度来看，要积极参与地方经济发展，通过产业学院、产教融合共同体、产教联盟等多种形式，实现与行业、企业的精准对接，从松散式校企合作走向实体嵌合式产教融合，共建一支专业素养过硬、具有行业发展前瞻性思维、实践技能与研发能力强的"多师多能型"师资队伍就成了重点任务。目前面临以下几个问题。

（一）高水平行业专家引入难度大

高职的学制为3年，如果按照学生入学时的行业需求进行人才培养目标的制定而缺乏对未来的规划，容易导致学生毕业时所具备的技能落后于产业的发展。因此，专业建设要具备前瞻性，需要引领产业发展的行业专家和职业教育专家共同牵头成立"双师多能型"教师队伍。然而，引入高水平行业专家具有一定的难度，行业专家的工作饱和度很高，能投入到校企共建的时间和精力有限。

（二）"五师"队伍构成失衡

高职院校的大部分教师来自各大高校，以博士、硕士为主，并且设置了年龄条件要求。尤其是近年来多所高职院校为了升格为职教本科，对于具有博士学位教师的需求日益增加。高学历的师资队伍对于科研发展具有积极的推进作用，但是这类教师往往行业实践经验有限，在短期内对于高职专科层次学生实践技能提升的作用不大。行业引入人员则由于工作重心在企业，缺乏系统的教法训练，教学效果不理想。

（三）"五师"团队融合性不够

由于企业教师在学校内的时间有限，他们更多的是以座谈、访问、调研、讲座的形式参与校企合作，参与程度不深、合作层次较浅。企业技术人员无法脱岗参与学校教学，在分享行业核心技术时也有所保留。学校教师的主要工作为教学和科研，深入企业学习的时间相对短暂，也难以掌握真正的核心技术。想要形成知识结构互补、教专能力互促的稳定的"双师型"教师队伍，还需要一定的时间。

二、"产科教"农业园区"五师多能"型团队的具体类型

(一)产科教高职学校以"双师型"为主的专业教师

"双师型"教师是高职教育教师队伍建设的特色和重点,教育部发展规划司发布的《2023年全国教育事业发展基本情况》显示:本科层次职业学校专任教师3.08万人,高职(专科)学校68.46万人①。教育部教师工作司司长任友群在2022年"教育这十年"的新闻发布会上介绍:"'双师型'教师在专业课教师中的占比过半""高职学校本科及以上学历专任教师占比99%,研究生及以上学历专任教师占比41%。"中国教育科学研究院发布《2023职业教育改革与发展报告》,指出"师资队伍高质量发展进入新阶段",突出表现是:"'双师型'教师认定工作扎实推进""职业学校兼职教师队伍建设有了政策依据和实践探索";教育部遴选国家级职业教育教师教学创新团队立项建设单位485个,2023年认定111个国家级职业教育教师教学创新团队,建立国家级校长培训基地43家。我国农业高职教育自1996年试办至今,实现了快速发展、特色发展。《农业高等职业教育质量发展报告(2023)》显示,截至2022年,涉农高职院校有294所,占全国高职院校的19.33%;专任教师总数为15.5万人,其中,拥有高级职称的校内教师总数占比31.73%,"双师型"教师占比58.54%。总体来看,包括农业高职教育在内的高职教师队伍规模不断壮大、结构不够合理、教师素质参差不齐。随着国家实施职业教育教师素质提升计划,教师队伍不断优化、整体素质和能力得到全面发展,为职业教育高质量发展提供了有力支撑。

(二)"产科教"农业园区企业导师

实行导师制是企业培养员工的一种重要方法。它是指富有经验和技能的资深管理者或专业人员与经验不足但有发展潜力的员工之间建立起来的支持性师徒关系。师徒关系具有职业功能、社会支持功能和角色榜样功能。其目的是利用企业导师的指导作用,让新员工能够在最短时间内成为企业发展的新动力。高职院校企业导师制兼有以上两者的作用,一般来说,高职院校企业导师由企事业单位中具有丰富专业知识和技能的资深管理者或技术专家担任。他们以带领学生走访企业、了解行业,举办"紧跟产业、紧贴行业、紧扣职业"的知识讲座,主要通过指导学生职业规划、创业项目,引进企业文化等方式协同进行学生培养,用企业家的视角引导学生熟悉企业情境,提升职业素养和专业认知,培养职场意识,以实现高职教育培养生产、建设、管理、服务第一线需要的技术应用型人才的总体目标。

(三)"产科教"农业园区农业职业经理人

农业是国民经济的重要支柱产业,对于确保食品安全和国家经济发展具有重要意义。随着农业现代化的进程,农业职业经理人在农业生产、农产品加工和农业供应链管理等方面的需求越来越大。农业职业经理人是一个非常热门的职业。现在,越来越多的农场建立起来,

---

① 陈琳.产教融合赋能"双师多能型"师资队伍培养的对策与路径[J].创新创业理论研究与实践,2024,7(20):73-75.

尤其是最近几年，在政府政策的大力支持下，很多农场规模还是比较大的，所以农业职业经理人这个职位很受欢迎。农业职业经理人是指在农业领域拥有专业知识和管理技能，负责农业生产、经营和管理的人员。他们需要了解种植、养殖、农业机械、肥料、农药等方面的知识，能够有效地规划和执行农业生产计划，管理农业生产过程中的人力、物力和财力等资源，以确保农业生产的高效、稳定和可持续发展。此外，他们还需要关注市场变化，制定销售策略，推动农业产品的营销和品牌建设。农业职业经理人通常在农业企业、合作社、农民专业合作社、农业科研单位、政府机构等单位工作。

（四）"产科教"农业园区行业技术专家

农业园区行业技术专家是指在农业园区内具有丰富实践经验和技术专长的专家，他们负责农业技术的研发、推广和应用，以提升农业产业的技术水平和生产效率[①]。这些专家通常具备以下特点：一是专业技能深厚。农业园区技术专家需要在其专业领域内有深厚的知识和技能，包括但不限于作物种植、病虫害防治、土壤管理、农业工程、动物疾病诊疗技术、动物生产管理技术、动物繁殖技术等。二是创新能力强。他们需要具备较强的创新能力，能够不断探索和尝试新的农业技术和模式，以适应不断变化的市场需求和环境因素。三是沟通协调能力强。技术专家需要与政府部门、研究机构、农业企业等多方面进行沟通和协调，因此需要具备良好的沟通能力和团队合作精神。四是培训和指导能力强。农业园区技术专家需要能够培训和指导农民和技术人员，传授先进的农业技术和管理经验，帮助提高整个团队的技术水平。五是长期奉献意愿强。农业技术的推广和应用往往需要较长时间的坚持和努力，技术专家需要有足够的耐心和责任感，为农业产业的可持续发展贡献力量。通过这些努力，农业园区行业技术专家在推动农业现代化和农村经济发展方面发挥着重要作用。

（五）"产科教"农业园区技术能手

"全国技术能手"是由劳动和社会保障部（现人力资源和社会保障部）技能人才评选表彰办公室组织进行的对优秀技术工人的评选认可称号[②]。获得"全国技术能手"称号是一种极高的荣誉，代表了在专业技能和技术创新方面的卓越成就。这不仅是个人职业生涯的一个重要里程碑，也是推动个人和行业发展的动力。全国技术能手通过比赛将自己的创新成果应用于实际生产，推动技术创新，有利于推动产业升级，提高企业的竞争力[③]。他们的技能水平高，能够提高生产效率和产品质量，有利于企业降低生产成本，提高经济效益。全国技术能手通过参与社会公益活动，为社会的发展作出积极贡献，传播企业文化和技艺，提高社会的文化素养。综上所述，全国技术能手不仅是个人荣誉的象征，也是推动社会和技术发展的重要力量。

---

① 张代涛."335"乡土人才培养模式的探索与实践[J].襄阳职业技术学院学报，2021，20(6)：6-10.

② 陈炜轩，黄涛，彭永健，等.陈卫民技术能手创新工作室：打造创新型人才培养"金字塔"模式[J].中国电力教育，2024(6)：25-26.

③ 肖雪丽.地方高职院校乡土人才培养的探索与实践[J].襄阳职业技术学院学报，2022，21(1)：5-7，122.

三、打造"五师多能"型职业师资团队的重点举措

(一)完善制度

充分发挥市场作用,建立联合办学制度,整合职业院校、科研机构、行业企业、职业培训机构等各方,搭建"职业教育联合体",变"各自为战"为"协同作战"。一是强化顶层设计,紧盯产业发展趋势和人才市场需求,统筹规划职业教育专业设置和师资队伍建设;建立与职普招生规划、职业院校和技工院校教育规模比重相联动的经费核算制度,切实保障教职工待遇和教学经费。二是完善人力资源市场与职业教育供需协调机制,统筹区域协调发展与技能人才资源开发,实现教师培养体系与课程体系建设的动态调整,推动职业教育从规模粗放型向质量集约型转变。三是优化教师资源配置,强化职称评审标准中对一线实践经验的要求。

(二)衔接标准

适应经济发展方式转变、现代产业体系建设,紧扣前沿科学理论和生产技术建立教师队伍建设标准体系,完善"双师型"教师队伍建设的评定制度,培养大规模、高素质的职业教育师资,以更好地支撑现代职业教育体系建设。进一步整合形成集录用、培养、教学、实践于一体的师资专业能力综合开发模式,特别是要将参与校企合作作为教师业绩考核内容,将生产经营实践经历纳入教师评聘、晋升条件,将理论教学与实践教学相结合,将企业生产标准与教学内容、教学方法相对接。加大对专业结构的优化调整力度,全面对标企业生产实践,打造与"产业链"相匹配的"专业链",鼓励将校内实验与校外实训相结合、科研项目研究与生产活动相结合,通过课堂教学、实验教学、工程实训等方式,将教学授课、师资培训、生产实践相融合,持续提升教师专业技能、职业素养和创新能力。

(三)盘活机制

采用多样化的人才选用方式,多渠道拓宽"双师型"师资来源,全面激发教师队伍活力。深度升级"校企合作",以企业为主导,以职业院校为重要支撑,以科研机构、社会组织为有益补充,鼓励地方开展混合所有制、股份制办学改革试点,特别是形成院校与行业企业等多元主体联合培养师资的"共赢"模式,加强教师在校企间的双向流动,鼓励企业高技能人才作为兼职、专职教师到学校任教,共享优质师资。还可将职业院校优秀毕业生回聘兼职任教,提升实践教学环节的学生实践指导能力,通过学校间联合办学、师资共享等方式,互聘联聘教师、返聘高级专家、聘任兼职教师等。

四、"产科教"农业园区"五师多能"型教师培养路径

产教融合的内涵在于产业与教育融合、企业与学校融合、生产与教学融合。"双师多能型"师资队伍建设的内涵在于团队专业素质、实践技能、教学能力的培养,要求具有复合型的知识能力结构,构建有序结合、能力互促、知识互补的专兼职教师团队。

(一)优化团队结构,壮大师资队伍

首先,要关注团队人员构成问题。高职院校的专业教师往往具备高学历但一线企业工作经验缺乏,而高职院校培养的人才面向的是企业,对于实践能力的需求优先于学历要求。其次,要考虑从具有较大的社会影响力和较强的社会责任感,能够对学校专业建设起到助力作用,与学校目标一致且能够合作共赢、责任共担的企业中选择行家里手、能工巧匠,补充师资队伍。学校招聘人才,也应该从结果导向的角度,适当拓宽准入机制,积极引入有丰富经验的一线人才。最后,要充分考虑行业示范引领作用,引入具有行业影响力的专家、职业能手作为领军人物,从近期、中期、远期 3 个阶段制定师资队伍发展目标。

(二)形成共同愿景,能力均衡发展

专业教师在企业教师的带领下采用跟做项目、跟岗培训等方式学习行业知识,提升实践能力;企业教师在专业教师的带领下提高理论水平,掌握教学方法,了解高职教育的认知规律,提升教育教学水平。双方的交流互通需要依托一个交流平台,如产业学院,并落地到具体的建设任务上。通过共建一个专业、共进一个企业、共育一批学生、共上一门课程、共做一个项目、共编一本教材,互相沟通交流,达成共同的愿景,实现能力取长补短,共同提升。

(三)深化产教融合,师资双向流通

校企合作的双方需要形成利益共同体:企业为学校带来行业新动向、新知识,提供新项目,补充新案例,提升专职教师的职业水平和专业能力;学校凭借理论优势和科研优势帮助企业解决技术难题,推动产品研发和新技术的研究。通过挂职锻炼,企业实践锻炼,以及企业派驻工作人员入校共建产业学院、共建项目、共育人才等方式,校企双方实现人才共享、双向流通、共同成长。校企双方紧密围绕国家经济发展战略需求尤其是重大战略需求,共同制定人才培养、科技服务、技术创新等一体化发展机制,形成产教融合命运共同体。

(四)完善保障机制,促进队伍发展

“双师多能”型师资队伍承担了更多的建设任务,付出更多,完善的考评机制和激励机制能够促进队伍建设的良性发展。通过工作量相互认定制度、考评奖励、绩效分配和职业晋升倾斜等增强团队成员的认同感、自信心和获得感,从而激发其工作动力和创造力。值得注意的是,需要考虑风险管控,如考虑合作企业管理层更迭导致的前后衔接断层,合作计划有变甚至停滞等问题,在制定保障机制时需要提前协商,达成一致意见,以进行风控约束。积极参与政府相关部门、高校、行业龙头企业牵头的产教融合大会,通过交流协作、博采众长,凝练形成具有特色的“双师”培养模式。

通过专业共建、项目共建、共同投标、校企“双元”开发新形态教材、师徒制育才、社会服务平台共建、探讨如何深入行业、密切联系企业、培养“双师”队伍的工程实践能力,将职业素养、思政教育和实践能力融于专业教育教学,达到“双师”素质专业性、职业性与教育性“三性融合”,形成来源复合、能力综合、合作密切、队伍稳定、能力突出的“双师多能”型团队。

第二节 践行"五师多能"团队的培养路径

基于新时代背景和政策导向，农业高职教师队伍建设目标应是打造团队命运共同体。其时代内涵丰富，应具备活跃的创新思维和创新能力、扎实的服务产业发展的专业技能、健全的制度体系和实施科学管理。具体来说应具备以下一些素质和能力。

一、更新教育理念，培育创新思维，开设"游教"课堂

2022 年 12 月 27 日，时任教育部职业教育与成人教育司司长陈子季在新闻发布会上表示，"职业教育功能定位由'谋业'转向'人本'，更加注重服务人的全面发展。职业教育是促进就业的重要途径，但绝不是单纯的就业教育。"这实际上明确了职业教育的定位，即"服务人的全面发展"。陈子季的讲话也对窄化"职业教育是促进就业的重要途径"的片面认知进行了纠偏。素质教育是促进受教育者全面协调发展和个性充分发展相统一的教育，职业教育功能定位回归于"人本"，就是强调职业教育的本质是素质教育，侧重于实践技能和实际工作能力的培养。因此，应将坚持以学生为本的教育理念作为职业院校办学育人的指导思想和行为准则。高职教师都要基于学生主体地位的认知，深化内容设计，更新教学方法，从仅仅关注学生对知识技能的掌握程度，转为关注学生个体素质能力提升与发展。这就提示在"双师型"教师队伍建设过程中，要重视引导教师更新教育理念，所有育人行为都要服务于学生全面发展的需要。这也是推动形成教师团队共同价值观的过程、促进教师专业发展的重要举措和建设"双师型"教学团队的重要内容。落实到具体行动上，一是学校通过组织教育政策宣讲会、解读会，让教师认识到树立现代教育理念的重要性和必要性；二是二级院系以育人目标愿景为根本指引，辅以专题培训，潜移默化地使教师将更新教育理念外化成具体行动。

重庆三峡职业学院大力开展"田间创客"项目，开设"田间游教"课堂。近五年来，重庆三峡职业学院 391 名专业教师、103 名产业技师、80 名创业导师组成了"田间创客"队伍，游设"田间课堂"行走办学，为乡村多方式注入"农活"新动能。

（一）"田间创客"行走式教学

根据农时季节和乡村需求，采取"合并同类项"方式，以乡（镇）村为单位按需组班。学院 270 余名导师轮流在"田间学院"组班授课，年均累计达 180 班次。根据产业特色，派驻"田间创客"队伍奔赴乡村，开创田间讲座，开设夜校课程，开办行走课堂。

（二）"田间保姆"家访式传技

近两年来，万州、巫溪、云阳等区县田间学院"游教小分队"，带领村民创办稻渔综合种养合作社 29 个、青脆李果业基地 3 个、电商平台 1 个，助力打造"腊肉人家""稻渔香""花果山"等 7 个乡村旅游品牌。

（三）"田间农博"问需式答疑

依托学院博士后科研工作站，90余名"田间农博"长期"上云下地"，创建田间云上资源库，采取村民"点课求学"、老师"问需施教"的教学方式，为村民解惑答疑。近两年高职扩招的1280名乡村大专生，在家乡"干中学，学中干"，示范引领乡村科技。

二、目标愿景和价值观引领，聚焦产业发展，构建"三体系"

重庆三峡职业学院以"双高"建设为契机，立足高水平技术技能创新服务平台打造，发挥农业办学优势，专业链紧密对接产业链、创新链，以服务区域经济社会发展、促进乡村振兴为目标，深入推进科技服务、产教融合、产研融合等工作，持续为乡村振兴提供智力服务，支撑引领区域乡村全面振兴和农业农村现代化。学院着眼于教师团队建设和学校事业发展需要，构建和完善教师团队协作共同体、教师职业发展体系和教师培训体系，汇聚干事创业、协同发展的合力。

（一）组建"1＋N"产业帮扶团队

学院大力支持二级院系申报校级、省级和国家级教师教学创新团队，遴选培育以专业群为单位的教师教学创新团队，明确目标任务，构建以四级教师教学创新团队为引领的纵向架构，以点带面，示范引领和辐射带动各专业教学团队建设。同时，鼓励校级以上教师教学创新团队"走出去"，与科研院所、合作企业和产教融合型实训基地、外校相同专业领域的省级以上教师教学创新团队共同组建横向协作共同体，深化交流合作、资源共享和协同创新。基于育人和项目合作需要，各教学团队可打破专业和身份壁垒，共享资源、信息和经验，组建若干混编的创新团队。纵向贯通、横向融通、内外协同、进阶发展，有机构建教学团队层次化、生态型、立体式协作网络，破解教学团队发展方向不明、内外协同不力、共享型跨界平台不足和资源优化配置受限等堵点、卡点问题，助推形成"三全育人"格局。

为发挥科技服务团队协作功能，按照"专业对接产业"原则，根据区域产业发展现状及学院优势专业力量划分，学院组建1个科技特派员服务团，组建动物疫病防治科技服务团队、经果林科技服务团队等在内的7个产业服务团队。产业服务团队结合区域产业发展技术需求，发挥专业优势，分散对接各乡产业、区域农业企业等机构发展中存在的技术难题，定期开展技术帮扶活动，将学院科研成果转化为助力乡村产业发展的动能，在生猪养殖、芦花鸡养殖、古红橘种植开发、青脆李种植等产业发展方面解决了一系列技术难题。

（二）开拓"1＋N"产业帮扶体系

科技人员以学校为主阵地，不断扩大科技对接产业发展半径，拓展帮扶阵地。科技人员充分利用学校市级农业技术推广中心、博士后工作站、校级科研平台等科研试验资源条件，前往"田间地头、农家小院、工厂车间、乡镇村社"等科技服务阵地，面对面调研农户技术需求，手把手指导农户技术操作。将服务过程中形成的技术难题带回学校，利用试验仪器、专家资源，攻破技术壁垒；在对接产业发展过程中拓展多个"一线"技术帮扶阵地，拓宽服务空间，增加受益面。

学院制定并健全了教师开展产业帮扶发展体系，畅通教师分类培养职业发展路径，激发教师积极工作的内驱力，提升团队的活力和战斗力。根据发展定位、学科特色等因素，明确教师团队建设的长短期目标，明确引进、培养和使用人才的方向与策略；设立教学型、科研型、教学科研并重型、社会服务型岗位，构建不同岗位教师的职业发展路径，合理匹配教师不同发展阶段的成长机会和资源，形成以新入职教师—骨干教师—专家型教师为主线的教师职业发展体系。允许教师，特别是新入职教师，根据自身的专业特长和团队内部角色定位进行职业规划，实现分类发展、个性化发展。实行"一师一案"，采取以老带新的个性化培养方式，帮助教师快速成长。设置纠偏机制，允许教师换赛道发展，从而使教师充分发挥各自的特长与优势。尝试研制校级高职教师职业标准，使之成为全体教师的根本遵循和职业规范；建立教师成长档案、团队与教师沟通机制，推动教师职场胜任力、自我满意度与工作认可度达到动态平衡，实现教师个体与团队共同成长。

（三）对接"1＋N"产业发展，完善教师培训体系

基于前期打造的"一村一品"或"一镇一品"，如：分水镇青脆李种植产业、龙驹镇芦花鸡养殖产业、太龙镇古红橘种植产业，产业集群效应开始显现，依托于每个乡（镇）村发展的特色主导产业，学院科技人员积极对接各乡镇"1"个特色主导产业的专业技术需求，促进特色主导产业发展。当前乡村产业发展技术需求具有多元化、动态变化等特征，产业帮扶内容在实践中不断延伸至农业电商技术、先进农资使用技术、农产品保鲜贮藏等"N"个技术需求领域；由科技特派员服务团精准对接其他衍生需求，不断扩展产业帮扶深度，确保技术服务成效。

推行"一师一策"的产科教教师个性化培训计划，重点加强教育理念、创新思维、师德师风、教法与现代教育技术应用的专题培训。深化产教融合，多元协同搭建线上线下、内外结合的培训平台。依托线上平台和资源，组织交流研讨，学习科学、人文和教育学、心理学方面的基础理论知识，钻研两门以上相关学科的专业知识和专业技能，积极开展职业教育的研究和探索，将新理念、新观点、新技术内化为多种能力，使自身由单一学科型人才向人文、科学、技术融合的跨学科多能型人才转变。有计划地支持教师参加"国培""省培"和"三名"培养计划，鼓励教师外出参加国内外的学术会议、短期访学，加强与外校和同行交流，拓宽视野，吸取先进的教学科研经验。

（四）实施"1＋N"产业帮扶方式

在产业帮扶过程中，学院以往采取以"实地技术指导"为主的传统服务方式。实地技术指导具有便于沟通、易查找问题、解决问题效率高等优点，但也存在时空限制问题，需要产业技术需求方与学院技术人员协调好见面时间，保证双方在场。为了提升技术帮扶效率，学院创新服务方式，引入"线上科技帮扶"，通过建立技术帮扶微信群、QQ 群等方式，在"云端"解决

科技与产业发展问题。农户通过手机拍摄照片或视频的方式将难题发送给科技人员，科技人员将处理办法及意见反馈给农户，若遇线上沟通解决不了的情况，则安排时间专程前往解决。此种帮扶方式突破了时空限制，凸显了经济帮扶效果。

三、机制创新，"五平台"锻造"五师"，发展"五能力"

（一）建立产学研联盟（共同体），培养"领军能力"

学院创新产教融合模式，牵头成立了中国生猪产业职业教育产学研联盟，并与牧原集团、重庆市畜牧科学院、华中农业大学等单位共同成立国家现代猪业产教融合共同体；同时，为促进教师成长发展，连续举办了 3 届"中国生猪产业职业教育高峰论坛"。学校专业群带头人多次在全国会议作报告交流，并牵头编写国家新闻出版署"十四五"重点出版物规划丛书 12 部，其行业"领军能力"得以不断提升。

专业群带头人在职业教育高峰论坛发言

专业群带头人在中国畜科论坛发言

专业群带头人在生猪产业体系年会发言

专业群带头人在全国宠物产业融合发展论坛作学术报告

（二）建立专业群教师发展分中心，培养教学能力

适应职业教育教学改革需要，建成专业群教师发展分中心，为 34 名青年教师制定教师个性化、专业化培养方案，"一人一策"实施"双师型"教师培养计划，明确教师阶段性考核目标；定期邀请校外专家开展教师教学能力、科研能力等专题培训，实行交流学习制度，外派教师学习交流分享心得；要求课程团队定期集体备课，组织院级教师教学能力比赛，实现以赛促教、以赛促改。

重庆三峡职业学院"十四五"重点出版物部分图书封面展示

(三)共建教师企业实践流动站,培养实践能力

组建专业群专家指导委员会,组织企业、行业专家进校交流,建立校企人员双向流动、相互兼职常态化运行机制,完善兼职教师聘任制度;聘请国家生猪产业体系岗位专家、外籍专家、企业能工巧匠等共同组成专家顾问团,结合兼职教师队伍,打造具有技术技能优势的校外兼职教师团队;与正大集团重庆区共建重庆市级示范性教师企业实践锻炼流动站,定期安排教师进行实践锻炼和校外实习指导;建立教师校外实践基地,与重庆市畜牧科学院、万州区农业农村委员会共同开展基地运行管理,定期安排教师到基地实践。

(四)建立生猪产业创新学院,培养创新能力

与正大集团重庆区共建"正大生猪产业创新学院",校企共同开展人才培养模式改革创新,此产业学院被立项为重庆市级现代产业学院;依托产业学院,校企共同制定现代生猪产业链人才培养方案和课程标准,共同开展"双师型"教师和"骨干教师"提升计划,开展聚焦现代生猪产业高端创新型技术技能人才培养,培养 29 名创新型骨干技术人才;不断总结创新经验,落实"职教出海"政策,为 5 个共建"一带一路"国家输入国际标准 7 项。

聘书
LETTER OF APPOINTMENT
兹聘请 王昌红 同志为重庆三峡职业学院动物科技学院畜牧兽医专业群人才培养“产业教授”，聘期五年。
此聘
重庆三峡职业学院动物科技学院
二〇二〇年九月二十日

聘书
LETTER OF APPOINTMENT
兹聘请 肖春阳 同志为重庆三峡职业学院动物科技学院畜牧兽医专业群人才培养“产业教授”，聘期五年。
此聘
重庆三峡职业学院动物科技学院
二〇二〇年九月二十日

聘请技术骨干为“产业教授”

聘书
LETTER OF APPOINTMENT
兹聘请 陈福龙 同志为重庆三峡职业学院动物科技学院外聘教师，聘期五年。
此聘
重庆三峡职业学院动物科技学院
二〇二〇年九月二十日

聘书
LETTER OF APPOINTMENT
兹聘请 张发伟 同志为重庆三峡职业学院动物科技学院外聘教师，聘期五年。
此聘
重庆三峡职业学院动物科技学院
二〇二〇年九月二十日

聘请技术骨干为外聘教师

（五）建设“田间学院”，培养服务能力

秉持将职业教育办到“农村的田坎上、农民的心坎上、农业的命脉上”的育人理念，采取“田间创客”行走式教学、“田间保姆”家访式传技、“田间农博”问需式答疑等有效举措，致力于游训“在乡人才”发展、游助“返乡人才”创业、游育“入乡人才”扎根，在重庆市万州、云阳、巫溪等 9 个区县设置“田间学院”16 所；通过送教下乡、科技下乡、服务下乡开展技术技能培训，采取院坝课堂、行走课堂、田间课堂、移动教室等混合式教学方式，实施教师、学生、村民无缝隙交叉互动，“手把手、面对面、全覆盖”育人，实现教师服务能力提升的目标。

（六）成果成效

专业群已成功立项国家级职业教育教师创新团队 1 个，重庆市高校创新研究群体 1 个，重庆市高校黄大年式教师团队 1 个，重庆市生猪产业技术、家禽产业技术创新团队 2 个，重庆市职业教育教师教学创新团队 1 个；培养重庆市级职业教育中青年领军人才 1 名，全国技术能手、全国轻工技术能手 3 名，农业农村部名师名课 1 名，重庆市黄炎培职业教育杰出教师 1 名，重庆市巴渝学者青年学者 1 名，重庆市级中青年骨干教师 1 名，校级骨干教师 29 名，“双师型”教师比例 95.74%；柔性引进“国家万人计划”教学名师 2 名，国家产业体系岗位专家 5 名；聘请企业能工巧匠 45 名，聘请优质兼职教师 54 名，专兼职教师比达 53.47%。

重庆市教育委员会

2020年高校创新研究群体立项（培育）
名单公示

根据《重庆市教育委员会办公室关于开展2020年高校创新研究群体申报工作的通知》（渝教办函〔2020〕46号），经学校申报、专家评审，同意重庆大学“危化品智能传感技术研究”等35个高校创新研究群体立项（培育），现予以公示。

公示时间：2020年6月22日—6月26日。

公示期内，如对公示名单有异议，请以书面形式向市教委反映。以单位名义反映的应加盖公章，以个人名义反映的应署真实姓名、身份证号和联系电话。我们将对反映的问题进行调查核实，并为反映人保密。

联系人及联系方式：王滔，廖小华；63633551，63862091；cqjwkjc@163.com。

重庆市教育委员会
2020年6月20日

18	全科医学与慢病照护教师团队	重庆医药高等专科学校	何 坪	学校经费支持
19	无人机应用技术专业创新教学教师团队	重庆航天职业技术学院	刘昭琴	学校经费支持
20	畜牧兽医教师团队	重庆三峡职业学院	张传师	学校经费支持
21	人工智能与大数据技术教师团队	重庆财经职业学院	徐 兵	学校经费支持
22	“传承·服务·育人”公共文化服务与管理专业群教师团队	重庆文化艺术职业学院	梁 跃	学校经费支持
23	工业机器人技术教师团队	重庆科创职业学院	仵艳英	学校经费支持
24	城市轨道交通类专业群教学教师团队	重庆公共运输职业学院	唐春林	学校经费支持

重庆市教育委员会
2022年1月5日

重庆市高校创新研究群体公示名单

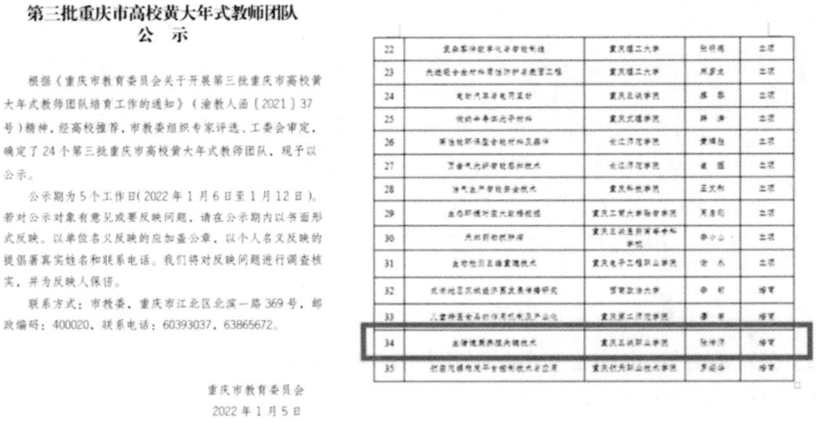

第三批重庆市高校黄大年式教师团队
公 示

根据《重庆市教育委员会关于开展第三批重庆市高校黄大年式教师团队培育工作的通知》（渝教人函〔2021〕37号）精神，经高校推荐，市教委组织专家评选、工委会审定，确定了24个第三批重庆市高校黄大年式教师团队，现予以公示。

公示期为5个工作日（2022年1月6日至1月12日）。若对公示对象有意见或要反映问题，请在公示期内以书面形式反映。以单位名义反映的应加盖公章，以个人名义反映的提倡署真实姓名和联系电话。我们将对反映问题进行调查核实，并为反映人保密。

联系方式：市教委，重庆市江北区北滨一路369号，邮政编码：400020，联系电话：60393037，63865672。

重庆市教育委员会
2022年1月5日

22	[illegible]	[illegible]	[illegible]	[illegible]
23	[illegible]	[illegible]	[illegible]	[illegible]
24	[illegible]	[illegible]	[illegible]	[illegible]
25	[illegible]	[illegible]	[illegible]	[illegible]
26	[illegible]	[illegible]	[illegible]	[illegible]
27	[illegible]	[illegible]	[illegible]	[illegible]
28	[illegible]	[illegible]	[illegible]	[illegible]
29	[illegible]	[illegible]	[illegible]	[illegible]
30	[illegible]	[illegible]	[illegible]	[illegible]
31	[illegible]	[illegible]	[illegible]	[illegible]
32	[illegible]	[illegible]	[illegible]	[illegible]
33	[illegible]	[illegible]	[illegible]	[illegible]
34	[illegible]	[illegible]	[illegible]	[illegible]
35	[illegible]	[illegible]	[illegible]	[illegible]

重庆市高校“黄大年式”教师团队公示名单

团队取得国家级教学成果奖二等奖等国家级标志性成果63项，重庆市脱贫攻坚“集体嘉奖”等省部级标志性成果200余项，教师综合水平显著提升，学生就业质量不断提高。团队聚焦生猪产业开展职业教育改革的做法得到了广大同行的高度认可，学校已成为引领中国生猪产业职业教育改革的先行者。

第三节　创新“五师多能”教师培养环境

当前我国职业教育正在深入推进校企合作、产教融合。为此，近年来国家层面颁发了一系列政策文件，为推进产教融合的深化与发展保驾护航。例如，2017年国务院办公厅印发了《关于深化产教融合的若干意见》；2019年国务院印发的《国家职业教育改革实施方案》中强调

"促进产教融合校企'双元'育人"；2022年党的二十大报告进一步强调"推进职普融通、产教融合、科教融汇"；2023年国家发展和改革委员会等部门印发了《职业教育产教融合赋能提升行动实施方案(2023—2025年)》。职业教育作为一种类型教育，产教融合是其最本质的类型特征。深化产教融合需要多方力量支撑，其中教师是关键，职业教育深化产教融合需要一种与其类型特征相匹配的教师，即"双师型"教师。2022年10月，教育部印发了《关于做好职业教育"双师型"教师认定工作的通知》，制定了职业教育"双师型"教师基本标准[①]，这既是对职业教育"双师型"教师评判标准的规定，也是对职业教育"双师型"教师模样的一种刻画，同时引导着职业学校与企业、行业和政府形成合力，共同培养服务现代农业产业园区的"五师多能"型教师。学校、企业、行业和政府同向同行、通力合作，构建同频共振、协同赋能的环境是"五师多能"型教师培养的重要途径。

一、产教融合教师培养的学校环境

职业学校是"五师多能"型教师培养的主体，也是"五师多能"型教师队伍建设的发起者和推动者，在与企业、行业和政府协同开展"五师多能"型教师培养环节中发挥着基座和桥梁的关键作用。

重庆三峡职业学院充分利用重庆市现代职业教育体系、市域产教融合联合体和行业产教融合共同体、产业学院等"政校行企互动"平台，积极拓展队伍培养的方式和途径，推动教师"双师"素质的持续提升，形成了独具特色的"五师多能"型教师队伍建设的校内培养环境。

(1)制度保障：政策先行。学校先后出台了《双师型教师培养管理与认定办法》《外聘教师管理办法》《教师产学研践习管理办法》《柔性人才引进与管理办法》等一系列文件规定和激励措施，从制度和政策导向上鼓励教师提升"双师"素质和能力。成立专业建设指导委员会、三峡库区现代农业产业园区，创建订单班、劳模技能大师工作室，组建教学团队等师资交流互通体系，助力"五师多能"型教师成长。

(2)量身定制：进行个性化培养。通过聘请第三方对学校各级领导及各专业群、各层级专业教师进行深入调研，分析师资能力状况和培训需求，根据每位教师具体的能力和素质条件，量身定制相应的培训内容和培养方案。

(3)培训培养：专职教师提升。实施专业教师"双师"素质提升计划、兼职教师团队建设计划，构建起以校本培训为基础，省部级、国家级培训为重点和出国培训为载体的教师终身学习体系。

(4)校企一体：有效对接企业[②]。创新构建"校企一体，双元双向"现代学徒制模式，使"教师"与"技工"有效地对接与融合，教学任务由学校教师和企业技术人员或师父共同承担，形成"双导师制"。

(5)借脑把脉：企业专家领军。组建由专业建设指导委员会、企业兼职专业带头人、企业

---

① 张正.高校企业导师制的实践路径探索[J].中国成人教育，2014(21)：98-100.

② 王希旗.高职院校个性化人才培养的实证研究：以"首席工人、技术能手带徒工程"为视角[J].黑龙江高教研究，2012，30(7)：132-134.

专兼职教师共同构成的办学"智囊团",指导学校调整专业结构,优化课程设置,改革教学内容,强化实践教学,传递行业最新动态和信息,实现校企对接。

(6)企业轮训:教学内容与生产发展同步①。安排专业教师下企业轮训,了解现代企业的新技术、新工艺、新设备,熟悉企业职业技能要求和管理体系,及时更新专业教师的专业知识,提高其动手技能。

(7)反哺社会:提升服务社会能力。组织"百名教师下企业、百名技师进校园"的"双百工程",让专业教师走进企业,为企业解决技术问题,在服务企业的过程中提升研发、服务能力。

(8)参与行业:紧跟行业企业步伐。邀请中国畜牧业协会、中国柑橘协会、重庆市畜牧兽医协会等行业协会来校开讲,并引导教师加入协会。依托行业协会,将校企合作由"点对点"转变为"点对面",使教师在专业技术能力和水平上不断攀升,在行业中保持领先。

二、产教融合教师培养的企业环境

企业作为职业教育的重要参与方,其独特的环境为"双师型"教师培养提供了沃土,在"双师型"教师培养过程中发挥着多方面的赋能作用,包括提升教师的实践技能、推动课程开发与更新、改进教学方法、培养教师的职业素养及促进产学研合作等。通过实际案例可以看出,企业与学校的深度合作能够有效促进"双师型"教师队伍建设,提高职业教育质量,培养出更多符合企业需求的高素质技术技能人才。因此,加强企业与学校的合作,充分发挥企业在"双师型"教师培养中的作用,是推动职业教育发展的重要途径。

(一)产教融合教师培养的企业优势

1. 企业提供真实的工作场景

企业拥有真实的生产、运营和服务场景,这是学校难以完全模拟的。例如,在现代畜牧生产企业,教师能够深入生产车间,了解鸡蛋从出栏肉鸡到烤鸡生产和加工的完整流程,熟悉各类先进的智能化养殖设备和工艺。在农业机械企业,教师可以参与现代农机产品的研发、测试等环节,掌握最新的技术标准和行业动态。这种真实的工作场景让教师亲身感受企业的工作氛围和要求,将实际工作中的问题和解决方案带回课堂,使教学内容更具实用性和针对性。

2. 企业拥有丰富的项目资源

企业日常运营中会承接各种项目,这些项目涵盖了不同的技术领域和业务范畴。以现代生猪大数据企业为例,可能涉及软件开发、系统集成、数据分析等多种类型的项目。教师参与到这些项目中,不仅能够提升自身的实践能力,还能将项目经验融入教学。比如,教师参与了一个企业生产数量管理软件的开发项目,在项目中掌握了最新的软件开发技术和项目管理方法,回到学校后,可以围绕该项目案例开展教学,让学生了解软件开发的实际流程和团队协作模式,培养学生解决实际问题的能力。

---

① 潘龙领,王丽琴.高职院校企业导师制的探索与实践[J].常州信息职业技术学院学报,2014,13(3):10-12.

3. 企业具有前沿的技术与设备

随着科技的快速发展，企业为了保持竞争力，会不断引入先进的技术和设备。在智能制造领域，企业大量采用工业机器人、自动化生产线、物联网技术等。职业院校的教师到企业实践，可以接触并学习这些前沿技术和设备的操作与维护。例如，重庆三峡职业学院现代农业机械专业的教师到一家智能制造企业实践，学习了工业机器人的编程与调试技术，回到学校后，能够更新教学内容，开设相关的实训课程，使学生能够跟上行业技术发展的步伐，毕业后更快地适应企业工作。

4. 企业拥有专业的企业文化

企业文化是企业在长期发展过程中形成的价值观、行为准则和团队精神等的总和。不同企业具有独特的企业文化，如创新、协作、严谨等。教师在企业环境中，可以深入了解并融入企业文化，将其传递给学生。例如，在河南牧原和广西杨翔现代生猪农牧企业以创新为核心文化的科技企业，教师会感受到企业鼓励员工勇于尝试新方法、新思路，不断进行技术创新的氛围。回到学校后，教师可以引导学生树立创新意识，培养学生的创新思维和创业能力。

（二）企业在"五师多能"教师培养中的赋能作用

1. 实践技能提升

企业为教师提供了实践操作的平台，使教师能够将理论知识转化为实际技能。以园艺技术专业教师为例，到现代园林和休闲旅游等企业实践，教师可以学习风景园林设计、园艺栽培等实际操作技能。通过休闲生态旅游企业和实际项目的实践锻炼，教师可以掌握观光农业、休闲旅游项目的标准流程和技巧，学会处理各种突发情况。回到学校后，教师能够更生动地讲解现代园林设计等课程，指导学生进行实践操作，提高学生的职业技能水平。

2. 课程开发与更新

企业的实际需求是课程开发的重要依据。企业可以为教师提供行业最新的技术标准、岗位要求和职业资格标准等信息，帮助教师开发出符合市场需求的课程。例如，在电子商务行业，随着直播带货等新兴业务的兴起，企业对电商人才的需求发生了变化。电商企业与职业院校合作，为教师提供直播带货的业务流程、营销策略等方面的信息，教师据此开发出"直播电商运营"等新课程，更新了原有的电商专业课程体系，使学生所学知识与企业实际需求紧密结合。

3. 教学方法改进

在企业实践过程中，教师可以学习到企业中高效的沟通协作方式和问题解决方法，并将其应用到教学中。例如，企业中常用的项目管理方法，如敏捷项目管理，强调团队成员之间的密切协作和对变化的快速响应。教师将这种方法引入课堂教学，采用项目式教学法，让学生分组完成项目任务，培养学生的团队协作能力和问题解决能力。同时，教师还可以借鉴企业中的案例教学法，将企业实际发生的案例引入课堂，引导学生进行分析和讨论，提高学生的学习兴趣和分析问题的能力。

4. 职业素养培养

企业注重员工的职业素养培养，如责任心、敬业精神、团队合作精神等。教师在企业实践过程中，会受到企业职业素养文化的熏陶。例如，在一家制造企业，员工严格遵守生产流程和质量标准，具有强烈的责任心和敬业精神。教师在企业实践中，深刻体会到这些职业素养的重要性，回到学校后，通过言传身教，将这些职业素养传递给学生，有助于培养学生良好的职业道德和职业行为习惯。

5. 产学研合作推动

企业与学校合作开展产学研项目，能够促进教师的科研能力提升和技术成果转化。例如，某职业院校的教师与当地的一家农业企业合作，开展了一项关于农产品保鲜技术的研究项目。在项目研究过程中，教师充分利用企业的实验设备和生产数据，结合自身的专业知识，取得了一系列科研成果。这些成果不仅应用于企业的生产实践，提高了企业的经济效益，还为教师的教学提供了丰富的案例和素材，提升了教师的科研水平和教学质量。

三、产教融合教师培养的政府环境

政府在产教融合教师培养中扮演着至关重要的角色。政府通过制定相关政策法规、提供资金支持、搭建合作平台等方式，为教师培养创造了良好的政策环境、经济环境和社会环境。这些环境因素相互作用、相互影响，共同为产教融合教师培养提供了强大的动力和保障。

重庆市政府和重庆市教育委员会均出台了一系列鼓励企业参与职业教育的政策，对积极参与产教融合的企业给予税收优惠、财政补贴等支持。重庆市政府和万州区政府通过构建政企协同机制，创新性地推进产教融合型教师队伍建设。市级政府与教育主管部门联合出台《产教融合型企业认定管理办法》，建立包含税收减免（最高达应缴税额 30%）、专项补贴（年度最高 500 万元）、信贷支持等立体化激励政策包。这一制度创新有效破解了传统校企合作中的“校热企冷”困局，截至 2023 年 6 月，全市已认证产教融合型企业 217 家，共建产业学院 43 个，形成“双师型”教师企业实践基地 58 处。重庆三峡职业学院与企业共建 3 个“双师型”教师企业实践培养基地，与正大建设集团等企业共建 4 个产业学院。

在政策引导下，企业深度参与教师专业发展已形成制度化安排。重庆三峡职业学院通过实施“教师企业驻岗计划”，要求教师每年完成不少于 40 个工作日的企业实践，参与企业技术研发项目年均达 20 余项。这种双向渗透机制促使企业最新技术标准（85%以上）和真实项目案例（年均转化教学案例 300 余个）及时反哺课堂教学，推动专业课程更新周期缩短至 1.5 年。跟踪调查显示，参与项目的教师实践教学能力提升率达 92%，所授课程学生满意度达 94.6%。

地方政府在教师培养体系中发挥着关键赋能作用[①]，主要体现在三大机制建设：其一，构建“1+N”政策支撑体系，通过《职业教育校企合作促进条例》等法规明确各方权责，建立政校

① 辛桂瑜，詹萍，卢呈，等. 新农科背景下加强耕读教育涵养“三农”情怀的意义及路径探究：以玉林师范学院为例[J]. 智慧农业导刊，2023，3(21)：146-149.

企三方联席会议制度;其二,创新财政投入机制,设立产教融合专项基金,实施教师企业实践津贴制度(人均补助标准达 100 元/天);其三,搭建数字化产教融合平台,依托“渝企云”大数据中心实现校企资源智能匹配,平台累计为学院促成技术攻关项目 20 个,开发新型活页式教材 36 部。

这种政企协同赋能模式产生了显著的溢出效应:近三年重庆三峡职业学院毕业生对口就业率提升 5.7%,企业满意度达 91.2%;“双师型”教师占比从 2019 年的 52%提升至 2023 年的 78%;产教融合创新成果获国家级教学成果奖 2 项。该实践为破解职业教育教师队伍建设瓶颈提供了可复制的制度范式,对完善现代职业教育治理体系具有重要理论价值和实践指导意义。

(一)产教融合教师培养的政府机制

1. 政策支持体系

政府出台的一系列政策为产教融合教师培养提供了坚实的指导和保障。2017 年,国务院办公厅发布的《关于深化产教融合的若干意见》明确提出,要强化教师实践能力培养,建立教师定期到企业实践的制度,鼓励企业技术和管理人才到学校任教。这一政策为教师培养指明了方向,强调了实践能力在教师专业发展中的重要性,推动了学校与企业之间的人才交流与合作。

各地政府也纷纷出台相关政策,支持产教融合教师培养。例如,重庆市万州区发布的《推动万州区职业教育高质量发展建成全市职业教育重要增长极的三年行动计划(2023—2025 年)》,提出要构建区内职普融通、市内协同三峡库区、国内辐射川鄂毗邻和国际通达“一带一路”的职教发展新格局,提升职业教育基础能力、创新能力、示范能力和带动能力,在全市率先实现职业教育高质量发展,将万州职教打造成重庆市职业教育“三地”的重要增长极。此外,重庆市教育委员会等部门还发布了《深化现代职业教育体系改革服务成渝地区双城经济圈建设实施方案》等与职业教育发展相关的文件,也涉及三年左右的发展规划和具体举措等。

政府还通过制定相关法律法规,为产教融合教师培养提供了法律保障。如《中华人民共和国职业教育法》明确规定,职业学校、职业培训机构可以聘请行业组织、企业、事业单位及其经营管理人员、专业技术人员和高技能人才担任专职或者兼职教师。这一规定为企业人员进入学校任教提供了法律依据,促进了产教融合教师队伍的多元化发展。

2. 资金投入机制

政府在教师培养上的资金投入是保障教师培养质量的重要因素。资金投入主要集中在教师培训、科研项目等方面。在教师培训方面,政府设立专项培训资金,组织教师参加各类培训活动,包括国内外的学术交流、企业实践培训、专业技能培训等。

以重庆市为例,该市财政每年安排专项资金,支持职业院校教师参加国培、省培计划以及企业实践培训。通过这些培训,教师能够接触到行业的最新技术和理念,提升自身的专业素养和实践能力。重庆市还鼓励职业院校与企业合作开展教师培训项目,对合作效果显著的项目给予资金奖励。这一举措激发了学校和企业的积极性,促进了教师培训质量的提高。

在科研项目方面,政府加大对产教融合相关科研项目的资金支持,鼓励教师开展产学研合作研究。例如,重庆市设立了产教融合专项科研基金,重点支持职业院校教师与企业合作开展的技术研发、产品创新等项目。通过这些科研项目的实施,教师不仅能够提升自身的科研能力,还能够将科研成果转化为教学内容,培养学生的创新能力和实践能力。

3. 管理与协调机制

政府在协调各方资源、为教师培养提供便利方面发挥着关键作用。政府通过建立健全管理与协调机制,整合教育、企业、行业等各方资源,形成了产教融合教师培养的合力。

政府加强对职业教育的统筹规划,将产教融合教师培养纳入职业教育发展的整体规划中。例如,重庆市政府制定了《重庆市职业教育改革实施方案》,明确提出要加强产教融合教师队伍建设,并对教师培养的目标、任务、措施等进行了详细规划。通过统筹规划,重庆市实现了职业教育资源的优化配置,为教师培养提供了有力的政策支持。

政府积极搭建学校与企业之间的合作平台,促进双方的沟通与交流。例如,上海市政府建立了产教融合信息服务平台,为学校和企业提供人才供需信息、项目合作信息等。学校和企业可以通过平台发布需求信息,寻找合作伙伴,开展合作项目。上海市政府还定期组织产教融合对接活动,邀请学校、企业、行业专家等参加,促进各方的交流与合作。通过这些平台的搭建和活动的开展,上海市有效解决了学校与企业之间信息不对称的问题,提高了产教融合的效率和质量。

政府加强对产教融合教师培养的监督与评估,确保教师培养工作的顺利开展。例如,福建省教育厅建立了产教融合教师培养质量监测体系,定期对职业院校教师培养工作进行检查和评估。对评估结果优秀的院校给予表彰和奖励,对存在问题的院校提出整改意见,督促其改进。通过加强监督与评估,福建省保障了产教融合教师培养的质量和效果。

(二)政府在产教融合教师培养中的赋能作用

1. 搭建校企合作平台

政府积极发挥桥梁纽带作用,通过多种方式搭建校企合作平台,为教师培养创造有利条件。政府组织各类校企对接活动,如定期举办产教融合洽谈会、项目推介会等,邀请职业院校和企业代表参加,促进双方的沟通与交流。在这些活动中,学校可以展示自身的专业优势和科研实力,企业则可以介绍自身的人才需求和技术创新方向,双方通过面对面的交流,寻找合作的契合点,开展合作项目。

以浙江省宁波市为例,当地政府每年举办一次大型的产教融合对接会,吸引了众多职业院校和企业参与。在一次对接会上,宁波职业技术学院与吉利汽车集团达成合作意向,双方共同开展汽车制造专业教师培养项目。吉利汽车集团为学院教师提供了为期半年的企业实践机会,教师们深入企业生产一线,参与汽车制造的全过程,学习企业的先进技术和管理经验。同时,吉利汽车集团还选派了技术骨干到学院担任兼职教师,为学生授课并指导实践教学。通过这次合作,宁波职业技术学院汽车制造专业教师的实践能力得到了显著提升,教学内容也更加贴近企业实际需求,学生的就业竞争力也得到了增强。

政府建立产教融合信息服务平台,整合校企双方的资源信息,为校企合作提供便捷的信息交流渠道。平台上发布企业的人才需求信息、实习岗位信息、技术研发项目信息等,同时也展示职业院校的专业设置、师资力量、科研成果等信息。学校和教师可以通过平台了解企业的需求,主动与企业联系开展合作;企业也可以通过平台寻找合适的院校和教师,参与学校的人才培养和教学科研工作。例如,山东省青岛市建立的产教融合信息服务平台,自上线以来,已促成了数百项校企合作项目,为教师提供了丰富的实践机会和发展空间。

2. 建立教师培训体系

政府主导建立完善的教师培训体系,为教师提升实践和教学能力提供了有力支持①。政府组织开展各类教师培训项目,包括国培计划、省培计划、市培计划等,针对不同层次、不同专业的教师,制定个性化的培训方案,提高培训的针对性和实效性。这些培训项目邀请了行业专家、企业技术骨干和教育教学专家担任讲师,为教师传授最新的行业知识、技术技能和教学方法。

以重庆市为例,该市教育委员会实施的"职业院校教师素质提高计划",每年选派数千名职业院校教师参加国家级和市级培训。培训内容涵盖了专业理论知识、实践技能操作、教学方法创新等多个方面。在一次针对智能制造专业教师的培训中,邀请了国内知名企业的技术专家和高校的教授进行授课。技术专家向教师们介绍了企业在智能制造领域的最新技术和应用案例,教授则分享了项目式教学、案例教学等先进的教学方法。教师们通过培训,不仅掌握了新的专业知识和技能,还学习了如何将这些知识和技能融入教学中,提高了教学质量。

政府鼓励职业院校与企业合作开展教师培训,共同制定培训课程和方案,充分利用企业的资源优势,提升教师的实践能力。例如,重庆市万州区的重庆三峡职业学院与当地的龙头企业德康农牧合作,建立了教师企业实践基地。教师定期到企业实践基地进行培训,参与企业的生产项目和技术研发,了解企业的实际运作和市场需求。企业为教师提供实践指导和技术支持,帮助教师解决在实践中遇到的问题。通过这种方式,教师的实践能力得到了快速提升,能够更好地将企业实际案例融入课堂教学中,培养出符合企业需求的学生。

3. 完善激励机制

政府通过制定一系列激励措施,提高教师参与产教融合的积极性。在职称评定方面,政府对参与产教融合的教师给予倾斜政策。例如,重庆市规定,职业院校教师在申报职称时,将企业实践经历、参与校企合作项目的成果等作为重要的评价指标。教师在企业实践中取得的技术创新成果、解决的实际问题等,可以等同于科研成果,在职称评定中予以认可。这一政策激发了教师参与产教融合的积极性,许多教师主动到企业实践,积极参与校企合作项目。

政府设立专项奖励资金,对在产教融合教师培养工作中表现突出的教师和企业进行表彰和奖励。以河北省为例,该省每年评选一批产教融合优秀教师和优秀企业,对获奖教师给予一定的物质奖励,并在全省范围内进行宣传表彰;对获奖企业给予税收优惠、项目优先支持等奖励。这些奖励措施,激发了教师和企业参与产教融合的热情,营造了良好的产教融合氛围。

---

① 于海秋,王振龙. 新时代农业高职教育教师队伍建设路径优化研究[J]. 辽宁农业职业技术学院学报,2024,26(4):6-12.

政府在产教融合教师培养中发挥着不可替代的赋能作用。通过搭建校企合作平台，政府促进了校企之间的深度合作，为教师提供了丰富的实践机会和发展空间；通过建立教师培训体系，政府提升了教师的实践和教学能力，为培养高素质技术技能人才提供了师资保障；通过完善激励机制，政府提高了教师参与产教融合的积极性，推动了产教融合工作的深入开展。在未来的职业教育发展中，政府应继续加强在产教融合教师培养方面的支持力度，不断优化政策环境，加大资金投入，创新工作方式，为职业教育高质量发展提供坚实的保障。

第四节　创新融合育人的教师培养机制

在教育与产业深度交织的时代语境中，校企融合已从一种创新理念演变为教师培养体系中不可或缺的关键支柱。这一融合模式，犹如一座桥梁，横跨教育理论与产业实践的两岸，为教师提供了从书本走向实操、从校园迈向职场的通道。它不仅丰富了教师的教学素材库，更重塑了教师的专业思维与实践能力架构。

以重庆地区的农林产业与畜牧产业为例，这些传统产业在现代化转型进程中，对专业人才的需求呈现出多元化、精细化的特点。而教师作为知识与技能的传递者，其自身素养与能力的高低，直接关乎产业后备人才的质量。校企融合机制的介入，使得教师能够深入农林生产一线，了解新型种植技术、智能化养殖设备的应用；走进畜牧企业，掌握先进的繁育技术、疫病防控体系的运作。这种深度参与，为教师在课堂上精准输出贴合产业需求的教学内容提供了坚实保障。深入探究校企融合机制在教师培养中的运作模式、效能发挥，以及面临的挑战与应对策略，不仅是优化教育教学质量的迫切需要，更是推动产业创新发展、实现教育与产业同频共振的必然选择。

一、破界共生：解锁教师培养的校企融合密码

（一）师资共建：打造"双师型"精英团队

1. 企业导师引入策略

企业专家入校担任兼职教师，为学校带来了宝贵的实践经验和行业前沿知识。在选拔企业导师时，学校应制定严格的标准。以重庆某高校的电子信息专业为例，该专业在选拔企业兼职教师时，优先考虑在知名电子企业中具有丰富项目经验、担任技术主管或高级工程师职位的人员。这些企业导师不仅要具备扎实的专业技术，还需拥有良好的沟通表达能力，以便能够将实践经验有效地传授给学生。

对于企业导师的管理，学校应建立完善的制度。重庆某职业院校为每位企业导师配备了校内导师，形成"双导师"制。校内导师负责协助企业导师了解学校的教学环境、教学流程和学生特点，确保企业导师的教学内容与学校的教学大纲相契合。学校还定期组织企业导师参加教学培训，提升他们的教学能力。在激励机制方面，学校对表现优秀的企业导师给予表彰

和奖励，如颁发"优秀兼职教师"证书，并给予一定的物质奖励。这不仅提高了企业导师的积极性，也增强了他们对学校的归属感。

2. 教师企业实践路径

教师定期赴企业实践是提升其实践能力的重要途径。在实践安排上，学校应根据教师的专业和教学需求，合理规划实践时间和企业类型。例如，重庆三峡职业学院安排专业教师在寒暑假到当地大型龙头企业德康农牧、三峡柑橘等进行为期1个月的实践。在实践内容方面，教师们深入企业的各个岗位，参与企业技术研发、生产、管理等实际工作。

为了确保实践效果，学校制定了严格的考核方式。教师在实践前需要制订详细的实践计划，明确实践目标和任务。实践结束后，教师要提交实践总结报告，包括在企业的工作内容、收获体会及对教学的启示等。学校还会组织教师进行实践成果汇报，通过现场展示、答辩等方式，对教师的实践成果进行评估。此外，学校还与企业建立了沟通机制，由企业对教师的实践表现进行评价，并将评价结果作为教师绩效考核和职称评定的重要依据。

（二）课程共创：对接产业需求的知识重塑

1. 基于岗位需求的课程开发

依据企业岗位需求，校企合作开发课程体系是课程共创的核心。重庆三峡职业学院与当地一家智能制造企业合作，针对该企业的生产岗位需求，共同开发了"智能制造技术与应用"课程体系。在开发过程中，企业技术人员与学校教师组成课程开发团队，深入企业生产一线，对各个岗位的工作任务、技能要求进行详细分析。

他们将岗位所需的知识和技能分解为若干个教学模块，每个模块对应一个具体的工作任务。例如，针对智能制造设备的操作与维护岗位，开发了"设备编程与调试""设备故障诊断与维修"等教学模块。学校教师负责将这些实践知识转化为教学内容，设计教学方法和教学活动，确保课程既符合教学规律，又能满足企业岗位需求。通过这种方式开发的课程，学生在学习过程中就能接触到真实的工作场景和任务，提高了学习兴趣和职业能力。

2. 动态更新机制

课程内容随产业技术发展及时更新是保持课程活力和实用性的关键。重庆电子科技职业学院与多家互联网企业建立了紧密的合作关系，共同建立了课程内容动态更新机制。企业定期向学校反馈行业技术发展动态和企业对人才需求的变化，学校根据这些信息，组织教师对课程内容进行调整和更新。

例如，随着人工智能技术在互联网行业的广泛应用，学校及时在相关课程中增加了人工智能算法、机器学习等内容。在更新流程上，学校首先成立课程内容更新评审小组，由企业专家和学校骨干教师组成。企业提出课程内容更新的建议和需求，评审小组对这些建议进行评估和论证，确定更新的内容和方向。教师根据评审结果，对课程大纲、教材、教学课件等进行全面更新。同时，学校还鼓励教师积极参与行业培训和学术交流活动，及时了解行业最新动态，为课程内容更新提供支持。

(三)实践共筑:从校园到职场的无缝对接

1. 校内实训基地的企业化升级

按照企业标准建设校内实训基地,能够为学生提供更加真实的实践环境。重庆某高校的机械工程学院与一家大型机械制造企业合作,对校内实训基地进行了企业化升级。在设备配置上,学校根据企业的生产设备和工艺要求,购置了先进的机械加工设备、自动化生产线等,使实训基地的设备与企业实际生产设备保持一致。

在实训基地的管理方面,引入企业的管理制度和文化。例如,采用企业的5S管理方法(整理、整顿、清扫、清洁、素养),对实训场地进行规范化管理,培养学生良好的职业素养和工作习惯。学校还聘请企业技术人员担任实训指导教师,按照企业的生产流程和标准,指导学生进行实践操作。通过企业化升级,校内实训基地成为学生进行实践学习、技能训练的重要场所,有效提升了学生的实践能力和职业素养。

2. 校外实践平台拓展

与企业共建校外实习基地是实践共筑的重要举措。重庆某职业学院与多家金融机构建立了校外实习基地。在合作模式上,学校与企业签订合作协议,明确双方的权利和义务。企业为学生提供实习岗位,安排经验丰富的员工担任实习指导师傅,指导学生在实际工作中学习业务知识和技能。学校则负责实习学生的选拔、管理和考核,定期与企业沟通,了解学生的实习情况。

在合作要点方面,学校注重与企业的深度合作,不仅让学生参与简单的基础工作,还为学生提供参与项目实践、业务拓展等机会,使学生能够全面了解企业的运营模式和业务流程。例如,在一次金融产品营销项目中,学生在企业导师的带领下,参与市场调研、产品推广等工作,通过实践锻炼,学生的市场营销能力和团队协作能力得到了显著提升。同时,学校还鼓励教师参与企业的项目研发和业务咨询,加强学校与企业之间的联系,为学生提供更多的实践机会和发展空间。

(四)成果共享:锻造互利共赢的专兼融合团队

校企融合机制的实施,为学校和企业带来了丰硕的成果。在教学成果方面,通过师资共建、课程共创和实践共筑,教师的教学水平得到了显著提升,课程内容更加贴近实际需求,学生的实践能力和职业素养明显提高。重庆某高校的毕业生在就业市场上备受青睐,许多企业主动与学校建立长期合作关系,提前预订该校的毕业生。

在科研成果方面,校企合作促进了学校科研工作的开展。教师在企业实践过程中,了解到企业的技术需求和研发难题,与企业技术人员共同开展科研项目。例如,重庆某科技大学与一家电子企业合作,共同研发了一款新型电子元件,该成果不仅获得了国家专利,还为企业带来了显著的经济效益。学校的科研成果也为企业的技术创新和产品升级提供了支持,实现了校企双方在科研领域的互利共赢。

在社会服务方面,校企融合机制使学校和企业能够更好地服务社会。学校利用自身的人才和技术优势,为企业提供员工培训、技术咨询等服务。企业则通过参与学校的人才培养过程,为社会培养了大量高素质的应用型人才,为地方经济发展作出了贡献。例如,重庆某职业院校与当地多家企业合作,开展了针对下岗职工的再就业培训项目,为下岗职工提供了实用的技能培训,帮助他们重新走上工作岗位,受到了社会的广泛好评。

二、点燃教育热情:构建教师培养的激励机制

(一)教师培养激励机制实践

1. 物质激励方面

1)薪酬待遇提升

重庆三峡职业学院对教师薪酬体系进行全面优化,大幅提高教师薪酬水平,切实体现了多劳多得、优绩优酬的原则。学院依据教师的教学工作量、教学质量、科研成果、学生评价等多维度指标,构建了科学合理的绩效考核体系。对于在教学工作中表现突出,如教学效果显著、学生满意度高的教师,给予额外的教学质量奖励;对于承担大量教学任务,且能够高质量完成教学工作的教师,按照超课时量给予相应的报酬。

2)科研绩效激励

为激发教师的科研热情,学院设立了科学的奖励制度。一是针对教师发表的学术论文,依据期刊的级别和影响力给予不同额度的奖励。在SCI、EI等国际知名期刊上发表论文的教师,可获得数万元的奖励;在国内核心期刊上发表论文的教师,也能得到相应的奖励。二是对于获批的科研项目,学院根据项目的级别和经费额度,给予教师一定比例的配套资金支持,为科研工作的顺利开展提供了有力保障。三是对获得科研奖项的教师给予重奖。若教师的科研成果获得国家级奖项,奖励金额可达数十万元;获得省部级奖项的教师,也能获得数万元的奖励。这些科研奖励制度极大地激发了教师的科研积极性,促使教师们积极投身科研工作,不断提升学院的科研水平。近年来,学院教师在科研方面成果丰硕,发表了大量高质量的学术论文,获批了多个省部级及以上科研项目,为学院的学科建设和发展提供了有力支撑。

2. 精神激励方面

1)荣誉称号评选

学院设立了丰富多样的荣誉称号,如“教学名师”“科研标兵”“优秀教师”“优秀教育工作者”“师德楷模”等,旨在对在不同方面表现卓越的教师进行表彰和鼓励。评选过程严格遵循公正、公平、公开的原则,通过教师自荐、同事推荐、学生评价、学院评审等多个环节,确保评选出的教师真正具有代表性和示范性。

获得荣誉称号的教师不仅能在学院范围内得到广泛的认可和尊重,其先进事迹还会被整理成册,在全院教职工大会上进行宣传和学习,成为全院教师学习的榜样。这些荣誉称号不仅对教师个人工作进行了高度肯定,更激励着其他教师不断努力,追求卓越,为学院的发展贡献自己的力量。例如,在每年的教师节表彰大会上,学院都会对获得各类荣誉称号的教师进行隆重表彰,为他们颁发荣誉证书和奖杯,让他们感受到学院的重视和尊重,同时也在全院营

造了尊师重教、崇尚先进的良好氛围。

2)宣传优秀教师事迹

学院充分利用多种渠道,全方位宣传优秀教师的先进事迹。在学院官方网站上,专门开设了"教师风采"栏目,定期发布优秀教师的教学成果、科研成就、育人故事等内容,展示教师的专业素养和人格魅力。通过精心撰写的文章和生动的图片,全院师生及社会各界人士能够深入了解优秀教师的工作和付出。

学院的微信公众号也会定期推出优秀教师的专题报道,以图文并茂、生动有趣的形式,讲述教师们在教育教学一线的感人故事。这些报道不仅在学院内部引起了强烈反响,还通过微信朋友圈的转发,得到了更广泛的传播,提升了学院教师的社会知名度和美誉度。此外,学院还通过校园广播、宣传栏等传统媒体,对优秀教师进行宣传,让优秀教师的事迹在校园内随处可见、随时可闻,激励着更多的教师向他们学习,形成了良好的示范带动效应。

3. 职业发展激励方面

1)培训与进修机会

学院高度重视教师的专业成长,为教师提供了丰富多样的培训与进修机会。学院定期组织教师参加各类国内外学术研讨会、专业技能培训课程、教学方法培训工作坊等。通过参加这些培训活动,教师们能够及时了解本学科领域的最新研究动态和发展趋势,学习先进的教学理念和教学方法,提升自己的专业素养和教学能力。

学院积极与国内外知名高校、企业建立合作关系,选派教师前往这些高校和企业进行访问学习和实践锻炼。例如,学院与多所国内"双一流"高校签订了合作协议,每年选派一定数量的教师到这些高校进行为期半年至一年的访学,跟随知名专家学者开展教学和科研工作,拓宽教师的学术视野,提升教师的科研水平。学院还与众多行业领军企业建立了合作关系,安排教师到企业进行实践锻炼,深入了解行业发展需求和企业实际生产运营情况,将企业的实际案例和先进技术引入课堂教学,提高教学内容的实用性和针对性。

2)职称晋升支持

在教师职称评定方面,学院给予了全方位的政策支持,构建了公平、公正、透明的职称晋升机制。学院制定了详细的职称评审标准和流程,明确了教师在教学、科研、社会服务等方面的具体要求,让教师们清楚地了解自己在职称晋升过程中的努力方向。

学院为教师提供了丰富的职称晋升培训和指导服务。在职称评审前,学院组织专家开展职称评审政策解读会和申报材料撰写指导讲座,帮助教师深入理解职称评审政策,指导教师如何撰写高质量的申报材料,提高申报成功率。学院还鼓励教师积极参与教学改革和科研项目,为教师提供项目申报的指导和支持,帮助教师积累职称评审所需的业绩成果。对于在职称晋升过程中遇到困难的教师,学院人事部门和相关系部会主动关心,为他们提供个性化的解决方案,助力教师顺利晋升职称。

3)项目与课题参与

学院积极为教师创造参与各类重要项目和课题的机会,让教师在实践中锻炼和提升自己的能力。学院设立了校内教学改革项目和科研项目,鼓励教师根据教学和科研工作中的实际问题,自主申报项目,开展研究。学院为这些项目提供充足的经费支持和政策保障,确保项目能够顺利实施。

学院还积极组织教师参与省部级及以上的科研项目和教学改革项目。教师通过与其他高校、科研机构和企业的合作,共同申报和承担重大项目。在项目实施过程中,教师们能够与来自不同领域的专家学者进行合作交流,拓宽自己的学术视野,提升自己的科研能力和团队协作能力。例如,学院的部分教师参与了国家级职业教育教学改革项目,在项目中承担了重要的研究任务,通过与项目团队成员的共同努力,取得了一系列重要的研究成果,为推动职业教育教学改革作出了积极贡献。同时,这些教师也在项目实施过程中得到了锻炼和成长,提升了自己的专业水平和综合素质。

(二)激励成效

1. 教师积极性提高

在激励机制的作用下,学院教师的积极性显著提高。教师们主动承担更多教学任务,积极参与课程开发与教学改革。学院数据显示,近三年来,教师主动申报的教学改革项目数量逐年递增,增长率分别达到 20%、25%和 30%。在科研方面,教师们积极开展课题研究,主动撰写学术论文,参与科研项目的教师人数占比从之前的 40%提升至 60%。许多教师还利用业余时间指导学生参加各类技能竞赛,为学生的成长和发展付出了大量心血。

2. 教学质量提升

学院的教学质量得到了显著提升。学生对教师教学的满意度大幅提高,从之前的 80%提升至 90%以上。在各类教学评估中,学院的教学质量得到了专家和同行的高度认可。学院学生在全国职业院校技能大赛、重庆市职业院校技能大赛等各类赛事中屡获佳绩,获奖数量和质量均实现了大幅突破。例如,在全国职业院校技能大赛中,学院学生获得的一等奖数量从之前的每年 2 个增加到每年 5 个以上,充分展示了学院教学质量的提升成果。这得益于教师们在教学方法上的不断创新,以及对学生实践能力培养的高度重视。教师们通过引入项目式教学、案例教学等先进教学方法,激发了学生的学习兴趣和主动性,提高了学生的实践操作能力和解决实际问题的能力。

3. 科研成果丰硕

学院教师在科研方面取得了丰硕的成果。近三年来,学院教师发表的学术论文数量逐年增加,其中在核心期刊上发表的论文数量增长了 50%。获批的省部级及以上科研项目数量也大幅提升,从之前的每年 10 项增加到每年 20 项以上。学院教师还获得了多项科研奖项,其中包括省部级科研一等奖 2 项、二等奖 5 项、三等奖 10 项。这些科研成果不仅提升了学院的学术影响力,也为学院的专业建设和人才培养提供了有力的支撑。例如,学院教师在农业领域的科研成果,为当地农业产业的发展提供了新的技术和方法,促进了农业产业的转型和升级。

三、教师培养评价机制:探索教师发展的核心驱动力

(一)评价指标体系

1. 教学能力

学院对教师教学能力的评价涵盖多个维度。在课堂教学方面,重点考查教师的授课逻辑是否清晰,语言表达是否流畅准确,以及能否有效吸引学生的注意力并激发学生的学习兴趣。例如,在一堂机械制造课程中,教师通过生动的实例和形象的多媒体展示,将复杂的机械原理讲解得深入浅出,学生们的课堂参与度高,提问和互动积极,这样的课堂表现就会在评价中得到较高分数。

教学设计也是关键指标,要求教师根据课程目标和学生特点,精心设计教学内容、教学方法和教学环节。学院会评估教师的教学设计是否具有创新性和实用性,能否满足学生的学习需求。如在市场营销课程的教学设计中,教师设计了模拟企业营销策划的项目,让学生分组完成从市场调研、产品定位到营销策略制定的全过程,锻炼了学生的实践能力,这样的教学设计就符合评价标准。

教学方法的应用同样受到重视,鼓励教师采用多样化的教学方法,如项目教学法、案例教学法、小组合作学习法等。学院会观察教师在教学过程中是否能够根据教学内容和学生的学习情况灵活运用这些方法,以提高教学效果。如教师在电子商务课程中,通过引入实际电商案例,组织学生进行小组讨论和分析,引导学生总结经验教训,这种教学方法的应用就能得到认可。

2. 科研成果

对于教师科研成果的评价,学院制定了明确的标准。在科研项目方面,学院鼓励教师积极申报各级各类科研项目,包括国家级、省部级、市级及横向项目等。项目的级别、立项金额及在项目中的角色都会作为评价的依据。例如,一位教师成功主持了一项省部级科研项目,该项目聚焦于农业领域的新技术研发,具有较高的应用价值,那么在科研项目评价中就会获得较高的分值。

论文发表也是重要的评价指标,学院对论文的发表期刊级别、影响因子等有明确要求。教师在国内外高水平学术期刊上发表的论文数量越多、质量越高,在评价中得分就越高。例如,某教师在本专业的权威期刊上发表了多篇关于人工智能在教育领域应用的论文,对推动学科发展具有积极意义,其在论文发表方面的评价就会较为突出。

科研获奖同样是衡量教师科研成果的重要方面。学院会对教师获得的科研奖项进行分类和分级评价,国家级、省部级的科研奖项会得到更高的认可。例如,教师的科研成果获得了省级科技进步奖,这不仅体现了教师在科研方面的卓越能力,也为学院争得了荣誉,在评价中会给予高度肯定。

3. 师德师风

在师德师风评价上,重庆三峡职业学院将教师的职业道德、敬业精神和关爱学生等方面

作为重点。职业道德方面，要求教师遵守教师职业道德规范，诚实守信、廉洁奉公，坚决杜绝任何学术不端行为和违规收受礼品礼金等现象。学院通过定期的师德师风培训和教育活动，强化教师的职业道德意识，并对违反职业道德的行为进行严肃处理。

敬业精神也是评价的要点之一，学院观察教师是否对教学工作充满热情、认真备课、精心授课，是否积极参与教学改革和教学研究活动。例如，有的教师为了上好一门课程，花费大量时间收集资料、制作精美的教学课件，不断改进教学方法，这种敬业精神在评价中会得到充分体现。

关爱学生是师德师风的核心体现，学院考查教师是否关心学生的学习和生活，是否能够耐心解答学生的问题，是否关注学生的心理健康和成长发展。如在学生遇到学习困难时，教师主动给予辅导和帮助；在学生面临生活困境时，教师积极提供支持和引导，这些关爱学生的行为都会成为师德师风评价的加分项。学院还通过开展师德师风主题活动，如师德标兵评选等，树立榜样，激励教师不断提升自身的师德师风水平。

4. 社会服务

对于教师参与社会服务的评价，重庆三峡职业学院主要关注教师参与社会培训、技术服务等方面的情况。在社会培训方面，学院鼓励教师利用自身的专业知识和技能，为企业员工、社会人员提供各类培训服务，提升他们的职业技能和综合素质。例如，学院的一位计算机专业教师为当地企业开展了大数据技术应用培训，受到企业的高度评价，这在社会服务评价中就会被视为积极的表现。

技术服务也是重要的评价内容，学院评估教师是否能够为企业解决实际技术难题，推动企业的技术创新和发展。例如，机械专业的教师团队与当地一家制造企业合作，针对企业生产过程中的设备故障和技术瓶颈问题，进行了深入的研究和技术攻关，帮助企业提高了生产效率和产品质量，这样的技术服务成果在评价中会得到充分肯定。学院还积极组织教师参与各类社会服务活动，如科技下乡、社区科普等，将教师在这些活动中的表现纳入社会服务评价体系，鼓励教师为社会发展贡献更多的力量。

（二）评价主体

1. 学院管理层

在重庆三峡职业学院，学院管理层在教师评价中扮演着至关重要的角色。学院领导通过制定科学合理的教师评价政策和制度，为教师评价工作提供宏观指导。他们明确评价的目标、原则和标准，确保评价工作的方向正确。例如，学院领导根据学院的发展战略和人才培养目标，确定了以教学质量提升、科研成果转化和社会服务贡献为重点的评价导向。学院管理层还会定期参与教师评价的审核和决策工作。他们会听取各部门关于教师评价结果的汇报，对评价结果进行综合分析和审议，确保评价结果的公正性和合理性。在一些重要的教师职称评定、评优评先等工作中，学院领导会亲自参与评审，从整体上把握教师的发展情况，为教师的职业发展提供支持和保障。此外，学院领导还会根据教师评价结果，制订相应的教师培养和发展计划，为教师提供更多的培训机会和资源支持，促进教师队伍的整体发展。

2. 同行教师

同行评价在重庆三峡职业学院的教师评价体系中具有独特的意义。同行教师凭借自身丰富的教学经验和专业知识，能够从专业角度对授课教师的教学水平、教学方法、科研能力等方面进行深入评价。学院通过组织同行听课、教学研讨活动等方式，促进同行之间的交流和评价。在同行听课过程中，听课教师会认真记录授课教师的教学过程，包括教学内容的组织、教学方法的运用、课堂互动情况等，并在课后与授课教师进行面对面的交流，提出宝贵的意见和建议。同行评价不仅能够帮助教师发现自身的不足，还能促进教师之间的相互学习和共同进步。例如，在一次专业课程的同行听课活动中，一位教师在教学方法上采用了小组竞赛的方式，激发了学生的学习积极性，但在时间把控上存在一些问题。同行教师在评价中指出了这一问题，并分享了自己在类似教学活动中的时间管理经验，帮助授课教师改进教学。学院还会将同行评价结果作为教师绩效考核、职称评定等工作的重要参考依据，激励教师不断提升自己的专业水平。

3. 学生评价

学生评价是重庆三峡职业学院教师评价中不可或缺的一环，具有重要的意义。学生作为教学活动的直接参与者，对教师的教学质量和教学效果有着最直接的感受。学院通过多种方式收集学生对教师的评价，如定期开展学生网上评教活动、组织学生座谈会等。在学生网上评教中，学生可以对教师的教学态度、教学方法、教学内容、课堂管理等多个方面进行评价，评价结果会以量化的形式呈现。为了确保学生评价的客观性和有效性，学院采取了一系列措施。首先，在评教过程中，向学生详细说明评教的目的、意义和要求，引导学生客观公正地评价教师。其次，对评教数据进行严格的统计和分析，去除异常数据，确保评价结果的真实性。此外，学院还会将学生评价结果及时反馈给教师，并要求教师针对学生提出的问题和建议进行整改。例如，在学生评教中，发现某教师在教学内容的讲解上过于理论化，造成学生理解困难。教师在收到反馈后，调整了教学内容，增加了实际案例和实践操作环节，提高了学生的学习效果。

4. 教师自评

教师自我评价在重庆三峡职业学院的教师评价机制中具有重要作用。学院通过引导教师进行有效的自评，帮助教师全面认识自己的教学工作和专业发展情况。学院为教师提供了自我评价的指导手册和相关培训，让教师了解自评的方法和要点。教师在自评过程中，会对自己的教学计划执行情况、教学方法的应用效果、科研成果的取得、师德师风的表现等方面进行全面反思和总结。例如，一位教师在自评中发现自己在教学过程中与学生的互动不够充分，导致部分学生的学习积极性不高。通过自我反思，教师认识到问题所在，并制定了相应的改进措施，如增加课堂提问、组织小组讨论等，以提高学生的参与度。学院还鼓励教师将自评结果与其他评价主体的评价结果进行对比分析，找出自己的优势和不足，明确未来的发展方向。同时，教师自评结果也会作为学院制订教师个性化培养计划的重要依据，为教师的专业成长提供有针对性的支持。

(三)评价方式

1. 定量评价

重庆三峡职业学院在教师评价中广泛应用定量评价方法。学院制定了详细的量化考核指标体系,对教师的教学工作量、教学质量、科研成果、社会服务等方面进行量化考核。在教学工作量方面,明确规定了教师每学期应承担的课程教学时数、实践教学指导时数等,根据实际完成情况进行量化打分。例如,教师每完成一个标准课时的教学任务,可得相应的分值,超出规定工作量则给予额外加分。教学质量方面,通过学生评教得分、同行评价得分、教学督导评价得分等按一定比例加权计算得出量化分数。科研成果的量化考核则根据论文发表的期刊级别、影响因子、论文数量,科研项目的级别、立项金额、参与角色,以及科研获奖的级别等进行量化赋值。例如,在 SCI 一区期刊发表一篇论文可得较高分值,主持一项国家级科研项目的分值也相对较高。社会服务方面,根据教师参与社会培训的场次、培训人数,技术服务项目的数量、服务效果等进行量化评价。学院将这些量化分数汇总,作为教师绩效考核、职称评定等工作的重要依据,使评价结果更加客观、准确。

2. 定性评价

学院通过听课、观察、访谈等方式对教师进行定性评价。在听课环节,教学督导、同行教师会深入课堂,观察教师的教学过程,包括教学内容的讲解是否清晰准确、教学方法的运用是否得当、师生互动是否良好等,并对教师的教学表现进行定性描述和评价。例如,在听课评价报告中,会指出教师在教学中语言生动形象,能够很好地吸引学生的注意力,但在教学环节的过渡上还可以更加自然流畅。观察则不仅仅局限于课堂教学,还包括观察教师在日常工作中的表现,如是否积极参与教研活动、与同事的合作是否融洽等。访谈方面,会与教师本人、学生、同事等进行交流,了解教师的教学理念、教学方法的实施情况,以及在学生和同事中的口碑等。例如,通过与学生访谈,了解到某教师在课后经常为学生答疑解惑,关心学生的学习和生活,在定性评价中就会对教师关爱学生这一品质给予肯定。定性评价能够补充定量评价的不足,从更全面、更深入的角度了解教师的工作情况,为教师的发展提供更具针对性的建议。

3. 过程性评价

过程性评价注重对教师教学过程的持续评价。重庆三峡职业学院通过定期检查教师的教学计划执行情况、教学进度安排、教案编写等方式,对教师的教学过程进行跟踪评价。例如,学院每月会对教师的教案进行检查,查看教案是否完整、详细,教学目标是否明确,教学方法是否合理,教学过程的设计是否符合学生的认知规律等。学院还会关注教师在教学过程中的改进和成长情况。如果教师在前期的评价中发现问题并及时进行了改进,在后续的过程性评价中会给予肯定和鼓励。例如,一位教师在第一次教案检查中被指出教学方法单一,在后续的教学中,教师积极尝试多种教学方法,并在第二次教案检查中体现出了改进的效果,在过程性评价中就会得到相应的加分。过程性评价能够及时发现教师教学过程中存在的问题,为教师提供及时的反馈和指导,促进教师不断改进教学方法,提高教学质量,对教师的专业发展具有重要的促进作用。

4. 终结性评价

期末或学年末的终结性评价在重庆三峡职业学院的教师评价中具有总结性的作用。终结性评价会综合考虑教师在一个学期或一学年内的教学、科研、师德师风、社会服务等各方面的表现。在教学方面，会结合学生的期末考试成绩、课程考核通过率等指标，对教师的教学效果进行评价；科研方面，会汇总教师在该时间段内取得的科研成果，如论文发表情况、科研项目进展和结题情况、科研获奖情况等进行评价；师德师风方面，会参考学生、同事、教学督导等多方面的评价反馈，对教师的职业道德、敬业精神、关爱学生等表现进行综合评价；社会服务方面，会统计教师参与社会服务活动的次数、服务质量和社会反馈等情况进行评价。学院会根据这些综合评价结果，对教师进行等级评定，如优秀、良好、合格、不合格等，并将评价结果与教师的绩效奖金、评优评先、职称晋升等挂钩。例如，一位教师在一学年内教学效果显著，学生成绩优秀，科研成果丰硕，师德师风表现良好，积极参与社会服务活动，在终结性评价中就可能被评为优秀等级，从而在绩效奖金、评优评先等方面获得相应的奖励和荣誉，激励教师在今后的工作中继续保持良好的表现。

第九章

数教转型:“园区大学”的职教大脑

“产科教”农业园区融合育人是一种跨时代的全新育人模式,因此其必将集成当前最先进的技术作为支撑,而数字化是当前科学发展的热点问题。近年来,随着数字技术的迅猛发展,如数字赋能、大数据分析及AI大模型等全新的数字概念得到越来越多的关注。包括2024年的诺贝尔奖在内,全球物理、化学及经济学奖项史无前例地全部同数字科技相关。在这种背景下,数字化转型将是也必须是“产科教”农业园区育人建设的重要环节。其全面数字化通过以下几个方面得以实现:数字化平台建设、智慧农业实训基地、数据驱动决策的技术赋能。首先,为了适应现代农业的发展需求,应致力于建立一个整合丰富的农业知识、技术培训和实践操作资源,为学生提供全面的学习体验的数字化平台。通过线上课程、模拟实验和互动交流等多种方式,提升学生的数字素养和实践能力。其次,利用大数据和人工智能技术构建成熟的农业数据分析系统,通过对生产数据的实时监测和分析,提供科学的决策支持,帮助农民和企业提高农业生产效率和质量。最后,在园区内,设立配备了先进的农业设备和技术的智慧农业实训基地,为学生提供一个真实的实践环境。这不仅有助于提高他们的技能水平,还能增强他们对农业科技的理解和应用能力。

通过数字技术的全面赋能,在平台搭建、人才的数字驱动决策、“产科教”融合课程建设等方面的建设,打造全新的数字化系统,实现“产科教”农业园区育人的数字转型。

第一节　打造乡村数教平台

一、乡村数教平台的内涵价值

在过去的几十年里,人类世界经历了多次数字革命。其中主要包括个人电脑的出现和普及、互联网的扩张、移动通信的普及以及人工智能(AI)的出现，站在历史的角度去观察，每次数字革命都持续带来变革性的转变，从而产生全新的理念及发展思路，重新定义人类知识和能力的界限①。目前，我们正处于数字革命最新浪潮的风口浪尖，数字经济已经进入加速创新、全面引领科技发展的新阶段。这场革命的主要推动手段及方式为生成式人工智能和其他颠覆性数字技术。同之前数代数字革命浪潮相比，全新一代的数字浪潮有着显著区别，主要体现在其发展速度更迅速、涉及的产业规模更庞大和对世界格局的影响更加深远。这场革命带来了重大挑战，特别是在工作领域。技术进步正在以前所未有的速度创造新的就业机会，同时许多之前成熟的就业岗位慢慢步入夕阳，逐步被时代所淘汰。在当前局势下，数字经济发展对于数字化时代国家发展的主动权有着决定性影响。

近年来，我国政府对于数字化发展高度重视，形成了一系列系统的政策及指导意见。如2021年发布的《中华人民共和国国民经济和社会发展第十四个五年规划和2035年远景目标纲要(草案)》中就明确指出加快数字经济、数字社会、数字政府的建设，并将"加快数字化发展、建设数字中国"独立提升为一个章节，其中"智慧教育"更是成为"十大数字化应用场景"之一被重点提及②。习近平总书记指出，教育数字化是我国开辟教育发展新赛道和塑造教育发展新优势的重要突破口，目前各地已针对这一突破口作出了快速反应，纷纷加快了人工智能在教育领域的应用及落地的步伐③。

当今的在校学生和继续教育的成年人在传统模式下接受教育培训，往往缺乏现代专业环境所需的数字技能和横向技能，面对快速发展的技术和工业格局，在学校获得的知识和技能很快就会过时④。随着新型冠状病毒感染疫情暴发带来的深远影响，在全球青年失业率上升的背景下，技能不匹配的问题更加尖锐，凸显了解决问题的紧迫性，这就需要重新调整我们的职业教育及培训系统，以适应数字时代的需要。

职业教育的数字化转型已成为建设教育强国的重要途径，而其中高校数字教学平台(简称"数教平台")建设是实现数字化转型的重要内容，是高校教学改革适应时代发展，以信息化带动教育现代化、构建职业教育"产科教"融合新态势的重要改革举措⑤。我国高校的数字教学平台发展较为迅速，取得了一系列的建设成果，但仍面临着资源配置不合理、教育主体数字韧性不足、农业类职业教育数字转型滞后以及"产科教"融合不深入等问题⑥。在"产科教"农业园区育人体系中，重庆三峡职业学院还特别坚持对"一带一路"政策的贯彻，真正坚持"职教出海"。在斯里兰卡建设"田间学院"，通过结合斯里兰卡当地政府"丝路村村通"蓝图，将乡村振兴作为主要工作任务，通过对农业生产各环节的全面数据集采及乡村人口的流动、培训、近况等数据分析，形成精准的AI垂直大模型，在数字和美乡村构建、智能化种养管理等方面提

① 刘梦梅.成都市农业高层次人才队伍建设的问题研究[D].成都:电子科技大学,2023.

② 郑栅洁.国务院关于《中华人民共和国国民经济和社会发展第十四个五年规划和2035年远景目标纲要》实施中期评估报告——2023年12月26日在第十四届全国人民代表大会常务委员会第七次会议上[J].中华人民共和国全国人民代表大会常务委员会公报,2024(1):124-136.

③ 田媛媛.数字经济赋能居民消费升级研究[D].武汉:中南财经政法大学,2023.

④ 王淑芮.面向教育4.0的技术技能人才培养:诉求与变革[J].继续教育研究,2023(5):40-46.

⑤ 续梅.以高等教育数字化转型推动教育强国建设[J].国家教育行政学院学报,2023(10):15-22.

⑥ 伊洪英.数学发展平台建设对高校教师数字素养能力提升的实践研究[J].中国新通信,2024,26(18):74-76.

供更多的中国方案。如何解决跨空间、跨时间的问题，是衡量"田间学院"带动作用的关键问题，搭建数字平台可以更好地将丰富的建设成果、典型案例及解决办法汇总，将中国特色的职教成果以数字化的新形式更快速、更广泛、更优质地推广到世界各国，也有助于将"田间学院"打造成类似于"鲁班工坊"①等知名职教名片，这对于在数字时代打响中国职教品牌意义重大。据此，在数字化时代打造成熟完善的乡村数教平台以此解决职业教育面临的现实难题以及制约新时代职业教育发展的困境，成为现代农业职业教育人才培养的重要举措。

二、乡村数教平台的实现路径

（一）明确目标定位

通过前期的建设经验，涉及农业的产业链往往存在着以下难题：①园区内的从业者年龄结构失衡，技术人员年龄偏大，缺乏新鲜血液和创新活力，学历层次相对较低，接受系统理论学习的经验不足，普遍缺乏系统的现代技能技术培训，对于数字化教学工具和方法的掌握有限，需要建立持续的专业发展支持系统，包括在线培训、远程技术支撑等，以提升数字化学习能力；②平台虚拟实训不合理，资源配置不均衡，平台建设缺乏合理规划，没有标准体系进行评价，各方建构混乱，往往存在多个系统共存的情况，但信息却难以在其中流通、共享，各单元之间各自为政，缺乏联动联用；③虚拟现实技术应用处于初始阶段，虚拟现实资源稀缺，缺乏优质的教学软件和数字教育资源，无法满足学生的多样化学习需求，需要通过在线教育平台提供趣味性强、可实施互动的学习内容，激发学生的学习兴趣和自主学习能力。

乡村数教平台应定位为各方、各类信息的大数据中心，其打造要基于"产科教"农业园区育人需求，实现"需求引导，数字赋能"。在推动以甘宁国家农业产业园区等基地为依托的农业园区"产科教"融合的建设进程中，数教平台是关键枢纽及总控制器，几乎所有的资源都要通过平台进行交互及流通。进行数教平台的搭建，首先要深入了解及研究"产科教"农业园区育人涉及的全产业链条，利用大数据分析精准把握各个环节的数字化需求，对其进行全方位的调查并通过数字技术进行全过程的模拟、监管、预测以便精准掌握发展现状及需求，使数教平台更好地满足实际需求，重在将数字化的农业新技术、新成果、新知识融入智慧农业园区生产过程，推广应用到相应农业企业和农民生产的田间地头，将学生学习的课堂开设在农业生产一线，更具时效性及前沿性。

（二）进行顶层设计

高能级的乡村数教平台应真正实现"校政行企"间的联动，特别是在争取政府方面政策的支撑上要寻找切实有效的介入切口，确保平台建设的可持续性②。在设计平台的整体架构，包括硬件设施（如服务器、网络设备等）、软件系统（如教学管理、资源共享、在线学习等模块）以及数据治理体系等设计架构环节中注重整合资源，统筹政府、产业园区、学校、社会组织等多

① 吕景泉，杨延，芮福宏，等."鲁班工坊"：职业教育国际化发展的新支点[J].中国职业技术教育，2017(1)：4.

② 聂强.跨界与融合：基于职业素养教育的高职课程建构研究[D].重庆：西南大学，2017.

方资源，形成建设合力推进平台建设稳步、有序进行。积极构建数字化、集成化的数教平台，把传统教学模式下相互割裂的各种要素和资源加以系统化，鼓励多方主体参与平台建设和运营，将“产科教”融合各元素进行有机串联，推动不同主体间的协同创新，共同探索真正适应田间生产的数字化教学资源、模式和方法，针对乡村教育的实际需求，开发具有乡土气息和特色的教学内容。因此，乡村数教平台的设计逻辑应是基于“产科教”融合，真正以项目解构驱动模式，“政校企研”多元协同，对接数字化农业产业，构筑起的数字化、项目化、模块化教学平台，它的用户群体类型既包括在校学生、专任教师，又将企业及农业园区内的从业者涵盖在内，为使用者提供在线学习课程、构建虚拟实训体系、实现多方资源共享等服务。

（三）构建内容体系

乡村数教平台是教学资源的载体，也是“产科教”农业园区融合育人体系的主体骨架，而相关教育资源则是构成数字转型躯体的血肉。从来源上来说，资源的开发方式有内驱力推动和外驱力推动两种类型。内驱力方面，教师紧跟现代农业的发展趋势，依据园区不同地区的农业生产特点和作物种植需求，结合农业生产现场的“农业物联网”监控平台，以及对不同类别的作物在不同生长期的气候环境、土质检测、作物长势、水质检测、病虫害情况的实时监测数据进行汇总，通过平台底层大数据演算、监管及预测，自主开发一系列涵盖基础理论与实践技能相结合的在线课程。这些课程将包括但不限于土壤学、植物生理学、病虫害防治等基础知识领域，旨在为学生提供坚实的理论基础。同时，也将引入智能农业技术的相关课程，如利用园区的真实场景，实地开设无人机喷洒农药技术、精准灌溉系统的安装与维护等前沿科技应用课程，帮助学生掌握最新的农业科技成果，提高他们的实际操作能力和创新能力。外驱力方面，学校与知名教育机构、高校、研究机构建立合作关系，共享优质资源，与企业紧密合作，在乡村数教平台上共同建立包含最新研究成果、行业动态信息在内的专业数据库。此外，邀请行业专家、企业技术人员参与录制实操视频教程，为学生提供更多贴近市场需求的学习材料，提供实践案例和职业发展指导。

从类别上来说，教育资源包含文本资源、音频资源、视频资源、图像资源及互动资源等。文字方面，平台提供结合现代数字化技术开发的新型电子教科书、相关产业学术论文、科普文章等，满足不同学科和学习阶段的需求，并融入多媒体注释和互动元素，使文本具备更强的趣味性及可读性。音频方面，录制高质量的讲座、播客和有声书，便于学生利用碎片化时间随时随地收听学习，增强平台的使用率和用户黏性，基于“斯里兰卡产业学院”引领，真正服务“一带一路”“职教出海”；同时利用人工智能技术，提供多语种的音频材料，以满足不同语言背景的学生需求。视频方面，针对教学科目及进程制作或整合高清教学视频，涵盖课程讲解、实验演示、案例分析等，利用动画、模拟等技术手段，使抽象概念更加直观易懂。图像方面，对相应资源配套提供丰富的图表、图片和插图，辅助学生理解复杂概念，同时积极贯彻数字赋能，引入信息图表和数据可视化工具，帮助学生更好地分析数据。互动资源方面，充分利用人工智能，运用 AR/VR 等虚拟现实技术，开发具有交互性的模拟实验、虚拟实验室和在线测试，让学生能够在虚拟空间中进行实操训练，提高学生的实操能力和解决实际问题的能力，如构建数字虚拟种植系统，学生可以身临其境地体验从播种到收获整个过程中的关键环节操作方法，从而更加深入地理解农业生产流程和技术要点。此外，还可以利用 AR 应用程序辅助学生识别田间杂草种类及最佳除草时机，提高他们的农田管理能力和决策水平。

通过以上路径进行打造，实现乡村数教平台"理论教室＋实训基地＋田间地头""三地一课"同步教学，拓宽用户的学习时间和空间，解决目前"数字化"与"教育教学"两张皮的状况，利用建设起的数教平台真正实现"产科教"融合的数字化改造升级。

第二节　绘制乡村人才数字图谱

一、乡村人才数字图谱的内涵价值

当前的农业人才培养机制仍然存在许多不足之处。首先是"产科教"融合度不够，高校的农业教育与传统农业实践存在脱节，学生的实践能力和实际工作需求尚有差距；其次，继续教育和培训体系不健全，基层农业人才缺乏持续进修和学习的机会；最后，农业职业教育的社会认可度较低，导致许多潜在人才不愿选择农业相关专业和职业[①]。

近年来，随着信息技术的迅猛发展和城市化进程的加速，农业产业生产的上述问题将有望得到解决。在当前数字化转型的浪潮中，乡村人才的培养与发展显得尤为重要。随着数字经济、人工智能等新兴技术不断渗透到农业农村领域，如何有效利用数字技术赋能乡村，培养符合新时代需求的乡村人才，成为精准定位职业人才，推动乡村振兴战略的重要课题[②③]。乡村人才数字图谱作为一种创新性工具，通过系统化、可视化地呈现乡村各类人才的信息，为人才培养、引进和使用提供了科学依据，是构建和完善乡村育人体系的关键所在，也是"产科教"农业园区育人的重要组成部分。

在"产科教"农业园区育人背景下，需要更加精准的人才定位匹配相应的关键工作环节及核心工作岗位。乡村人才数字图谱是指通过数字化手段全面系统地描绘一个地区或区域内乡村人才资源的分布、结构、能力素质和发展动态的综合地图。依托甘宁国家级农业产业园区，借助大数据、云计算、人工智能等现代信息技术，收集、整理和分析匹配园区各岗位核心能力要求的各类农业人才的信息，形成可视化的人才资源数据库，以满足不同行业企业的需求。它主要由以下几个核心要素组成：基础数据层，包括乡村人口、教育背景、技能水平、职业分布等基本信息；能力素质层，涵盖专业技能、创新能力、领导力、社会责任感等方面的评估数据；发展动态层，捕捉人才流动、成长轨迹、培训经历、业绩成果等动态信息；需求预测层，基于大数据分析，预测未来乡村发展对各类人才的需求趋势。通过上述数据的收集、分析，利用现代

① 丑勇萍. 新农村建设背景下农业科技人才培养机制创新研究[D]. 长沙：湖南农业大学，2025.

② 李健. 数字技术赋能乡村振兴的内在机理与政策创新[J]. 经济体制改革，2022(3)：77-83.

③ 封亮，王淑彬，唐海鹰，等. 乡村生态文明研究知识图谱：基于 CiteSpace V 可视化分析[J]. 生态与农村环境学报，2021，37(2)：137-144.

信息技术手段,对农业人才进行全面、动态的数据采集和分析,形成个性化、精准的人才特征描述。这些数据包括但不限于个人基本信息、教育背景、工作经历、科研成果、技能特长等,形成人才精准数字画像,为农业人才的培养、选拔和使用提供科学依据,实现人才资源的高效配置。此外,精准数字画像还能为农业人才的职业发展规划提供个性化指导,提升人才的自我认知和职业素养。在农业现代化进程中,精准数字画像将成为提升农业人才管理效率、优化人才培养体系的重要工具,其更是"产科教"农业园区数字平台发挥重要作用的体现,具有广阔的应用前景和巨大的社会价值。

二、乡村人才数字图谱的实现路径

构建乡村人才数字图谱是一个系统性工程,其过程涉及多个关键步骤,旨在通过高效的数据管理和分析,实现"产科教"农业园区内乡村人才资源的优化配置和动态管理。首要步骤是数据收集,结合乡村数教平台的不同接口,从多渠道获取乡村人才的全面数据,包括:园区需求人才的教育活动数据,涵盖学历、专业、课程成绩、学术发表、参与科研项目等学术活动;职业发展数据,包括职业经历、职位变动、工作业绩、获得奖项及证书等;技能特长数据,包含技术专长、软硬技能、语言能力、获得的专利和研究成果;行为日志数据,如互联网行为数据、在线学习记录、社交媒体活动等数据。利用搭建的"产科教"农业园区乡村数教平台,将来源于政府部门的信息、教育部门的学历档案、人力资源市场的就业记录以及社会服务机构的调研报告等大数据信息进行汇总分析和精确计算。在此过程中,为确保数据的全面性和准确性,需要建立标准化的数据收集流程和严格的审核机制。

相关数据收集完成后,利用现代数字技术对汇总的大数据信息进行整理分析。这一阶段的任务是对收集到的原始数据进行清洗、分类和编码,以便于后续的数据库搭建和功能模块开发。在信息整理过程中,要注重数据的去重、纠错和补全,确保每一条人才信息都是准确无误的。同时,还需要根据人才的不同特征和类别,对数据进行合理的分类和标签化处理,以便于后续的检索和应用。

数据库搭建是乡村人才数字图谱构建的核心环节之一。在这一阶段,需要选择合适的数据库管理系统,并根据前期整理的数据结构和需求分析,设计出高效稳定的数据库架构。数据库不仅要能够存储大量的人才信息,还要支持快速查询、实时更新和数据分析等功能。此外,为了保障数据的安全性和隐私性,还需要在数据库中设置相应的访问控制和加密措施。

最后是功能模块开发阶段。在这一阶段,要根据项目的目标和用户需求,开发出具有实用性的功能模块,包括人才信息查询、统计分析、预警提示、决策支持等。这些功能模块的应用,可以实现对乡村人才信息的深度挖掘和智能分析,为乡村人才管理和政策制定提供科学依据。同时,还可以通过可视化技术将复杂的数据分析结果以直观易懂的形式展现出来,便于用户理解和使用。

三、乡村人才数字图谱在育人体系中的重要作用

乡村人才数字图谱的重要性体现在多个方面,它能够帮助政府部门和相关机构更准确地了解乡村人才的数量、结构、分布以及流动情况,从而制定更具针对性的人才政策。同时数字

图谱可以促进乡村人才与产业需求的对接，通过分析人才的专业特长和市场需求，推动人才向合适的岗位流动，提高就业率和产业效益。此外，数字图谱还能够监测人才发展的趋势和变化，及时调整人才培养方向和策略，为乡村振兴提供持续的人才支持。

为了实现乡村人才的高效管理和优化配置，打造乡村人才数字图谱系统势在必行。乡村人才数字图谱的构建，旨在打造一个全面覆盖、动态更新的乡村人才信息平台。这一平台不仅将汇集各类乡村人才的详尽数据，包括他们的专业技能、工作经验、教育背景以及职业发展意愿等，还将通过先进的信息技术手段，实现人才信息的实时更新和精准匹配。这样的系统能够为乡村地区提供一个清晰、全面的人才画像，帮助政策制定者和相关机构更加精准地识别和培养乡村所需的关键人才。

数字图谱不仅包含广泛的人才信息，还要能够根据乡村发展的实时需求，动态调整人才配置方案[1]。在"产科教"农业园区内，根据不同的区域定位及功能解析，面临特色农业发展的挑战时，系统能够迅速识别出具备相关知识和技能的人才，并推荐他们参与到相关项目中去。这种灵活的人才流动机制，将极大地促进乡村地区的创新能力和发展潜力。如通过大数据模型不断训练当地的产业发展趋势，通过模拟演算结果精准定位若干主攻方向，同时通过AI垂直大模型匹配需求人才的精准数字知识及能力图谱，按图索骥，找到适合本地产业发展需求的未来乡村CEO（即农业职业经理人），利用数字技术通过跨空间和时间的屏障，实现资源的最优配置，同时实现人与地区的高效发展，达到"人、村、产"三赢的局面。

乡村人才数字图谱还将致力于打破地域限制，实现人才资源的跨区域流动。搭建线上交流平台和合作网络，鼓励城市专业人才向乡村地区输出知识和技术，同时也为乡村人才提供向城市展示自己才华的机会。这种双向互动的人才流动模式，不仅能够缓解乡村地区的人才短缺问题，还能够促进城乡之间的文化交流和经济融合，为实现乡村振兴战略提供强有力的人才支持。通过乡村人才数字图谱的构建，一个充满活力、自我完善的乡村人才生态系统得以形成。在这个系统中，每一位乡村人才都能够找到适合自己的发展路径，每一个乡村地区都能够根据自身的特色和需求，吸引和培养出最合适的人才队伍。这不仅是推动乡村经济社会发展的关键，也是实现全体人民共同富裕的重要基石。

第三节 开发未来农场课程

一、未来农场课程的价值赋能

未来农场源于对现代农业发展趋势的深刻理解和前瞻，它不仅仅是一种技术的应用，更

① 张冰，张琦，程一冉，等. 创新构建基于人才图谱的多维评价体系[J]. 现代班组，2024(2)：8-10.

是一种全新的农业生产理念，旨在通过高科技手段实现农业生产的高效、可持续和环境友好[①]。随着全球人口的增长和食品需求的不断上升，传统的农业生产方式已经难以满足现代社会的需求，因此，结合多种现代技术手段的未来农场的概念应运而生，成为推动现代农业发展的重要力量。未来农场的核心科技是推动农业进入现代化、智能化新时代的重要力量。智能农业作为其中的代表，依托物联网、大数据、云计算等信息技术，实现对农作物生长环境的实时监测和精准管理。通过部署各种传感器和摄像头，远程监控农田的土壤湿度、气温、光照强度及作物生长状况，并根据收集到的数据进行科学决策。未来农场的系统技术升级提高了农业生产的效率和产量，提升农业生产效率和资源利用率，推动了农业的可持续发展。

基于未来农场概念开展农业职业教育，就需要建设起一套符合数字化浪潮需求的课程体系，学习者通过未来农场课程的学习，掌握现代农业技术、农业生态系统管理、农业供应链等方面的知识，培养解决实际问题的能力。同时，课程还将注重培养学生的创新思维和团队合作精神，以适应未来农业发展的需求。未来农场课程应具备以下关键教育价值：第一，理解与应用数字农业技术。让学生深入了解什么是数字农业，掌握其在提升农业生产效率和资源利用率方面的关键技术和应用方法。学生将学习如何利用物联网（IoT）、大数据、人工智能（AI）和区块链等前沿技术来改造和优化农业生产流程，通过具体案例分析和实地考察，能够将所学理论应用于实际农业生产场景中，解决生产中的实际问题。第二，培养创新能力与实践技能。鼓励学生在数字农业领域进行创新，开发新技术和新应用。通过项目制学习和科研训练，培养学生的创新思维和动手能力。依托“产科教”农业园区中的多方协作互动，提供真实的项目和田间实验机会，让学生在真实环境中探索和验证自己的设想，提升实践技能和解决问题的能力。组织学生参与各类农业科技竞赛和创新创业活动，提高他们在数字农业领域的综合素质和竞争力。第三，促进可持续发展意识。培养学生对农业生态系统的关注，增强对可持续发展的理解，充分体现“大思政”学习观。学生将学习如何在提高农业生产效率的同时保护环境，减少对自然资源的过度利用。激发学生对未来农业发展的热情和责任感，让他们成为推动农业可持续发展的践行者和倡导者。第四，探索新型农业商业模式。引导学生研究和探讨适应数字农业发展的创新型商业模式，如定制化生产、农产品溯源、社区支持农业（CSA）等。结合市场需求和技术趋势，设计具有商业价值的农业项目，培养具有商业思维和创业能力的复合型人才。在课程实施过程中，提供与企业合作的机会，让学生在实际项目中了解商业模式运作的各个关键环节，积累实践经验。

综上所述，构建一门未来农场课程对于培养具备现代农业知识和技能的人才具有重要意义。通过学习这门课程，学生将能够更好地适应未来农业发展的需求，并为推动农业的可持续发展作出贡献。

二、未来农场课程构建实施

在规划未来农场课程的内容框架时，应重点关注未来农业的需求和趋势。随着科技的发

① 杨锐，王丽蓉．垂直的农场：未来都市农业景观初探［C］//中国风景园林学会 2011 年会论文集（下册）．2011：138-140．

展，农业正在经历一场革命，从传统的耕种方式转向更加智能化、自动化的生产方式[①]。因此，课程构建也需要紧跟这一趋势，同时结合模块化课程改革趋势，跳脱出传统教学课程，设计若干课程单元，以更好地帮助学生应对未来农业的发展浪潮。这些课程要素包括：第一，数字农业基础。介绍数字农业的基本概念、发展历程和未来趋势，融入物联网、大数据、人工智能、区块链等核心技术在农业中的应用原理和实际案例，帮助学生建立对数字农业的全面认识。第二，智能化农业生产。详细介绍智能化农业设备的工作原理和应用方法，如无人驾驶拖拉机、植保无人机、自动灌溉系统等。探讨智能种植、养殖系统中的关键技术，包括传感器网络布局、数据实时采集与传输、环境监测与调控等。通过实验和实际操作，学生可以掌握智能化农业设备的配置和使用，并学会根据数据进行调整和优化。第三，数据处理与分析。教授学生如何利用大数据技术和工具进行数据采集、清洗、存储和管理，确保数据的完整性和有效性。讲解数据分析的方法和模型，如大数据分析、机器学习算法等，在农业中的应用案例和实践经验。安排实际的数据分析项目，让学生亲自操作，从数据中挖掘有价值的信息，为农业生产决策提供科学依据。第四，精准农业实践。介绍精准农业的核心理念和技术体系，包括精准播种、施肥、灌溉和病虫害防治等环节的具体实施方法。组织学生参与精准农业项目的各个环节，从规划设计到实际操作，再到效果评估，全面体验精准农业的实施过程。同时结合实际案例，分析精准农业在不同地区和不同作物上的应用效果，提升学生的思考能力及改进创新能力。

课程实施的方法着重体现"田间微课"的"田间"体现，所有的实景资源均来源于生产实践，采用"理论＋案例＋实践＋项目"有机融合的方式。第一，理论讲授。采用课堂讲授方式，系统性地传授数字农业的基础知识和核心技术，包括物联网、大数据、人工智能等前沿技术的基本原理和应用实例。邀请行业专家和学者进行专题讲座，分享最新研究成果和行业动态，拓宽学生的学术视野和知识面。使用多媒体教学手段，如 PPT 演示、视频播放和动画展示，使教学内容更加生动形象，帮助学生更好地理解和掌握重点难点。第二，案例分析。精心挑选国内外经典数字农业案例，详细剖析每个案例的背景、实施方案、技术创新和实际效果，帮助学生理解理论知识在实际应用中的价值。组织学生进行案例讨论，引导他们从多角度分析案例中成功或失败的关键因素，总结经验教训，并提出自己的见解和改进方案。鼓励学生将自己的课程项目与实际案例进行对比分析，从中借鉴经验和方法，完善自己的项目设计。第三，模拟实验实践。设立专门的实验课程，让学生亲自操作先进的农业设备和传感器，学习数据采集、处理和分析的方法，提升动手能力。组织学生到未来农场或合作基地进行实地考察和实习，亲身体验智能化农业生产的全过程，了解农场管理的实际情况和需求，安排学生参与具体的科研项目或工程项目，在导师的指导下进行课题研究、技术开发和项目实施，培养他们的科研能力和创新精神。第四，项目导向学习。将学生分成小组，每组负责一个实际项目，从需求分析、方案设计到实施和效果评估，全程由学生自主完成，培养他们的项目管理能力和团队协作精神。引入企业合作项目，让学生为企业解决实际问题，提升他们的实践技能和职业素养。定期举行项目进展汇报会，邀请校内外专家进行点评和指导，帮助学生不断改进和完善项目。

---

① 王济民.建设现代农业迫切需要农业科技创新[J].中国合作经济，2012(3)：2.

第四节　探索数字科创

一、数字科创的实施价值

"产科教"农业园区融合育人模式是一种创新的农业园区运营方式，其核心在于将生产、科研与教学三者紧密结合，形成一个协同发展的生态系统。在这一模式下，农业园区不再仅仅是农作物的生产基地，而是成为了知识创新、技术推广和人才培养的重要阵地。通过科研机构和教育机构的有机融合，农业园区能够直接对接最新的科研成果，加速科技成果转化过程，同时也为学生提供了实践操作的平台，促进了理论知识与实际操作技能的深度融合。

该模式的优势在于它打破了传统农业教育与实际生产之间的壁垒，让学生能够在真实的农业生产环境中学习成长。这种学以致用的教学方式不仅提高了学生的动手能力和解决问题的能力，还激发了他们对农业科学的兴趣和热情。此外，"产科教"模式还有助于培养具有创新精神和创业能力的复合型人才，这对于推动现代农业发展具有重要意义。通过这样的平台，学生们有机会接触到前沿的农业技术和经营理念，从而在未来成为引领行业发展的新生力量。

数字科创正逐步成为推动农业教育革新的重要力量[①]，尤其在"产科教"模式下的农业园区中，其影响力尤为显著。这一模式通过将生产、科研和教学紧密结合，构建了一个新型的农业教育和实践平台，旨在培养具备创新能力和实践经验的农业人才。数字科创的引入，不仅极大地提升了教学质量，还为学生创造了更多动手实践的机会，使他们能够在实际操作中深入理解和掌握农业科技知识。对于学生而言，数字科创的实践应用意味着他们可以在更加真实的环境中学习最新的农业科技知识，亲身体验科技创新在农业生产中的重要作用。这种学习方式不仅增强了他们的实践能力和创新思维，还激发了他们对农业科学的兴趣和热情，为未来的职业发展奠定了坚实的基础。

因此，可以说数字科创在"产科教"模式下的农业园区中扮演着至关重要的角色。它不仅是提高教育质量的重要工具，更是促进学生实践能力发展的关键因素。随着技术的不断进步和应用的持续深化，数字科创将继续为农业教育带来更多的创新和变革，为培养更多优秀的农业人才贡献力量。

二、数字科创在农业园区中的实践意义

数字技术在"产科教"农业园区中的应用，体现在多个方面。例如，在同鑫农业园区，使用物联网技术可以实现对农作物生长环境的实时监控，通过大数据分析，管理作物生长数据，预测产量和品质，利用人工智能在数据分析基础上提供智能化的种植建议和管理方案，未来将

① 黄永刚，陆岷峰．数字经济背景下构建数字科创金融发展生态圈路径研究[J]．区域金融研究，2024(4)：12-18.

实现元宇宙智慧菜园的建设,实现生产全过程无人化、智能化管理。这些技术的综合应用,不仅提高了农作物的产量和品质,还优化了资源管理,降低了生产成本,提升了农业生产的效率和效益。同时通过 VR/AR 技术,制作虚拟现实场景,为教学及参观者提供优质体验,更深入地了解农作物的生长过程。通过在农田中部署传感器收集土壤湿度、光照强度、气温等数据,再利用大数据技术进行数据分析,农业生产者可以更科学地制定灌溉、施肥等管理措施,有效提高农作物的产量和品质。同时,这些数据作为第一手研究资料提供给服务园区科研人员,促进农业科研工作的深入发展,同实际问题和卡脖子问题进行紧密对接,真正践行了“将论文写在大地上”。人工智能技术也在“产科教”农业园区中发挥着重要作用。通过人工智能算法分析农作物生长数据,可以实现病虫害的早期预警和精准防治,减少化学农药的使用,保护生态环境。此外,人工智能还可应用于农作物品种改良和育种工作中。通过“田间实验室”的建设,将数字智能育选种平台布局到国家产业园区中,通过对大量遗传数据的分析,筛选出具有优良特性的新品种,加速农业科技创新的步伐。

通过以上的大数据模型,以及图像识别、数据分析方面的技术集成,深入田间地头,与农民、农业行业专家进行广泛的交流,了解传统农业生产过程中遇到的具体难题和痛点,构建具备核心解决方案功能的农业虚拟人。虚拟人对农作物生长周期内包括播种、施肥、灌溉、病虫害防治等各个环节进行全程监控与管理,同时具备智能决策能力,能够在遇到突发情况时迅速作出反应,如调整灌溉量、改变施肥策略等,以减少损失,并确保作物健康生长。这种高效、环保的生产方式正是“产科教”农业园区的最终需求。

实施“产科教”模式和数字科创的农业园区,虽然前景广阔,但同样面临多重挑战。首当其冲的是技术难题,尤其是如何将先进的物联网、人工智能等技术深度融入农业生产和教育实践中。这不仅需要高水平的技术研发,还需要持续的技术更新和维护。农业园区的数字化建设中,资金问题也不容忽视①,高新技术的引入和应用往往伴随着高昂的成本,这对于许多农业园区而言是一大负担。此外,政策支持的不足也是一个重要因素,包括科技项目的资金扶持、税收优惠等政策的不完善或执行不力,都可能阻碍“产科教”模式和数字科创技术的推广与应用。

尽管存在这些挑战,但未来的发展趋势和潜在的机遇也是显而易见的。随着国家对农业现代化和科技创新的重视程度不断加深②③,相关的政策环境正在逐步改善,未来可能有更多的政策利好出现④。同时,随着技术的成熟和规模化应用,相关成本有望降低,使得更多的农业园区能够承担数字化转型的费用。此外,随着社会对于绿色、可持续农业的需求增加,“产科教”模式结合数字科创的农业园区将更能满足市场的需要,从而开拓更广阔的市场空间。因此,尽管当前面临一定的困难和挑战,但随着技术进步、政策支持和社会需求的推动,“产科教”模式和数字科创在农业教育和实践中的应用将迎来更加光明的未来。“产科教”模式下的

---

① 潘小华.萧山区现代农业园区发展现状与存在问题研究[D].杭州:浙江农林大学,2014.

② 高布权.论农业科技创新的内涵及其在农业现代化中的功效[J].农业现代化研究,2008,29(5):522-526.

③ 曹冰雪,李鸿飞,赵春江,等.智慧农业科技创新引领农业新质生产力发展路径[J].智慧农业(中英文),2024,6(4):116-127.

④ 彭枫,奚志虬,张亮.建设“智慧村庄”助力乡村治理[J].上海农村经济,2024(8):19-20.

农业园区集生产、科研与教学功能于一体,为农业科技创新提供了肥沃土壤。随着数字技术的发展及其在农业领域的深入应用,“产科教”农业园区将成为连接理论与实践、促进知识转化的重要平台。它不仅有助于解决当前面临的食品安全等问题,也将推动整个行业向着更加智能高效的方向前进。因此,应该抓住机遇,积极应对挑战,共同努力推动“产科教”农业园区的数字化进程,使之成为新时代背景下我国农业教育改革与发展的新亮点。

第十章 ▶▶▶
诗与远方:"3.0 版本"的反思迭代

"产科教"农业园区融合育人是当前涉农教育改革与农业产业升级的重要趋势,通过跨领域合作,实现教育资源与产业资源的优化配置,培养符合市场需求的高素质人才。一方面,农业园区作为现代农业发展的重要载体,不仅承载着生产功能,还具备科研、教育、示范等多重作用。将"产科教"理念融入农业园区,对于推动农业教育现代化、促进农业科技创新和产业升级具有重要意义。另一方面,"产科教"农业园区融合育人是一种有效的教育模式,对于推动农业现代化、促进教育与产业深度融合具有重要意义。面对实践中出现的挑战,需进一步反思和改进,如不断完善合作机制、加大支持力度、优化人才流动与激励机制,并紧跟产业发展趋势,以培养出更多适应现代农业发展需求的高素质人才。未来,随着政策的进一步支持和各方合作的深化提升,"产科教"农业园区融合育人的模式将展现出更大的潜力和价值。

第一节 融合育人的实践成效与经验

习近平总书记在中国共产党第十九次全国代表大会上提出了"完善职业教育和培训体系,深化产教融合、校企合作",这为"产科教"融合育人模式提供了行动指南[①]。通过产学研合作,提高人才培养质量,更好地服务国家战略和区域经济社会发展,这是产业、学校、教育三方深度合作的生动实践,也是共同培养符合市场需求的高素质人才的必然使命[②]。党的二十大报告进一步提出:"推进职普融通、产教融合、科教融汇,优化职业教育类型定位",明确将职普融通作为职业教育发展的重要任务。党的二十届三中全会对深化教育综合改革作出系列

① 肖渝琪.基于现代学徒制的中高职课程衔接比较研究[D].武汉:湖北工业大学,2020.

② 夏晓青.协同学视角下高职人才培养提质培优路径探索[J].扬州职业大学学报,2021,25(1):48-51,55.

部署。其中,针对职业教育,提出"加快构建职普融通、产教融合的职业教育体系"①。

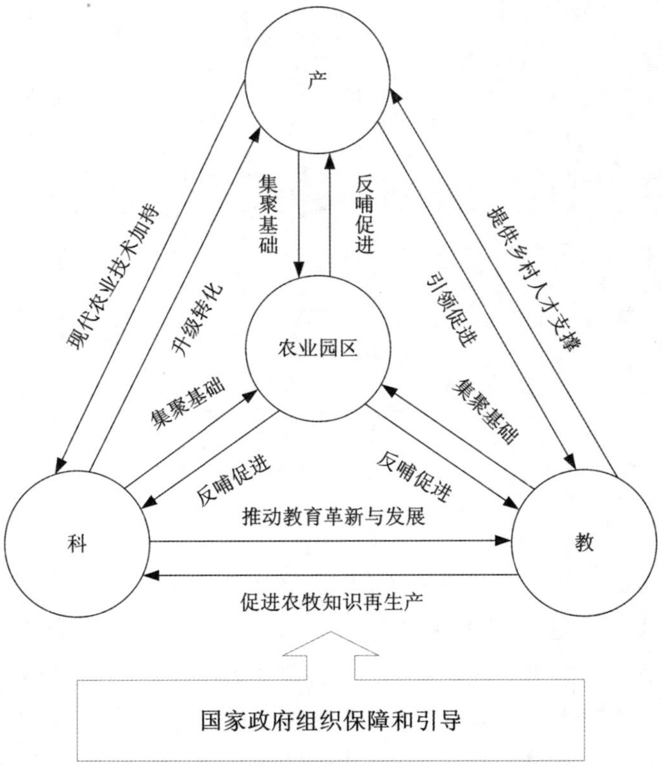

"产科教"农业园区融合育人图谱

2024 年 9 月,习近平总书记在全国教育大会上指出,要"构建职普融通、产教融合的职业教育体系,大力培养大国工匠、能工巧匠、高技能人才",进一步明确了职普融通是构建职业教育体系、强化职业教育的基本定位,为建设职业教育体系提供了根本遵循②。作为涉农高等职业院校的重庆三峡职业学院,按照重庆市农业农村委员会关于印发《重庆市现代农业产业园建设管理办法(试行)》文件精神,聚集现代生产要素,按照"生产+加工+经营+科技"全产业链发展要求,发挥技术集成、产业融合、创业平台、核心辐射等功能作用,践行绿色发展理念,带动农民就业增收,打造现代农业建设水平领先的区域农业经济发展平台;同时顺应国家乡村振兴战略及区域经济发展态势,通过"产科教"农业园区融合育人模式,已然呈现出成熟可见的育人成效与经验。

---

① 曹叔亮.高等职业教育园区产学研协同创新的多元竞合模式:基于合作竞争理论[C]//2016 中国南方教育高峰年会论文集.2016:358-364.

② 中央团校微信公众号.紧紧围绕立德树人根本任务朝着建成教育强国战略目标扎实迈进[J].中国青年社会科学,2024,43(5):封 2.

一、育人实践成效

(一)"质"飞跃 "量"提升——学生培养质量稳步提升

人才培养质量涉及知识、技能、综合素质、思维能力及职业准备等多个方面。为了提升人才培养质量,学校通过加强课程体系建设,注重理论与实践的结合;推行素质教育,全面提升学生的综合素养;强化创新思维与批判性思维训练,激发学生的内在潜能;加强职业规划指导,增强学生的就业竞争力与适应能力;建立校企合作机制,为学生提供更多实践机会与职业体验。"产科教"农业园区融合育人模式通过与相关企业深度合作,实现了人才培养与企业需求的无缝对接,提高了学生的实践能力和职业素养,增强了其就业竞争力①。同时,通过以赛促学、以赛促教,打破学生培养时空壁垒,构建完整配套的人才培养体系。在此模式驱使下,能实现教育理论与实践的深度融合、教育形式与内容的丰富交汇,促进学生德、智、体、美、劳全面发展。

随着知识经济时代的到来和现代化农业发展需求,农业人才成为推动社会进步与经济发展的关键因素。因此,提高农业人才培养质量,确保农业人才能够满足社会、市场、农业发展的多元化需求,是"产科教"农业园区融合育人的价值导向。人才培养质量是衡量教育成果与个人发展成效的重要指标。它不仅关乎个体的职业竞争力与生活幸福感,也直接影响到国家竞争力的提升与绿色农业的可持续发展。人才培养涉及学习成绩、专业知识与技能、创新能力与综合素质、个人能力、知识素养、价值观、终身发展能力等方面内容,是职业院校高质量发展评价重要考核指标。通过"产科教"农业园区融合育人模式的实践,人才培养质量提升表现在以下几个方面。

一是专业知识与实践技能的深度融合。在"产科教"农业园区融合育人模式下,学生不仅能够学习到扎实的涉农专业理论知识,还能通过涉农企业实习、实训等园区实践活动,将所学知识应用于实际工作中,实现理论与实践的紧密结合。这种教育模式提升了学生的专业技能水平,使其能够更好地适应未来的工作需求。通过"田间游教""技术下乡"等育人机制,将知识铺撒在广袤的乡村土地中,让学生能够深入农村地区,广泛开展"三农"知识的实践化、落地化,坚守职业教育"做学合一""理论与实际并行""知识与技能并重"原则,切实做到了"校园、庭园、田园"教学时空转换,通过"三园基地"奋笔书写了乡村振兴的"大田文章"。例如,重庆三峡职业学院以"农村的田坎上、农民的心坎上、农业的命脉上"的育人理念,在三峡库区冲破校园"围墙"办学,践行"校村共生";主动与万州、云阳、开州、忠县、梁平等9个区县16个乡镇(企业)签订战略合作协议,联建村民"家门口大学",星火式设置集人才培养、技能培训、创业孵化为一体的"田间学院"16所;开启"游教模式",实施产教融合,实现"校园与田园"教学空间转换,书写三峡库区"田间赋能"新篇章。同时,学院创新"三农"人才培养"游教"模式,采取"田间创客"行走式教学、"田间保姆"家访式传技、"田间农博"问需式答疑等有效举措,致力于游训"在乡人才"发展、游助"返乡人才"创业、游育"入乡人才"扎根,培育了一大批"土专家""田秀才",为乡村振兴蓄势赋能②。

---

① 中共湖南省委.湖南省人民政府关于促进产学研结合增强自主创新能力的意见[J].湖南政报,2009(1):3-5.

② 赵福奎,郎朗.田间学院:为乡村振兴蓄势赋能[N].中国教师报,2022-09-07(14).

二是创新能力与问题解决能力的增强。"产科教"农业园区融合育人模式促进学生参与科研项目、创新实验、田间实验室等活动,通过解决实际问题来锻炼创新思维和问题解决能力,激发学生的创造力,培养其独立思考和团队协作的能力,也为学生未来的职业发展奠定坚实的基础①。同时,将人才培养方案内容深度融入"田间学分""田间微课"概念体系、话语体系、方法体系,并在重庆万州、云阳、开州、忠县等区县设置校园双创基地、庭园双培基地、田园双生基地,深度挖掘学生创新意识与能力,与时俱进地开发学生潜能潜力,精准对接涉农高职优势特色发展目标,为现代化乡村全面振兴蓄势赋能。例如,近年来,重庆三峡职业学院学生参加第十五届"挑战杯"全国大学生科技作品竞赛获全国特等奖和三等奖;参加"挑战杯——彩虹人生"全国职业院校创新创业创效大赛获重庆赛区金奖1项、银奖1项、铜奖3项,全国三等奖1项;参加首届中国现代农业职教集团"隆平杯"创新创业大赛并获得一等奖和三等奖。

三是就业竞争力与职业适应力的提升。"产科教"农业园区融合育人模式注重培养学生的实践能力和职业素养,使得学生在相关就业市场上更具竞争力。包括以专业对接产业,开发"1+X"证书培育模式,使学生能在毕业后获得学历证书+职业技能等级证书。学生在校期间通过参与企业实践、实习实训、认知学习等活动,提前适应职场环境,提高职业适应能力,从而更顺利地完成从学校到职场的过渡。同时打造"语技融合""育训融通""科教融汇"等"三融"模式,牵引和美乡村人才培养,以"学历+培训"锻铸和美乡村人才技能培养与职业素养提升,以"数字+教育"融汇教学过程与科研进程,助推学生综合竞争力与适应力。通过"产教科"农业园区共同体机制,以及与相关企业的深度合作,学生能够在真实的农业工作环境中体验相关企业文化,了解行业规范,从而在潜移默化中培养良好的职业素养和职业道德,促进自身软实力的提升,使自身在今后职场中能保持长期发展。同时,通过打造特色农业园区产教融合共同体,牵动优势互补的产学研机构,顺应职业教育全球化发展趋势,提升学生多元文化交流能力,促进跨文化沟通与合作②。例如,2024年1月,斯里兰卡50名学员来到重庆三峡职业学院参加为期一周的短期培训,培训重点围绕智慧农业、预制菜产业、产业振兴、农文旅融合等内容展开研学育人,促进了学校师生的广泛交流,为构建海外和美乡村人才培养新模式提供新思路。

近年来,重庆三峡职业学院毕业生服务成渝经济和农牧行业的就业竞争力与职业适应力显著提升。例如,学院近四届毕业学生就业地区以重庆、四川为主,其中,毕业生在本市就业的比例保持在六成以上且整体呈上升趋势,重庆持续为学院毕业生就业主战场。毕业生立足重庆,融入成渝双城经济圈建设,积极推动地方经济社会发展,与学院服务西部地区、服务现代农业、服务乡村振兴的办学理念相契合。同时主动对接区域产业链需求,多途径推动产教融合深化发展,全力培养高职业素质、高实操能力的技术人才。毕业生服务地方是校、地、生三方共同的需求,学院始终立足三峡库区、服务区域经济、对接上中下游全产业链,培养更多

---

① 高花彦.农业硕士对科教融合培养的认同度研究[D].阿拉尔:塔里木大学,2024.

② 苏朋艺."一带一路"倡议对中国农业全要素生产率的影响研究[D].济南:山东师范大学,2024.DOI:10.27280/d.cnki.gsdsu.2024.001537.

的毕业生服务地方经济发展。在行业层面,近四届毕业生的就业领域均集中于农/林/牧/渔业(分别为31.3%、30.4%、32.4%、31.0%),与学院"面向现代农业、服务乡村振兴"的办学定位高度相符,为成渝地区的农业现代化发展输送了大量人才。此外,2023届分别有7.3%、6.0%的毕业生就业于机械设备制造业、其他制造业,且均较上届(分别为2.9%、3.8%)有所上升,体现学院毕业生同时为地方制造业转型升级贡献力量。总体来看,毕业生就业率稳定保持在98%以上,就业现状满意度、职业期待吻合度等各项指标均高于全国高职院校平均水平。

四是终身学习与自我发展能力的提高。"产科教"农业园区融合育人模式促进学生持续自主学习和终身学习。通过与企业的紧密合作,学生能够接触到最新的农业行业动态、产业革命和技术发展,从而激发其持续学习和自我提升的动力,培养自我发展能力,使其在未来的职业生涯中能够不断适应新的变化和挑战。同时职业教育是终身教育,贯穿于人才培养的全过程,通过以劳树德、育人润心的渗透作用,对受教育者实施终身教育,使之适应现代化农业和政治经济发展对职业教育的不同时期、不同阶段的要求,促进学生终身学习与提高自我发展能力。自建校以来,重庆三峡职业学院累计为社会培养了高素质专业人才10万余名。十年来,学校全面贯彻以赛促学、以赛促教,学生参加全国职业院校技能大赛,累计荣获一等奖16项、二等奖49项、三等奖34项。学生连续8年荣获全国职业技能大赛一等奖14项、二等奖41项。其中,2019年获2项一等奖、5项二等奖、6项三等奖,成绩位列全国职业院校学生技能大赛奖牌榜第8名。学院通过以赛促学、以技促训,技能传承、全面发展,培养了数以数十万计的各类综合人才,同时培养了多名全国技术能手,将终身学习和能力拔高落到实处,为农业园区发展提供高端技术技能型人才①。

五是社会责任感与公民意识的增长。"产科教"农业园区融合育人模式能提供学生个人能力提升的田野实践平台。学生通过参与社会服务、公益活动等方式,增强社会责任感和公民意识,实现社会责任感和人文关怀精神的提升,使自身在未来的职业生涯中能够更好地服务于社会。作为重庆三峡职业学院助力乡村振兴的育人品牌,"田间学院"已被纳入教育部、重庆市人民政府《深化现代职业教育体系改革服务成渝地区双城经济圈建设实施方案》中②。2024年10月31日,重庆三峡职业学院乡村振兴学院减贫案例"'田间学校'迭代升级'田间学院',持续育训助农增收模式'出海'——中国和斯里兰卡的农业职业教育合作实践案例"成功入选第五届"全球减贫案例征集活动"最佳案例,为全球人类命运共同体提供可行可鉴可享的模式典范。

农业园区人才培养同时也需要政府的关注和重视,学校与政府、社会各界加大对教育的投入,营造"政产学研用"良好的育人环境和培育格局,深化"产科教"农业园区融合育人模式的探索和实践,加强校企合作,推动人才培养与农业产业行业需求的深度融合,共同推动人才培养质量的全面提升,为经济社会发展提供更多高素质人才。

① 文秀月,刘洋.做好人才培养加法 打造现代工匠摇篮[N].重庆日报,2021-05-23(008).

② 何丹.课程思政理念融入中职教学的研究与展望[J].工业技术与职业教育,2024,22(3):72-79.

(二)"聚"团队 "能"攀升——师资队伍科创水平提高

随着科技革命的加速推进和产业结构的不断优化,"产科教"农业园区融合育人模式顺应时代发展浪潮,强调教育链、人才链与产业链、创新链的协同发展,通过产教融合推进产业与人才培养目标和培养方式的有效对接,使得科教融汇推动教学与科研协同发力①。重庆三峡职业学院作为涉农高职,其"产科教"融合育人主体包括教师、企业技师、乡村土专家、行业专家、创业导师("五师"队伍)。通过"产科教"相关平台聚类,将教育与产业、科研的深度融合,提升育人质量和师资队伍的科技创新水平。

1."五师"队伍科研水平提升

"产科教"农业园区融合育人模式对高职院校师资队伍科研水平的提升具有重要影响,在该模式的运行下,教师的科研能力和创新能力明显提升。教师团队科研水平提高又能反向推动教学改革和创新,通过实施项目教学、开发校企合作课程与资源、建设产教融合实训园区基地等措施,能全面提升教学效果和质量,促进职业教育的高质量发展。"产科教"农业园区融合育人模式能够克服师资队伍在科研方面存在专业素质不够高、创新能力不足、科研经验匮乏、科研成果转化低等问题,能促进资源整合、协同创新和人才培养,适应现代职业教育的需求。同时集聚各方资源,包括产业资源、科研资源和教育资源,为师资队伍提供丰富的科研平台和机会。一方面通过搭建产学研合作平台,促进企业与高校之间的协同创新,推动农业科研成果的转化和应用,提升涉农高职院校师资队伍科创水平,有助于推动教育与产业的深度融合,提高人才培养质量和就业竞争力。另一方面,"产科教"农业园区融合育人模式强调以园区产业需求为导向的人才培养,促使教师不断更新教学内容和方法,提高人才培养质量②。通过资源整合和协同创新,可以打破体制机制枷锁,实现资源优化配置和整体创新能力的提升。

2."五师"队伍创新能力提高

学校通过加强与企业和科研院所的合作,建立农业园区产学研合作平台,促进科研成果的转化和应用,对师资队伍的创新能力有显著的推动作用。例如,加强"五师"队伍团队建设,提高其科研能力和创新能力,鼓励广大教师参与科研项目和产学研合作,挖掘"双师型""多师型"教师队伍潜力,提高科创成果转化率。同时,优化人才培养方案,以产业需求为导向,不断更新教学内容和方法,提高人才培养质量;建立完善的激励和保障机制,激发教师团队的科研热情和创新动力,推动职业教育提质升级。

目前,重庆三峡职业学院通过对接产业、集聚资源、优化布局等方式,实现了科研推动产业发展、反哺教学育人的良好局面。学校师资队伍的科创水平得到了显著提升,科研成果丰硕。通过资源整合、协同创新和人才培养等措施,可以激发教师的科研热情和创新动力,提高科研成果的质量和转化率,进而推动职业教育的高质量发展。学院现有教职工 700 余人,其

---

① 黄丽琳.高技能人才的培养之道[N].广西日报,2024-04-02(006).

② 张雯婧,汪伟.天津优质职教"给养"西部[N].天津日报,2011-06-26(01).

中博士、硕士研究生400余人,正高级43人,副高级127人,"双师双能"型教师占比近75%。现有新时代职业学校名师(名匠)、全国农业职业教育教学名师、全国技术能手、全国服务乡村振兴"名课名师"等高层次人才共40余人。

近年来,重庆三峡职业学院教师参加教学能力比赛,获国家级奖项6项。学院获全国"挑战杯"竞赛奖7项、"一带一路"暨金砖国家技能发展与技术创新大赛奖25项。学院"双高"教师团队主译出版英文专著1部,发表SCI论文11篇,其中TOP期刊2篇,参编双语版教材1部,立项4门国际化在线课程建设,建成2门国际化课程在线开放平台,立项3项国际合作教科研和创新创业项目,专业群国际化、科创化水平得到进一步提升,社会科创服务精准发力。

(三)"集"专业　"融"发展——专业集群建设交汇互用

在加强"产科教"农业园区融合育人的过程中,优化涉农高职院校的专业集群结构至关重要。这一举措旨在提升专业集群的适应性和灵活性,以更好地对接农业产业需求和科技发展趋势。通过实施"产科教"融合、多方协同等策略,有效地整合资源,形成育人合力。政策与科研的双重支持为农业技术攻关和推广奠定了坚实基础,同时,也促进了学习、实训、科研、生产和经营的有机统一。这种全方位、多层次的园区融合模式,不仅推动了涉农高职院校的专业集群发展,更为培养具备实践能力和创新精神的农业人才提供了有力支撑。

1. 专业集聚优化专业结构

通过"产科教"农业园区融合育人机制,涉农高职院校能够紧跟现代农业产业的发展趋势,及时调整专业群结构。这种调整体现在对既有专业的优化升级,包括根据市场需求对专业进行细分或整合,也体现在对未来新兴产业的预判和布局。引入行业前沿的技术和管理理念能够确保专业设置与产业发展同步,为区域地方经济和社会提供更加适应市场需求的专业人才①。例如,重庆三峡职业学院在第二轮"双高"申报中,将同校其他学院的现代农业装备应用技术专业加入,通过动态调整,优化专业群集群结构,与时俱进地跟进国家发展战略和地方经济发展需求,为社会经济发展注入新动能。

2. 专业发展提升人才培养质量

"产科教"农业园区融合育人模式有助于深化产学研合作,实现人才培养与产业需求的紧密结合。专业群发展能够弥补市场需求短板,为市场人才储蓄池提供精准补给。在融合的过程中,学校可以依托产业界的优质资源,如实训基地、科研项目等,为学生提供更具实践性的学习体验。产业界也可以借助院校的专业人才资源,推动技术创新和产业升级。这种互补互利的合作模式,有助于提升人才培养质量,能为地方农业产业的可持续发展提供有力的人才保障。同时加强政策引导和资金扶持,优化资源配置,完善协同育人机制。畅通科研院所、企业与高职院校的深度合作,共同开展专业建设和农业科研项目建设,推动农业科技创新。加强专业群相关实践教学环节,提升学生的实践能力和职业素养,以高质量人才培养目标为根本,更好地服务于农业现代化和新农村建设。

---

①　董荣伟.产科教融合视域下高职产业学院育人资源建设路径研究[J].国际援助,2024(27):52-54.

3. 专业交汇融合增强创新能力

"产科教"农业园区融合育人模式可以推动涉农高职院校与产业界的深度合作,共同开展科技创新和研发活动。专业群内的人才交互有助于整合各方的优势资源,提高研发效率,也能够促进科研成果的转化和应用。与企业联合开展科研项目,院校可以为各专业学生提供更加前沿的学习资源和技术支持,从而提升学生的创新能力。这种创新能力的提升有助于学生在未来的职业生涯中更好地适应市场需求,提高综合素养和眼界,推动地方农业产业的创新发展。

例如,重庆三峡职业学院以畜牧兽医专业群国家"双高"建设为基础,立足长江经济带和成渝双城经济圈万亿级现代生猪产业集群,聚焦高端产业和产业高端。通过对产业链技术技能型人才需求调研分析,重点服务成渝现代高效特色农业带中现代生猪产业智能化、数字化改造升级,围绕区域现代生猪产业,满足从传统养殖到智慧养殖职业能力提升的岗位人才需求,从数据孤岛到数智生态新质生产力赋能的行业发展需求,从单一技术到复合技能节本增效的技术服务需求,从分散培训到终身学习的职员成长需求,从低值产品到高端产品的开发需求,构建以"智慧畜牧+"技术贯穿全链条,以产业链为线串联技术服务机构,组建技术指导联盟①。以关键岗位为纽带,以畜牧兽医专业为核心,以动物医学、动物防疫与检疫、动物药学、现代农业装备应用技术等专业组成专业群。

(四)"破"围墙 "立"标杆——学校发展态势稳健行远

职业院校具有类型定位优势和特色。涉农高职院校的长远发展,离不开与企业、科研院所等的深度合作。"产科教"农业园区发展需要破除传统发展围墙,打破固守思维枷锁,通过校企合作、校研结合等,实现资源整合、优势互补,共同推动农业产业的转型升级和创新发展。

深化合作是涉农高职院校稳健发展的关键。学校应与企业、科研机构建立紧密的合作关系,通过共同制定培养计划、共同开展科研攻关工作等方式,加强交流与合作②。这种合作有助于学校了解市场的实际需求,能帮助学校将理论知识与实践操作相结合,提高学生的实践能力和职业素养。企业与机构也能从中获得学校的人才资源和科研支持,实现多方共赢。拓展园区发展空间是涉农高职院校全面发展的重要方向。学校要广泛参与农业产业转型升级和创新发展,通过广泛合作,拓展专业集群的发展空间。例如,重庆三峡职业学院与农牧龙头企业合作,共同开展农业生产、加工、销售等方面的业务,推动农业产业链的延伸和增值。例如,与重庆市畜牧科学院合作,开展科研项目立项和攻关,提高科研转化效率;通过开展技术下乡等活动,提升专业集群的社会服务能力和影响力,为农业产业的可持续发展提供有力的人才和技术支持等。建立多元化合作关系是涉农高职院校综合发展的基础。学校与企业和机构等要建立稳定的合作关系,通过共同制定培养计划、共同开展科研工作等方式,加强交流与合作。这样能够促进形成双方实现资源共享、优势互补的生动局面,共同推动农业产业的发展。

---

① 冉一.以"技术链"赋能"产业链"[N].中国市场监管报,2023-08-31(A6).

② 张军.粤港澳台职业教育高质量发展合作模式的思考与展望[J]广东教育(职教版),2024(7):10-11.

重庆三峡职业学院通过大力加强校园建设，持续推进教育教学改革，不断提高师资队伍水平，不断完善办学基本条件，使得人才培养质量稳步提高。学院育人团队积极服务国家乡村振兴战略、成渝地区双城经济圈发展战略，在全市率先成立乡村振兴学院，在西南地区创办乡村振兴分院19个，建成市级科研创新平台5个，市级创新研究群体2个，建成"巴渝工匠"市级乡村驿站、重庆市高技能人才培训基地、重庆市市级示范性职工培训基地、重庆市示范性继续教育基地、重庆市乡村振兴基层干部培训高校基地。学院是重庆市高素质农民培训机构、重庆市退役士兵职业技能培训机构、重庆市社会培训评价组织，每年举办的各类社会培训累计参与人数超过10 000人次。

（五）"夯"产业　"扩"需求——产业需求延展空间扩大

1. 产业需求发展的基本面

产业需求发展的基本面包括人才需求、科创需求、技术需求等。"产科教"融合育人模式促进了农业产业行业需求及相关衍生需求，同时产业需求的扩大也会反哺"产科教"融合发展机制，达到协同并进的效果。重庆三峡职业学院把"产科教"农业园区作为现代农业发展的重要载体，通过整合农业生产、教育培训和科技创新资源，促进了农业产业集群的形成与发展。学院通过利用自身学科、专业群优势和当地资源优势，开发特色农产品。通过新技术、新品种的示范和推广，带动周边地区农业发展。做好育人阵地建设，打造多层次、多功能的教育培训基地，传播农业科技与管理知识。同时结合现代农业与旅游产业，协助开发休闲观光场所。通过与科研院所合作，加大科研项目攻关，提高科技水平和研究开发能力，成为技术的聚集地和开发源。学院立位三峡库区，高度重视人才、科创、技术等对产业需求扩展的推动作用，对接相关农业园区上中下游全产业链，以"产科教"融合育人模式服务经济发展和产业升级革新，蔓延扩展到川渝地区，从川渝地区渗透全国，扩展产业的覆盖网和普适面，同时走好"田间出海"行动，为打造共建"一带一路"国家和构建人类命运共同体发展样板提供典型案例。

人才是产业发展的补给线。人才需求要依托市场需要，"产科教"农业园区融合育人模式作为一种深度结合市场产业与教育资源的机制方式，通过打破传统教育与实践的界限，为人才培养提供了新的路径，为市场需求匹配提供精准育人导向。一是通过整合农业产业企业、科研院所与教育资源，为学生提供与时俱进、真实、专业的育人环境，使学生能够更早地接触实操环境，从而更好地掌握实践技巧。同时，注重理论与实践的结合，通过专家授课、模拟演练、智能VR、"田间课堂"等多种形式，提升学生的综合能力，使其在未来的工作中能够更好地应对各种复杂情况①。二是强调学生参与社会实践，在真实的农业生产过程中，积累丰富的实践经验。这些经验不仅有助于学生将理论知识转化为实际能力，还有助于培养其应对问题的灵活思维和决策能力。通过"产科教"农业园区融合育人模式，学生能够更早地接触到真实的农业企业情况，从而在未来的工作中更加自信、从容。三是"产科教"农业园区融合育人模式不仅促进了学校与企业的合作，还推动了学术研究与产业发展的结合。在教育过程中，相关

① 孙媛. 基于工作系统化流程的PS平面设计课程教学改革研究[J]. 艺术科技，2019，32(1)：255.

企业可以为学生提供最新的实践案例和技术，而学校则可以为企业培养符合要求的专业人才，促进人才向农业产业流动。

科创是产业革新的动力源。产学研合作可以促进农业技术创新和成果转化，推动科创需求及整个产业的发展。新技术的不断涌现和应用技术的推广，都需要学校、企业和科研机构三方面的紧密合作。例如，通过联合招生、联合培养，实现人才培养与企业需求的无缝对接，减少学生的岗位适应期，提高就业质量①；开发双向赋能农业创新人才培养机制，加大农业产业学院在现代学徒制、订单人才培养等方面的布局，提高人才培养的针对性和实效性；开发校企合作课程与资源，共建国家级资源库和校内外示范性"产科教"园区融合实训基地，有效提升教学质量。

技术是产业升级的核心力。"产科教"农业园区融合育人模式能够扩展技术水平，促进市场需求，技术升级又可以促进产业提质升级。"产科教"农业园区融合育人模式对技术创新影响的核心在于将农业实践与涉农教育教学的理论研究相结合，共同推动农业技术的创新与发展。在这一过程中，"产科教"农业园区融合育人模式有助于集合各类领域和教育领域的创新资源，共同推动技术研发和科技创新。通过教育资源的引入，该农业市场领域能够不断更新技术设备、优化转化流程，从而提升技术水平和服务质量。同时，教育与产业的结合能够激发人才的创新精神和创新能力，为相关农业产业注入新的活力。在实践中，发现问题并进行研究，这种实践与研究相结合的模式有助于产生更多的相关创新成果。此外，"产科教"农业园区融合育人模式还有利于将科研成果转化为实际农业生产力，推动农业技术创新在市场领域的应用和推广。通过教育与农业产业的紧密结合，最新的技术成果能及时应用于企业发展，为产业服务。

例如，重庆是世界柑橘生产的起源地之一，也是原农业部《柑橘优势区域发展规划》确定的"长江上中游柑橘优势带"的核心区。重庆三峡职业学院根据产业需求，于 2023 年 10 月牵头成立了中国柑橘行业产教融合共同体，目前共有 101 家单位申请加入共同体，其中高校 29 所，上下游企业 55 家，科研院所、政府及行业组织 17 家，得到了农业农村部、重庆市教育委员会、重庆市农业农村委员会的充分肯定，也得到了行业领先企业和中高职院校的大力支持。学院根据重庆柑橘得天独厚的生长生产优势，依托柑橘行业产教融合共同体、万州区太龙镇建设的科技小院等，在周边村镇围绕古红橘产业振兴，积极开展柑橘病虫害防治知识宣讲、柑橘园田间管理实践、柑橘科学种植技术咨询及普及、古红橘生产加工车间建设指导等，促使柑橘行业焕发出新活力。在产教融合共同体作用下，近年来，柑橘产业发展势头较好。重庆市农技总站调度数据显示，2023—2024 年产季，重庆市柑橘种植面积为 385.2 万亩，投产果树较上年增加 451.3 万株，预计产量同比增长 12.9%，为 440.4 万吨。近年来产量连续 18 年增长，2024 年产季预计总产量达 491.4 万吨，单产创历史新高。其中，早、中、晚熟柑橘产量分别为 122.0 万吨、149.5 万吨、219.9 万吨，晚熟柑橘的双位数增长使熟期结构得到优化，提升了产业竞争力。同时，三峡柑橘品牌影响力不断提升，柑橘产后加工快速推进，多样化新型线上

① 韩力，李惟卫，杜雄，等. 电气工程专业多元化人才培养模式的构建与实施：以重庆大学为例[C]//第二届(2015 年)全国高等学校电气类专业教学改革研讨会论文集，2015:242-247.

销售方式助力，出口能力不断增强，销售队伍逐步壮大，柑橘已然成为重庆产区农民群众的"致富果"。

学院牵头成立中国柑橘行业产教融合共同体，是深入贯彻落实中央办公厅、国务院办公厅《关于深化现代职业教育体系建设改革的意见》及《教育部办公厅关于加快推进现代职业教育体系建设改革重点任务的通知》的有力举措和务实行动，对于促进我国柑橘产业高质量发展具有重要意义。同时在供需对接、校企深度融合、人才培养、社会服务、国际交流等方面多措并举，借助共同体平台推动各项建设，以"产教融合、职普融通、科教融汇"为主线①，整合社会各界的智慧和力量，实现产业界、高等教育和职业教育的紧密合作与共赢，推动构建生产高效、资源节约、布局合理、产销协调的农业产业高质量发展新格局，推进中国柑橘行业的健康发展，推动更多优质柑橘抢占国际市场，做大柑橘出口的"朋友圈"。

2. 产业需求增强的靶点内涵

"产科教"农业园区融合育人模式作为一种创新的教育与涉农产业结合方式，对农业产业发展产生了深远的影响。它通过融合教育资源与产业实践，优化农业产业结构，拓展产业空间，推动产业升级，并提升产业影响力，为农业产业的持续健康发展注入了新的活力。

一是产业结构优化。"产科教"农业园区融合育人模式有助于优化产业结构。在教育资源的引导下，"产科教"融合能够培养出符合农业市场需求的专业人才，推动技术创新和产业升级。这种教育模式注重实践能力的培养，使得毕业生能够迅速适应农业市场需求，为农业产业发展提供有力的支持。同时，"产科教"融合还可以促进农业产业内部资源的优化配置，提高产业的整体效率和竞争力。二是产业空间扩张。"产科教"农业园区融合育人模式能够拓展产业空间。通过与涉农学校、科研机构如农业科学院的合作与交流，可以接触到更广泛的技术和知识资源，从而拓展产业的发展领域和业务范围。"产科教"融合还可以促进产学研用的紧密结合，推动农业现代化科技成果的转化和应用，为农业产业的发展提供更多的机会和可能性。例如，通过农业园区产科教融合共同体为产品开辟新的用途，可以扩大其应用范围，增加市场需求量；根据市场需求调整产品结构，提供更多符合消费者需求的产品和服务；发展特色农业、健康养老、乡村文娱旅游等服务，释放新型消费潜力；通过建构智慧农村和便民生活圈，打造消费新场景，激发消费新活力；通过技术创新和产业升级，提升产品质量和附加值，满足高端市场需求②。同时政府作为"看不见的手"，可以通过财政补贴、税收优惠等政策，支持产业发展，降低企业成本，提高市场竞争力。三是产业环境影响力增大。"产科教"农业园区融合育人模式有助于提升产业影响力。通过培养高素质的人才和推动技术创新，"产科教"融合可以提高农业产业在市场上的竞争力和声誉。同时，"产科教"融合还可以加强产业与社会各界的联系和合作，为农业产业的发展创造更加有利的外部环境。这种影响力的提升不仅可以促进产业的快速发展，还可以推动整个社会的进步和发展。四是在优化"产科教"融合产业发展环境方面，农业产业布局的优化是首要任务。要根据"产科教"融合的特点和农

---

① 童俐，叶卫霞，汪晟. 三大举措构建"AI+"数字化教育新模式[N]. 中国教育报，2024-06-21(12).

② 秦志刚. 中国高端制造业大步走向深蓝[N]. 国际商报，2024-09-23(004).

业产业需求的空间分布，合理配置资源，优化产业布局。通过引导企业向集聚区发展，形成农业产业集群，从而提高农业生产效率和竞争力。同时，要对"产科教"融合产业进行规范引导，建立健全监管机制，确保农业产业健康有序发展。此外，要鼓励企业加大研发投入，支持农业技术创新和产业升级，同时建立容错机制，宽容失败，为创新者提供宽松的环境①。这一系列举措有助于推动农业产业行业持续健康发展，为地方经济注入新的活力。

"产科教"融合的农业园区可以夯实产业基础，扩大产业需求。通过吸引相关企业和支撑机构在空间上集聚，形成强劲、持续的竞争优势。这种空间集聚性有助于降低生产成本，促进信息共享和技术交流，为产业集群的发展提供有力支撑。"产科教"农业园区内的企业之间存在密切的专业分工与合作关系，形成了相互信任的产业文化。这种产业关联性有助于减少不确定性，降低交易费用，实现规模经济和范围经济，推动产业集群的升级和发展②。"产科教"农业园区内的企业、地方政府、中介服务组织等形成了紧密的网络结构。这种网络结构有助于提升产业集群的竞争力，通过协作和资源共享，促进技术创新和产业升级。同时，园区内的企业不仅地理上靠近，还具有强烈的本地联系。这种植根性有助于形成稳定的产业生态，增强产业集群的韧性和抗风险能力。

（六）"动"引擎　"活"经济——区域经济发展引动增强

1. 区域经济发展逐渐成型

近年来，重庆依托大城市带动大农村、大山区、大库区的独特优势，强化了以城带乡、以工补农的战略实施。通过精心策划的"一县一策"策略，为山区库区的高质量发展注入了强劲动力，创新性开展"小县大城""强镇带村"等试点项目，深化区县间的对口协同发展，促成了一系列产业项目的成功落地。"产科教"农业园区融合育人模式主要依靠校企合作、产学研合作、课程设置与优化及实习实训等方面展开，同时这也是促进区域经济发展的基本面。

一是多方合作联动区域经济引擎。校企合作是"产科教"农业园区融合育人模式的重要基础。重庆三峡职业学院主动与地方企业和行业建立紧密的合作关系，同时依托中国生猪产业联盟、国际数字乡村振兴职业教育联盟等，搭建一个互惠共促发展的合作交流平台。同时根据市场需求导向，制订人才培养发展计划、扩展实习实训平台维度等，促进学生了解市场实际需求和运营情况，使其在未来的学习和工作中更具针对性和实用性。同时，企业也能通过校企合作的平台选拔到优秀的人才，并对其进行培养，以满足自身需求。通过校企合作，解决了行业面临的关键技术难题，推动了产业升级和技术进步，为经济社会发展提供了有力支持。二是产学研合作拉动区域经济增长。产学研合作是"产科教"农业园区融合育人模式的重要环节。学校与科研机构建立紧密的合作关系，共同开展科学研究和技术创新③。通过产学研合作，可以将科研成果转化为实际应用，推动产业的发展和进步。同时，科研活动也能为学生

---

① 钟太贤，裘智超，邵男. 科技创新支撑引领集团公司建设世界一流综合性国际能源公司的思考与建议[J]. 北京石油管理干部学院学报，2021，28(2)：3-8.

② 石满珍. 数字经济对经济高质量发展的影响研究[D]. 南昌：江西财经大学，2023.

③ 谢保峰，杨玲. 新时代生态文明建设背景下职业教育的产学研协同发展[J]. 环境保护，2023，51(19)：70-71.

提供更多的实践机会和学术平台,培养其创新意识和实践能力。例如,学校牵头成立的中国柑橘行业产教融合共同体,通过协同共建专业、互派师资交流、联合培养人才、共享基地建设等形式,建立由柑橘产业职教专家、企业人员、行业技术人员等组成的专业建设指导委员会,共同推动课程、教材和教法改革。同时以乡村振兴学院为依托,推进乡村柑橘产业从业人员继续教育工程,构建覆盖产业内的现代职业农民教育网络,为企业员工培训和继续教育、新型农民培养等提供支持,培养服务“三农”的优秀学生和多层次乡村技术人才,推动地区与产业经济协同发展①。三是课程设置与优化激活市场需求脉搏。课程设置与优化是“产科教”农业园区融合育人模式的重要保障。学院根据现代农业产业需求和学生发展需求,设置和优化课程,提高课程的实用性和适应性。同时注重培养学生的实践能力和综合素质,加强园区实践教学和技能训练,使学生具备实际操作能力和解决问题的能力,更好地适配区域市场需求和服务区域经济发展。四是实习实训激发服务地方活力。实习实训与培训是“产科教”农业园区融合育人模式的重要载体。通过提供丰富的实习实训机会,让学生了解涉农企业的工作环境和流程,掌握实际操作技能。同时,加强对实习实训的管理和指导,提高学生的实践能力和综合素质。

例如,重庆三峡职业学院大力推动毕业生服务长江经济带,面向重点区域就业,为国家经济建设与产业结构转型提供人才支持。近年来有超九成的毕业生在长江经济带沿线省市就业。毕业生主要服务于本地经济发展,为区域经济发展逐渐成型提供了源源不断的人力资源。学院 2023 届已就业的毕业生中,有 74.2%的人在重庆就业,为本地培养了较多人才,为本地经济发展作出了积极贡献;市外就业毕业生以四川(11.4%)为主,为成渝地区发展和乡村振兴培养了源源不断的农业人才。

2. 区域经济发展蹄疾步稳

“产科教”农业园区融合育人模式在区域经济发展中扮演着至关重要的角色。这种教育模式能够显著促进科技创新,为区域经济注入新的活力。通过加强产科与教育的深度融合,可以更有效地将学术研究成果转化为实际应用,推动新技术和新产品的不断涌现。这不仅为区域经济提供了新的增长点,还促进了产业结构的优化和升级。“产科教”融合育人模式有助于培养具备创新精神和实践能力的高素质人才,这些人才在毕业后更容易适应农业市场需求,成为推动产业升级和经济发展的重要力量。“产科教”融合还可以通过吸引优秀企业和资源入驻,提升区域的品牌影响力和竞争力。这些效应相互叠加,共同推动了区域经济的繁荣和发展。

“产科教”融合满足区域经济发展需要。一是区域经济发展需要大量具备专业技能和创新能力的人才。“产科教”农业园区融合育人模式以市场需求为导向,以强农兴农为己任,将现代农业职业教育与涉农产业发展紧密结合,能够培养出既掌握理论知识又具备实践能力的高素质“三农”人才,满足区域产业对人才的需求。二是区域经济发展需要不断引进农业行业新技术、新工艺,推动产业创新升级。“产科教”农业园区融合育人模式通过校企合作、产教融

① 邓俐.中国柑橘行业产教融合共同体成立[N].农民日报,2023-10-27(006).

合，可以促进产业界和教育界的合作，推动现代农业技术创新和成果转化，为区域经济发展提供新的动力。三是区域经济发展需要优化产业结构，提升产业竞争力。“产科教”农业园区融合育人模式能够为区域农业行业发展提供有力的人才支撑和智力保障，推动产业结构优化升级，提升产业竞争力。

“产科教”融合与区域经济同频共进。“产科教”融合与区域经济协同发展是相互促进、相辅相成的，政策支持、校企合作和协同创新是三大关键机制，该机制在推动“产科教”融合与区域经济协同发展中发挥着不可或缺的作用。在政策支持方面，政府对“产科教”农业园区融合育人模式的重视是首要因素。通过出台相关政策，明确园区育人的目标、任务和政策措施，为“产科教”融合提供政策保障。同时，可加大对“产科教”融合的投入力度，提供资金支持、税收优惠等激励措施，鼓励产业界和教育界积极参与“产科教”融合[①]。校企合作是“产科教”融合与区域经济协同发展的重要桥梁。学校主动与企业建立紧密的合作关系，共同制定人才培养方案，实现资源共享和优势互补[②]。企业可以为学生提供实习实践机会，让学生更好地了解产业需求和职业发展前景，提高学生的实践能力和就业竞争力。同时，企业还可以为学校提供科研成果和技术支持，促进学校的教育教学改革和科研水平提升[③]。例如，通过校企合作，高校与社会企业机构可以共同建立实训基地、农业研发平台等。这种合作模式不仅有助于学生将所学知识应用到实践中，还能提高他们的实践能力和职业素养[④]。同时，涉农企业也可以从合作中获得人才支持和技术创新，推动农业产业升级和转型[⑤]。协同创新是推动“产科教”融合与区域经济协同发展的关键动力。产业界、教育界及科研机构应共同推动协同创新，通过合作研发、共同申报科研项目、共建育人平台等方式，促进农业科技成果的转化和应用。这种协同创新不仅可以提高企业的技术创新能力，还有助于科研成果向实际生产力转化，促进新质生产力发展，推动区域经济的产业升级[⑥]。

“产科教”融合牵动区域经济发展态势。“产科教”农业园区融合育人促进区域经济发展动力增强，但同时应根据当地的经济和社会发展情况，灵活调整和优化育人模式。例如，在一些经济发达的地区，可以采取产学研结合的方式，推动高校、科研机构和企业的深度融合；而在一些经济相对落后的地区，则可以注重基础教育和技能培训，为当地经济发展提供人才支持。

近年来，重庆三峡职业学院积极参与区域经济建设，如万州复合生产模式如稻鱼种养项目，以致力于高标准农田建设。早在2018年，学院就组建了“智慧稻渔”产业研创团队。历经多年试验示范，团队结合重庆农业气候、土地、水利等基础条件，采用机插机收，以鲤鱼和鲫鱼养殖为主、罗非鱼和草鱼养殖为辅的方式，逐渐形成了“开挖宽沟深凼”“选种优质水稻”“投放规格鱼种”“投喂配合饲料”的技术特点，实现了“零化肥、零农药”“一季稻、两茬鱼、三结合”

---

① 郭广军，李昱，黎梅，等.高等职业院校科教融汇协同育人的历史考察、现状调查与推进策略[J].高等职业教育探索，2024，23(1)：30-36.

② 琚敏敏.五年制高职专业毕业设计“双导师制”实施策略研究[J].教师，2024(24)：117-119.

③ 阎红，邹欣芮.栉风沐雨谋发展　砥砺奋进谱新篇[N].健康报，2020-07-20(03).

④ 高花彦.农业硕士对科教融合培养的认同度研究：基于新疆某高校的问卷调查[D].阿拉尔：塔里木大学，2024.

⑤ 郭延慧.数字化背景下职业本科院校学生就业模式创新与实践[J].四川劳动保障，2024(6)：75-76.

⑥ 杜宇佳.基于创新型企业空间邻近性的青岛创新城区空间优化研究[D].青岛：青岛理工大学，2024.

"当年稻鱼双收"的生态种养模式。团队先后在重庆市的梁平区礼让镇和万州区武陵镇建立了自主的稻鱼试验田，开展稻鱼新模式试验与示范，主持完成科研项目 6 项，发表论文 10 篇，授权实用新型专利 7 件。团队指导学生获重庆市第三届"渝创渝新"中华职业教育创新创业大赛三等奖，第五届中国"互联网＋"大学生创新创业大赛重庆赛区选拔赛银奖，"稻鱼共生促攻坚"入选教育部第二届省属高校精准扶贫精准脱贫典型案例。学院联合西北农林科技大学王二龙副教授和王高学教授在国际微生物学顶级期刊 *Microbiome* 杂志发表《稻鱼共生提高鱼类肌肉营养品质和增强机体抗病》的研究论文，进一步为稻鱼共生的推广和应用提供了科学的理论依据和重要的实践指导。自 2016 年以来，团队先后在万州、梁平、忠县、涪陵等区县打造多个标准化稻鱼示范基地。如今，该模式可实现亩产值 6000 元以上，每亩综合效益 3000 元以上，累计在全市 16 个区县推广 8 万余亩。帮扶创建村集体经济组织 25 个、科技型企业 12 家，稻鱼产品获绿色食品认证 6 个、有机转换认证 1 个、重庆市名牌农产品 2 个，带动 2000 余名村民增收。

目前重庆万州推广"稻油""粮菜""豆玉""稻鱼"等复合生产模式近 10 万亩，亩均增收 600～2500元。在柠檬等主导产业大力推广"五统一"社会化服务，降低果农生产成本 10%以上，亩产量增加 150 千克，优质果率提升 10%，销售单价提升 20%以上。引导产业协会、龙头企业等市场主体对优势农产品实行保底价收购，将产品定价权掌握在生产企业手中，玫瑰香橙"一树果"批发价同比实现翻番、远销东南亚，古红橘均价增长 1 倍以上，带动农民增收 3.1 亿元。连续 6 年举办三峡柑橘国际交易会，带动周边 10 个区县累计实现销售额 135 亿元。

3. 城乡融合发展同频共振

重庆以新型城镇化强城聚人，以畅通要素流动强村富民，以治理一体化惠及城乡，不断推动城乡关系优化、城乡发展协同，奋力谱写大城市带大农村、大山区、大库区的城乡融合发展新篇章。2023 年重庆万州区政府工作报告显示，农业发展量增质优，完成第一产业增加值 119.8 亿元，总量保持全市第 2，农村居民人均可支配收入增长 7.8%；完成"非粮化"核查整治 6.3 万亩，恢复耕地 3.2 万亩，新建及改造提升高标准农田 9.8 万亩，粮食播种面积和产量保持稳定，生猪、蔬菜等主要农产品产量稳定增长；农产品加工业产值增长 8%，新培育国家级生态农场 2 家、国家级龙头企业 1 家。2024 年重庆万州区政府工作报告显示，完成第一产业增加值 119.8 亿元，总量保持全市第 2。农村居民人均可支配收入 22 364 元、增长 7.8%，城乡居民人均可支配收入比缩小至 2.3∶1。完成"非粮化"核查整治 6.3 万亩，恢复耕地 3.2 万亩，新建及改造提升高标准农田 9.8 万亩，粮食播种面积、粮食产量保持稳定，生猪出栏量、水果和蔬菜产量分别增长8.3%、14.8%、5.5%，引导产业协会、龙头企业等市场主体对优势农产品实行保底价收购。新培育国家级生态农场 2 家、国家级龙头企业 1 家、市级龙头企业 8 家、市级名牌农产品 10 个。

重庆三峡职业学院始终坚持以城聚产、以产兴城、产城融合，推进城乡融合发展。在优化产业布局方面，需根据城乡特点，精准定位，实现"产科教"农业园区的差异化发展。例如在城区，充分利用城市资源，发展高端、智能化产业，提高城市产业的整体水平；在农村地区，则依托丰富的自然资源和独特的农业条件,发展特色农业、乡村旅游等产业,提升农村产业的附加值①。优化产业布局,可推动城乡产业协同发展,形成互补优势,实现资源共享和要素流动。在深化产业合作方面,要加强城乡产业之间的合作与交流,鼓励城市资本、技术和管理经验向农村转移②。引导社会资本进入农村市场,可推动农村产业升级和农民增收。应引导农村资源融入城市产业链,实现产业链上下游的紧密合作。深化产业合作,可推动城乡产业协同发展,提高产业整体竞争力。在培育新兴产业方面,充分利用"产科教"农业园区的优势,发展新兴产业。例如,通过引入先进的农业技术和管理经验,发展智慧农业、生态农业等新兴产业;利用农村地区的自然风光和独特的文化资源,发展乡村旅游、文化创意等新兴产业。培育新兴产业,可推动城乡产业转型升级,提升产业竞争力。

作为涉农高职院校,学院加强科研投入是提升农业科技创新能力的基础。通过增加对"产科教"农业园区的科研投入,可以支持农业科技研发,推动农业技术创新与升级,确保农业园区在科技创新方面具备强大的研发实力,为农业产业的持续发展提供有力支撑。同时依托产教共同体、产业联盟等平台,搭建农业创新平台,这是提升农业科技创新能力的重要途径。通过建立"产科教"农业园区创新平台,汇聚人才、技术和资金等创新要素,推动农业科技成果的转化和应用,打破传统农业园区在科技创新方面的局限性,促进农业产业的整体发展。职业院校推广现代农业技术是提升农业科技创新能力的重要手段。通过加强现代农业技术的推广和培训,可以提高农民群众的科技素质,推动农业技术普及和应用,确保农业产业在科技创新方面具备强大的应用基础,为农业产业的持续发展提供有力保障。农业园区应深入挖掘和利用自身特色农业资源,结合文化产业的发展,打造具有地方特色的农业品牌。例如,发展休闲农业和乡村旅游产业,利用农田、果园、茶园等农业资源开展观光、采摘、体验等活动,满足消费者的休闲度假需求。加强与文化产业的合作和交流,利用非物质文化遗产、传统手工艺等文化资源开发具有地方特色的农产品和纪念品,提升品牌的知名度和美誉度。

2024年10月,重庆三峡职业学院和云阳涉农企业打造产学研合作基地及校外教学实训基地,该实训基地是集牧草种植、奶牛养殖、科普教育、观光体验于一体的规模化体验馆。通过融合城乡发展,依托标准化的奶牛养殖模式和丰富的科普教育资源,广泛开展深度合作。学院一方面可将科研成果转化成企业生产力,为企业培养畜牧科技人才,通过人才培训培养平台和科普教育基地,将可视化实操、产业科普、模拟项目等互动体验项目深度融入,以影视、Flash动画等多媒体的形式展示,让科普教育变得生动有趣。同时协助打造科普景区,使其成为当地旅游景区的重要组成部分,吸引更多游客前来参观体验,增强城乡融合效率。另一方面,也可以为学生提供宝贵的校外实习教学平台,也为教师实践及服务提供阵地,进一步推动城乡发展的深度融合。同时利用该平台,开展专业认知实习活动,师生通过进奶牛科普教育基地,详细了解牧场养殖规模、奶牛生活习性以及养殖喂养技术等,加深对专业的认识,明晰未来发展规划,提高城乡交互频率。

---

① 黄鹭,于小博.保持起步即加速开局即冲刺的奋进姿态 为吉林全面振兴率先突破奠定坚实基础[N].吉林日报,2024-01-24(01).

② 徐功献.以高质量发展为就业提质扩容[N].江西日报,2024-06-17(10).

总之,在"产科教"农业园区融合育人模式的实践中,还需要不断加强研发和创新。随着社会不断发展和市场需求的不断变化,"产科教"农业园区融合育人模式也需要不断更新和完善。例如,加强科研投入、引进农业先进技术等方式,推动"产科教"融合育人模式的创新和发展①。重庆三峡职业学院聚焦库区乡村"未来谁来种地""如何种好地""粮食饭碗谁来端,如何端得稳"等重大问题,积极探索,薪火相传,为国家的农业现代化和乡村振兴事业培养了大批高素质技术技能人才,提供了坚实的农业技术支撑。同时以"田间学院"为突破口,服务地方区域经济,广泛结合三峡库区地理优势帮扶开发了一批批如万州古红橘、芦花鸡、万春村腊货等优势品牌和典型案例,为美丽乡村建设和全面乡村振兴注入新的经济动力。

二、育人经验启示

随着社会对高素质技能型人才需求的日益增长,"产科教"融合已成为提升职业教育质量、促进产业升级的重要途径。农业园区作为现代农业发展的重要载体,不仅承载着农业生产、科技创新的功能,也是开展实践教学、推动产学研合作的理想平台,为培养具有创新精神和社会责任感的高素质产科人才提供了新的路径。将"产科教"与农业园区相结合,探索融合育人新模式,对于拓宽教育视野、增强实践能力、促进学科交叉融合具有重要意义。重庆三峡职业学院作为首批国家畜牧兽医专业群院校,深入贯彻落实党的二十大作出的战略部署,按照《中共中央关于进一步全面深化改革、推进中国式现代化的决定》《中国教育现代化2035》相关文件,重庆市教育委员会和万州区人民政府联合出台的《关于推动万州区职业教育高质量发展加快渝东北三峡库区城镇群建设的意见》及《助推成渝地区双城经济圈生猪产业高质量发展战略合作协议》等文件要求,积极主动对接农牧全产业链,坚持农业农村优先发展,完善乡村振兴投入机制,深入学习运用"千万工程"经验,健全推动乡村全面振兴的长效机制,以教育、科技、人才事业发展为己任,与企业、科研院所等多方机构和组织携手共建有序运营的育人生态,为新时代新征程推进教育强国建设提供更加有力的支撑。

(一)理念坚守与模式变革——履践守正创新的教育共识

1. 坚守"学校就是园区,园区就是学校"的育人理念

"产科教"农业园区融合育人模式主要把产业需求与教育目标紧密结合,通过产学研合作、实践教学等方式,实现了产业与教育之间的无缝对接。通过与企业合作建立园区实训基地,打造"学校就是园区,园区就是学校"的融合育人理念,解决行业面临的关键技术难题,推动了行业的技术进步和产业升级。一方面,让学生在学习理论知识的同时,能够深入现代农业实际生产环境中进行实践操作,从而提升学生的实际操作能力和职业素养;另一方面,培养大量的专业化精准化的"五师"团队育人主体队伍,同时请相关校内外专家参与课程设置和教学内容的制定,确保教学内容与产业需求紧密相连。

涉农职业院校以就业为导向,将学校建设与农业园区发展深度融合,将产学研各类要素深度融入,主动适应高等教育发展新趋势,奋力为农业农村现代化建设和重庆市经济社会发

① 亓健生,徐峰.百名博士"作答"产教融合答卷[N].中国教育报,2022-11-28(03).

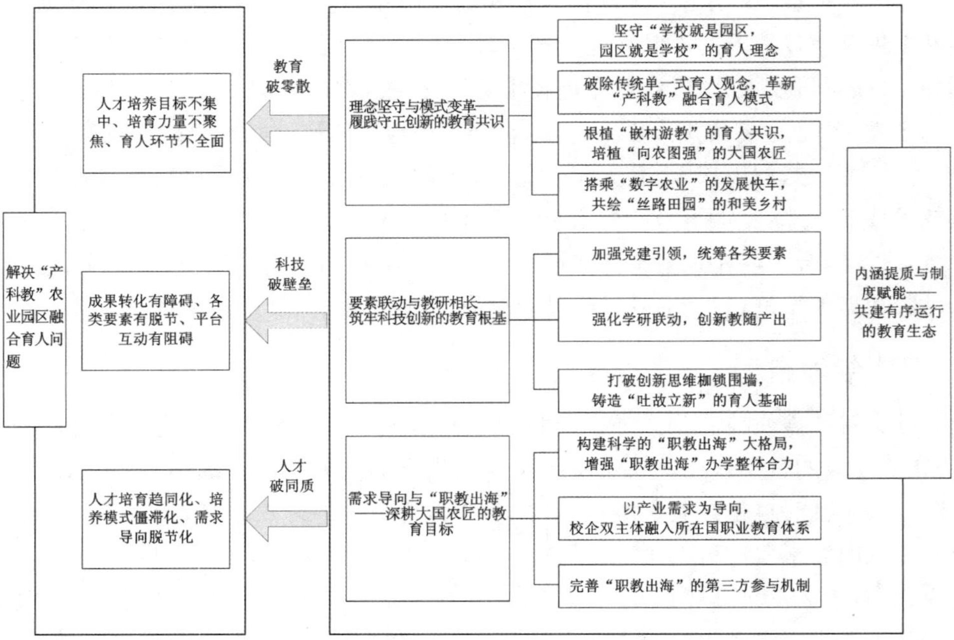

"产科教"农业园区融合育人实践体系框架图

展贡献力量[①]。2020 年 6 月 25 日，科技部、农业农村部、水利部、国家林业和草原局、中国科学院及中国农业银行联合印发《国家农业科技园区管理办法》，强调要深入推进农业供给侧结构性改革，加快培育农业农村发展新动能，推进农业农村现代化，同时秉承"政府主导、市场运作、企业主体、农民受益"的原则，集聚创新资源，培育农业农村发展新动能，着力拓展农村创新创业、成果展示示范、成果转化推广和高素质农民培训四大功能，强化创新链，支撑产业链，激活人才链，提升价值链，分享利益链，把园区建设成为现代农业创新驱动发展的高地。这为履践守正创新的教育共识和"产科教"农业园区融合育人方向提供了行动指南，为深化实施创新驱动发展战略、乡村振兴战略、区域协调发展战略提供了建设方向[②]。

2. 破除传统单一式育人观念，革新"产科教"融合育人模式

"产科教"农业园区融合育人模式为传统的教育模式注入了新的活力。传统教育模式往往侧重于理论知识的传授，而忽视了对学生实践能力的培养。"产科教"农业园区融合育人模式通过深化农业园区"产科教"融合，创新协同育人新模式，强调园区产业界与教育界的紧密合作，通过共同开发课程、共建实训基地、共筑园区平台等方式，将产业界的实际需求引入教育过程中。这种教学模式能够使学生更加深入地了解产业界的运作方式和实际需求，从而培养出更符合市场需求的高素质人才。同时，"产科教"融合育人模式也促进了教育资源的优化配置和共享，提高了教育质量和效率。

2019 年印发的《重庆市人民政府办公厅关于加快现代农业产业园建设的指导意见》强调

① 张恩广，赵琳. 重庆三峡职业学院：实施"乡村 CEO"计划　为乡村振兴培养管理人才[N]. 光明日报，2024-07-04(08).
② 曹新安. 积极培育农业高新技术产业推动农业科技园区高质量发展[J]. 今日科技，2018(5)：1-4.

要牢固树立和践行新发展理念，强化体制机制创新和现代各类要素集聚等。这为革新"产科教"农业园区融合育人模式提供了锚定目标。涉农高职院校作为打造现代农业的先行基地，应紧紧围绕农业供给侧结构性改革主线，强化产业转型升级、通过园区融合发展，实现利益共享共赢，同时发挥技术集成、产业融合、创业平台、核心辐射等多元化功能，高标准高起点打造现代农业示范园，引领农业质量变革、动力变革、效率变革，带动区域农业产业结构调整，推动乡村产业振兴，加快推进农业农村现代化，全面促进乡村振兴①。

3. 根植"嵌村游教"的育人共识，培植"向农图强"的大国农匠

"产科教"农业园区融合育人模式教育共识，使得育人效果得到了显著提升。通过校园、庭园、田园的协同育人、攻关、对接和服务，农业园区实现"嵌村游教"的育人共识。通过农业产业界的参与，学生获得了更多的实践机会，这些实践机会不仅让学生将所学知识应用于实际工作中，还让他们在实践中发现了自己的不足之处，进而有针对性地提升自己。企业还提供了大量的实习机会，让学生在真实的农业园区环境中锻炼自己，提高了技能水平和就业竞争力。同时，园区各方育人主体广泛参与对学生职业素养的培养，通过与各方合作开展德技共修、团队共建等，提升学生的职业素养和综合能力。

"产科教"农业园区融合育人模式对区域经济发展和社会进步起到了积极的推动作用。通过融合育人机制培养了大量具备创新精神和实践能力的人才，为社会的创新和发展提供了源源不断的人力资源支持②。"产科教"农业园区融合育人模式促进了产业与教育的深度融合，推动了产业的升级和转型，促进了新质生产力的发展。通过产业界的参与，涉农高职院校能够更好地了解市场动态和技术发展趋势，从而培养出更具市场竞争力的人才。通过校企合作、产教融合等方式，产业界和教育界之间的沟通和合作得到了加强，减少了人才供需的错位和浪费，促进了社会的和谐稳定，增强了人才匹配效能，优化人才培养结构，提高了人力资源配置效率。

"产科教"农业园区融合育人模式提升学生创新能力。通过开设园区创新课程、组织创新活动等方式，学生的创新精神和创造力得到激发。在创新课程方面，注重培养学生的创新意识和创新思维，通过案例分析、团队讨论、沙盘演练等方式，引导学生发现问题、分析问题、解决问题。在创新活动方面，鼓励学生参加各种创新创业竞赛、园区技能比赛、创业实践活动等，通过实践锻炼学生的创新思维和创新能力。同时还与企业合作开展科研横向课题项目，让学生参与到企业的研发工作中，提高学生的科研能力和实践能力③。

4. 搭乘"数字农业"的发展快车，共绘"丝路田园"的和美乡村

未来，"产科教"农业园区融合育人模式将呈现出多元化、智能化、国际化的发展趋势。产教融合、校企合作是职业教育办学模式的核心，"产科教"融合作为其中重要的一环，将在培养高素质、高技能人才方面发挥重要作用。

---

① 周睿琪. 涟源市桥头河蔬菜特色小镇建设路径的研究[D]. 长沙：中南林业科技大学，2022.

② 高潮，谢婷. 加快推进现代高等职业教育体系的构建[J]. 教育与职业，2014(17)：24-25.

③ 张琦. 高校与产业间协同创新和协同育人的共生机制分析[D]. 南宁：广西大学，2016.

一是在多元化发展方面，“产科教”农业园区融合育人模式将不再局限于传统的产学研合作和实践教学。随着社会的不断进步和产业的不断发展，“产科教”融合将拓展到更广泛的领域，如跨界融合、跨学科融合等。同时，“产科教”融合的形式也将更加多样化，包括农业园区联合培养、资源共享、实习实训等多种形式，以满足不同产业、不同领域对人才的需求。二是智能化发展也成为“产科教”农业园区融合育人模式的重要趋势。随着信息技术的不断发展，“产科教”融合将更加注重智能化发展。通过引入人工智能、大数据等技术手段，可以实现园区教育资源的优化配置和个性化教育，提高教育质量和效率。智能化还可以帮助“产科教”融合更好地适应涉农产业发展的需求，培养具备创新能力和实践能力的高素质人才。三是国际化发展方面，随着“一带一路”和全球化进程的不断推进，多方主体参与的农业园区融合育人模式能更好地促进资源与人才流动。

例如，重庆三峡职业学院将通过打造“田间学院”海外“十百千万”工程推动观赏鱼智能养殖产教工程、盐碱地高产杂交水稻种植孵化基地、新型农业经营主体培育计划等十大项目，共同开发和美乡村人才标准、职业标准、课程标准及和美乡村建设标准 100 项以上，长期派人员到合作国“驻乡帮教、下田指导”，累计达到派出量 1000 人以上，使共建“一带一路”国家 1 万户村民受益。

（二）要素联动与教研相长——筑牢科技创新的教育根基

1. 加强党建引领，统筹各类要素

科技创新的教育根基在于加强党的引领，塑造开放包容的文化环境。一个积极向上、开放包容的文化环境，能够激发多方主体的创造力，增强彼此之间的信任与理解，从而推动各方要素合作的顺利进行。一是加强党建引领。夯实支部建设，宣传合作精神是营造良好合作氛围的基础。通过支部建设，将“产科教”融入农业园区支部建设发展是目标所在。通过营造农业园区的文化氛围，润物细无声地融入农业思政元素，广泛宣传大国工匠、劳动精神，协作分享创新等，来增强园区内师生的凝聚力和向心力。同时，还可以通过举办一些团队建设活动，如文化交流、团队拓展等，来增强归属感和团队意识。二是加强文化交流。通过推动文化交流，如组织文化活动、学术研讨会等方式，让彼此更加了解园区文化背景、价值观，促进多方主体的友谊与合作。同时，还可以通过交流学习，借鉴对方先进的管理经验和技术方法，提升园区整体水平和效率[①]。三是推广合作成果与案例。通过组织成果展示会、发表研究成果等，将合作成果向外界展示，提高学校的知名度和影响力。同时，还可以通过推广合作成果，吸引更多的合作主体及伙伴和资源，为未来的农业园区发展奠定更加坚实的基础。

2. 强化学研联动，创新教随产出

农业园区在“产科教”融合的主体协同方面，建立多边合作平台是至关重要的，是践行推进职普融通、产教融合、科教融汇发展的必然选择。通过产科教及政府部门的深度参与和应用实现“政产学研用”新形态。该要素联动可应对知识社会的创新 2.0 形态，以创新、开放为

① 徐倩云.江苏旅游竞争力对经济增长的空间溢出与门槛效应研究[D].南京：南京财经大学，2022.

特征，发挥政府在开放创新平台搭建和政策引导中的作用。这种合作模式，可以减少技术创新的盲目性，缩短新产品从研究开发到进入市场的周期，降低技术创新的风险和成本[①]。"产科教"融合不仅仅是理论知识的传授，更重要的是实践技能的培养。通过"产科教"融合，可以将理论知识与实践操作紧密结合，使学生在掌握理论知识的同时，能够在实际操作中不断巩固和提升技能。"产科教"融合鼓励师生参与园区相关科研项目，将最新研究成果转化为教学内容，从而丰富教学资源，激发学生的学习兴趣和探索精神。同时，教学过程中的问题反馈又能为科研提供新的研究方向和思路，形成科研与教学相互促进的良性循环。

政府部门在"产科教"融合中发挥着重要的主导作用。通过制定相关政策，明确"产科教"融合的方向和目标，并提供必要的资金支持。这些政策可以包括鼓励企业、科研院所与高校合作，为师生提供更多的实习和科研机会，以及为师生提供科研资金支持等。高校及科研机构是"产科教"融合的重要支撑力量，以丰富的学术资源和科研能力为基础，推动一定的学术支持和研究成果转化。同时，高校可以培养更多的农牧人才，为"产科教"农业园区服务提供源源不断的人才支持。通过平台合作，社会企业机构、高校及科研院所发挥各自的优势，共同推动"产科教"融合的发展。

资源共享方面，通过优化园区资源配置模式，整合优质教育资源，如师资、课程、设施等，能够实现教育资源的共享与优势互补，提升整体教育水平。同时，通过合作方式，如校际合作、校企合作等，可以避免教育资源的重复投入和浪费，提高资源的利用效率。在"产科教"融合的过程中，不断拓展资源配置的范围，涵盖更多的社会机构、高校和科研院所，以扩大合作的影响力，提升整体服务水平。例如，高职院校可以依托"产科教"平台，组建以应用研究为导向的园区科教创新团队，开展科技攻关、产品研发和技术改造等活动，推动园区产业技术的创新和进步。构建多元化的"产科教"平台，如产教综合体、职教集团、产业园区学院等，为师生提供广阔的实践和创新空间，促进资源共享。同时这些平台可以集人才培养、科技攻关、技术服务、智库咨询等功能于一体，推动"产科教"深度融合。通过平台的建设和运行，可以不断提升师生的创新能力和实践能力，为技术创新和发展提供有力支撑。通过与企业合作，可以共同开展科研项目、人才培养和技术转化等活动，实现资源共享和优势互补。同时，企业也可以为师生提供实践基地和就业机会，推动技术的产业化应用和发展。"产科教"融合育人模式促进了课程、教材和教学信息化资源平台建设。通过开发一系列与企业岗位从业标准对接的校本课程和教材，打造全校各专业教学信息化资源平台，为教学提供了有力支持。在产教融合校企合作的产学研工作室和生产实训车间，实施项目教学，使学生在真实的工作环境中"做中学，学中做"，全面提升教学效果和质量，进一步提升人才结构与产业的"适配度"[②]。

3. 打破创新思维枷锁围墙，铸造"吐故立新"的育人基础

制度创新是"产科教"农业园区融合育人的制度保障。一是通过完善制度体系，为"产科教"融合提供有力的制度保障，推动其持续健康发展。如制定专项政策，针对"产科教"融合的

---

① 张子越. 湖北省开发区上市公司创新效率及其影响因素研究[D]. 武汉：武汉理工大学，2019.

② 冯子川. 产教融合，构建"双融共育八对接"校企合作办学机制[J]. 广东教育(职教版)，2017(12)：5.

特点和需求，明确合作方的权利和义务，规范合作行为，涵盖合作的范围、方式、内容以及合作期限等方面，确保合作的合法性和有效性。同时，专项政策明确合作双方的权益保障机制，如资金、资源、知识产权等方面的分配和归属，以及合作过程中可能出现的纠纷解决机制。二是建立激励机制，包括奖励机制、晋升机制等。通过给予合作方物质和精神上的激励，提高其参与合作的积极性和动力。例如，可以给予参与合作的“产科教”主体单位一定的科研资金支持，或者在职称评定和职务晋升上给予优先考虑。三是加强监管和评估。建立健全监管和评估机制是确保“产科教”融合质量和效果的重要保障。通过建立专门的监管机构或评估机构，对合作项目的实施过程进行监督和评估。通过定期或不定期的检查和评估，及时发现和解决问题，确保合作项目的顺利实施和效果。同时，还应建立信息公开机制，将合作项目的相关信息向社会公开，接受社会监督，提高合作的透明度和公信力。

“产科教”农业园区融合育人有助于提升教育的质量，使园区学生具备更加扎实的理论基础和实践能力。通过实践教学和科研活动的参与，学生可以更好地理解和掌握相关知识和技能，提高解决实际问题的能力。“产科教”融合可以推动技术的创新和进步，为育人质量提供更加坚实的保障。通过科研项目的开展和最新研究成果的转化应用，可以不断提升产业技术的水平和质量。“产科教”融合有助于培养具备创新精神和实践能力的高素质农业人才。这些人才不仅具备扎实的理论基础和实践能力，还具备良好的职业道德和社会责任感，能够为社会事业发展作出更大的贡献。总之，“产科教”农业园区融合育人在筑牢现代农业科技创新的教育根基方面发挥着重要作用，通过理论与实践的深度融合、科研与教学相互促进、构建农业园区“产科教”平台以及加强校企合作等方式，可以不断提升育人质量和水平，推动技术创新和进步。同时，也需要不断总结经验教训，不断完善“产科教”农业园区融合育人模式和机制，以适应时代发展的需要。

（三）内涵提质与制度赋能——共建有序运行的教育生态

农业园区实质性推进“产科教”融合，一直围绕“知识传递与创造”和“人的全面发展”这个内涵式发展的本质要求，在“产”“科”“教”“融”“合”五个核心维度“致广大而尽精微”，共建教育、科技、人才一体融合发展的知识协同和教育创新生态①。

1. 聚焦“产”

以产业变革为引领，与行业企业发展紧密联系，统筹规划招生、课程设置、师资配备、理实课程分配，探索建立与所在地区产业结构相适应的三级课程结构体系，即一级课程以教师讲授为主，二级课程侧重理实一体，三级课程以实践为主，强化锻炼和培养学生动手操作解决实际问题的能力，使学生将所学理论知识与产业实践有机结合②。

---

① 李金龙. 基于国家战略科技力量的跨建制科教融合协同育人模式探索与构建[J]. 学位与研究生教育，2024(4)：10-16.

② 王立慧. 产教融合视域下高职院校人才培养成效研究与实践探索[J]. 武汉船舶职业技术学院学报，2024，23(4)：52-57.

2. 立足"科"

以科研平台和科研项目为支撑，依托国家科研机构开展系统化科研实践，奠定学生知识运用的物质基础。一是以科研成果转化为导向，将学校的战略发展目标瞄准有助于新质生产力形成的区域产业转型升级、企业技术创新中亟待解决的关键问题；二是推行应用性科研与教学的深度融合，将与新质生产力发展相关的职业领域技术技能要求融入教学、教材与教法①；三是建立技术转移机构，链接产业、企业需求端，促进技术成果商业化，协同供给支撑企业科技研发、成果转化相关资金和评价制度。

3. 优化"教"

以产业和科技创新为需求，完善高职"产科教"融合高技能人才培养机制，调整专业设置和课程设置，培养符合需求的高素质人才。一是以教学供给和教育改革为内核，对标学科前沿和科研需求改进课程教学体系，组织一线科研人员上讲台，基于人才成长规律实施长周期与个性化培养，提升学生知识学习的实际效果；二是通过与产业界和科研机构的合作，共同制订人才培养方案和教学计划，确保人才培养的质量和效果；三是建立实习实训基地，为学生提供更多的实践机会和就业渠道。

4. 深化"融"

以流程交融和要素交融为主体，在招生选材、课程教学、科研训练、学位标准等全过程推进融合发展，尤其要求毕业论文选题须来自科研项目或具有前沿性、尖端性的研究课题，推进学生知识整合的有机衔接。通过"产科教"联合体、"产科教"融合共同体、"产科教"融合实践中心、产业学院等平台建设，充分发挥学校、政府、企业、科研机构和其他社会组织利益相关者主体作用，提升协同育人效能，促进协同育人理念、体系、制度、内容、方法和治理现代化②。

5. 实现"合"

以组织聚合和资源整合为关键，建设"产科教"融合管理组织，汇聚优势资源，共建学科体系，实现人才培养、科学研究、社会服务有序推进，完善学生知识生产的治理格局。整合校内外资源，根据不同产业链需求设置专业(群)，每个专业(群)确定不同研发方向，打造产业链服务平台。联合政产学研用多主体，打造由政府指导工作组、技术研发层、集成应用层、推广示范层构成的创新链科研平台，实施技术、人才及创新机制的协同供给。融合"产科教"要素，通过与企业的新设备、新工艺、新产品等新型资源要素相融合，渗透到企业的生产运营环节，建立互补互惠的交换关系，打造人才链综合平台③。

(四)需求导向与"职教出海"——深耕"大国农匠"的教育目标

中国职业教育"出海"是中国产能"走出去"和教育国际化的必然结果。随着国际交流的日益密切，各国深刻意识到职业教育国际化可有效推动技术转移、文化交流和经济协同发展，

① 孙芳芳，孙欣欣，高绣叶，等.产科教融合赋能新质生产力：耦合机理、现实挑战与实践向度[J].中国职业技术教育，2024(25)：11-17.

② 郭广军，李昱，黎梅，等.高等职业院校科教融汇协同育人的历史考察、现状调查与推进策略[J].高等职业教育探索，2024，23(1)：30-36.

③ 莫倩倩，王向红，黄婷婷.高职院校产科教融合路径研究与实践[J].高等工程教育研究，2024(2)：167-173.

教育国际化现已成为国家提升影响力和推动教育发展的重要途径[①]。中国顺应全球化发展潮流，推动实施具有中国特色的"职教出海"政策举措，围绕各国产业人才需求帮助培育极具所在国特色的"大国农匠"，能极大提升中国职业教育在世界各国的影响力和竞争力[②]。

一是构建科学的"职教出海"大格局。"职教出海"必须践行人类命运共同体理念，坚持需求导向、互惠共赢，既立足于中国职业教育的优势所在和中国产能输出的需求所在，更聚焦所在国产业对技术技能人才的需求和人民对职业教育的需要。精准、高质量的技术技能人才培养培训，能够为所在国提供大批合格的产业工人，促进就业和改善民生福祉，让当地人民切实感受到中国职业教育所带来的好处。职业院校通过标准输出、开发线上教育平台，推动优质职教资源开放共享，以缓解发展中国家标准缺失、实训资源不足等现实难题；通过搭建技能传播、人文交流平台，促进民心相通，形成更加紧密的人类命运共同体。

二是校企双主体融入所在国职业教育体系。在"职教出海"过程中，学校与企业是两个最为重要的办学主体，企业拥有技术优势和信息优势，学校拥有专业教育优势，形成优势互补关系。校企协同"走出去"已经成为"职教出海"最可行的方式之一。首先，校企要坚持需求导向，对接"走出去"的企业项目特别是境外园区项目，以产业发展方向为合作方向，以校企为核心利益主体，加大区域性或行业性的"职教出海"联盟（平台）建设，形成企业提需求、学校做供给，一家企业（或境外园）对多家高校的"抱团"发展合作办学态势。其次，校企要共同参与所在国的职业教育体系建设，提供职业教育的顶层规划、课程设计、实训设备供货与开发、教师培训、院校辅助运营等职教整体解决方案，主动服务、主动融入所在国职业教育，从而形成长期、稳定、可持续的国际合作关系[③]。

三是完善"职教出海"的第三方参与机制。目前，以中国教育国际交流协会为代表的第三方机构在"职教出海"中扮演了十分重要的角色，在来华留学生质量认证、"职教出海"方案制定、合作信息发布、合作项目牵线与推动等方面发挥着积极作用。首先，我国职业教育"走出去"办学要充分借助和发挥好行业协会等中介性组织的优势与作用，形成"一手牵企业、一手托院校"的发展态势，最大限度地降低"出海"的沟通成本与信息成本。其次，行业组织要发挥标准制定者的作用，统筹产教两方面力量，将行业标准转化为职业教育标准，进一步增强职业教育标准输出的统一性和权威性；同时开展职业教育"走出去"质量认证工作，加强对"职教出海"质量的评估，提高"出海"的透明度和国际认可度。

四是增强"职教出海"办学整体合力。国家和政府层面完善与当前高校境外办学相关的政策法规，明确境外办学条件和要求，提供"出海"的行动指南和操作手册，优化境外办学的审批、学位认证、教师出境等制度；统筹产业"走出去"和职业教育"走出去"，制定境外办学的布局规划，确定重点国家、重点地区、重点行业领域，引导职业院校有序开展境外办学；加大对职业院校境外办学的财政支持力度，以"双语"教师队伍、专业标准认证、线上线下相结合的实训基地等建设为重点，强化职业教育"出海"的基础能力[④]。

---

① 王向红．立地式研发：高职院校产教深度融合的新途径[J]．中国高教研究，2018(12)：98-101.

② 沈霞．基于共享发展理念的"职教出海"路径与策略研究[N]．河南日报·农村版，2024-06-18(003).

③ 杨静，孙延鹏，杨彬，等．校企合作、产学研结合培养应用型人才[J]．实验室科学，2022，25(2)：175-178.

④ 佚名．2023年职业教育新闻盘点[J]．教育科学论坛，2024(3)：13-22.

第二节　融合育人的深思与远瞩

一、实践难题探讨

(一)资源整合"联动难"

1.校内资源统筹整合之艰

1)职责功能整合陷入困境

伴随地区农业农村发展步入全新阶段,学校的乡村振兴学院与继续教育学院各自发挥着不可替代的作用,承担着独有的职责。但二者在整合过程中横亘着大量亟待攻克的难题。首先,职责重叠与交叉致使整合后的机构定位模糊。二者在部分领域的职责存在一定程度的重叠与交叉,这使得整合后的机构在定位上容易陷入模糊不清的境地,难以塑造出鲜明且独特的特色与优势。其次,资源互补性不强带来整合难题。虽然两个学院在某些方面具有一定的互补性,但整体来看,互补性并不显著。如何在保持各自特色的基础上,实现资源的有效整合,避免重复建设与资源浪费,成为一个亟待解决的关键问题。最后,理念与目标共识的达成至关重要[①]。整合后的机构应将聚焦乡村振兴、服务"三农"确立为核心导向,这意味着不仅要在功能维度达成有机融合,更关键的是要于理念及目标层面凝聚深度共识。一旦理念与目标共识缺失,极易致使学校内部在发展路径抉择上滋生分歧,进而对学校整体的运行效能产生消极的牵掣作用,阻碍其达成既定的战略愿景,无法高效赋能乡村振兴与"三农"事业发展。

2)专业资源错配面临难题

为了满足现代农业发展的多元化需求,学校在不断建强涉农专业群之外,还在积极打造智能制造、人工智能、经济管理等专业群,在推动这些专业群向智慧农业、农村物流、农业经理人培养等方向进行错位发展的过程中面临转型之困[②③④]。一方面,实现专业群与农业产业的深度契合,对行业洞察能力有着严苛要求。学校师生群体囿于实践经验匮乏及行业认知短板,在精准洞悉农业产业动态走向与现实需求时面临困境,难以做到有的放矢。另一方面,构建切实有效的校企合作机制,对于专业群学生积累农业产业实战经验、锤炼解决实际问题的本领意义非凡。然而,在此进程中,部分企业出于对学生实践能力欠缺可能干扰正常生产经营秩序的顾虑,合作积极性受挫。与此同时,学生群体亦可能因畏惧实践环境艰苦,加之自身对农业产业认知肤浅,而呈现出参与实践的主观能动性不足的态势,给校企合作推进及人才培养成效提升带来重重阻碍。

---

① 章利华,王胜楠.农业高校服务乡村振兴战略的案例研究[J].中国高校科技,2020(4):94-96.

② 李晓光,陈松,孟文静,等.高校智能制造专业群建设与人才培养模式的探究[J].内燃机与配件,2019(3):237-239.

③ 范双喜,叶克,杨学坤,等.高职智慧农业专业群的组群逻辑与建设路径[J].中国农机化学报,2023(10):254-259.

④ 智建丽.乡村振兴下农村物流人才培育存在的问题及解决对策[J].现代农业研究,2024(1):87-89.

3)强农使命担当遭遇阻碍

资源整合是服务强农兴农的宏观战略需要,集聚各类资源的终极目的是支撑国家层面的长远战略规划,此乃学校于农业教育范畴所承载的重大历史使命与责任担当。然而,在落地践行这一使命的征程中,却遭遇了一系列错综复杂且极具挑战性的难题,横亘于学校达成助力农业发展愿景的道路之上,亟待破局求解。一方面,资源整合在实际操作中偏离强农兴农的既定目标。部分教师存在着重科研轻教学、重理论轻实践的不良现象[①],可能将更多精力投入科研项目中,追求学术成果的发表,而忽视了将科研成果转化为实际生产力,为农业生产服务。另一方面,学校内部的评估与反馈机制往往侧重于科研成果与教学质量,对资源整合在强农兴农方面的实际贡献有所忽视,使得资源整合的效果难以得到准确评估与及时反馈。如何建立有效的评估与反馈机制,以确保资源整合的效果符合预期,这是一个亟待解决的关键问题。

2. 校外资源统筹整合之难

1)地方政府协同合作的梗阻难题

在资源整合的进程中,地方政府无疑扮演着至关重要的角色,但其在利益诉求上往往与学校及农业园区存在差异[②]。其一,地方政府聚焦于经济效益与区域发展,期望通过资源整合推动地方经济增长和提升区域竞争力。相比之下,学校和农业园区则把重点放在教育、科研与产业的深度融合上,以实现人才培养、科技创新及产业发展的协同共进。这种差异易导致合作双方在资源整合时产生分歧与矛盾。其二,地方政府政策的动态波动性衍生出资源整合风险敞口。地方政府政策制定机制受多元复杂因素交互影响,诸如宏观经济走势、上级政策导向调整、区域产业结构变迁等,致使政策在执行链条上呈现出较高的易变性。例如,一旦经济风向转变,地方政府基于稳增长、保民生等多重考量,往往会对既定的农业园区扶持政策进行适应性调整,这无疑打破了学校与产业园原已拟定的合作规划节奏,使得资源整合进程陷入被动调整泥沼,凭空增添诸多阻碍与变数。

2)农业园区资源开放的藩篱困境

农业园区作为农业产业的前沿阵地,拥有丰富的生产基地、加工场景等资源,这些资源对于学校的教育与科研具有重要意义。然而,这些资源往往受到产权、管理等方面的限制,难以向学校全面开放[③]。一方面,农业园区所蕴含的资源多归属于企业主体或个体私域范畴,其产权归属呈现错综复杂的态势,不同主体间基于自身利益考量,在资源权属界定、流转规则制定等方面存在诸多模糊地带,致使面向外部开展统一化的资源整合与开放举步维艰,极大地制约了资源跨主体协同利用的可能性。另一方面,农业园区运营管理处于多元要素交织的复杂场域之中,安全保障、生态环保诉求及经济效益追逐等多重因素相互制衡。从安全维度审视,严苛的安保规范旨在规避潜在风险,却在一定程度上限制了人员、物资的自由流通。于环保视角而言,严格的环境管控标准虽保障生态平衡,却也对部分资源开发活动增设门槛。因此,如何打破这些壁垒,实现资源的共享与利用,需要创新的管理机制与合作模式。

---

① 汪增相.大学教师重科研轻教学的原因及对策[J].管理学刊,2010(5):83-85.

② 马永斌.区域创新体系中大学、政府和企业合作存在的问题及对策[J].科学管理研究,2010(5):21-26.

③ 吴兆娟,高冬梅.重庆丘陵山区现代农业园区土地利用关键问题及对策研究[J].湖北农业科学,2017(11):2190-2195.

3)师资人才交流培养的阻滞瓶颈

从师资交流角度看,不同的工作环境和文化氛围使得师资交流时存在适应难题。学校的教学氛围注重理论研究和学术规范,而农业园区则更强调实践操作和实际问题解决,这种差异容易导致交流的不顺畅[①]。同时,缺乏有效的激励机制也使得教师参与交流的动力不足。在人才培养方面,农业领域对复合型人才的需求日益增长,但现有的教育体系往往难以满足。学校的课程设置可能与农业园区的实际需求存在差距,而农业园区的实践资源又难以充分融入教学过程。此外,人才培养的评价标准也需要重新审视,以更好地适应农业产业发展的要求,这无疑增加了资源整合的难度。

(二)融合育人"深耕难"

1. 教育与产业融合之疏

1)人才培养与产业需求脱节

在"产科教"农业园区融合育人的过程中,教育与产业融合不紧密的问题较为突出,人才培养与产业需求脱节[②]。其一,学校人才培养规划与农业产业深度衔接存在显著短板。在制定人才培养蓝图之际,学校多囿于传统教育范式的禁锢以及校内既有教学资源的局限,惯常以静态、孤立的视角进行方案擘画,未能将农业产业日新月异的动态演进态势以及一线实操的现实诉求深度嵌入其中。尤为突出的是,对实践技能锻造环节以及创新能力孕育土壤的忽视,使得所培育人才在知识结构与能力体系上呈现出理论与实践严重脱节的弊端,进而导致毕业生步入农业产业职场后,面临较长的岗位适应期,难以迅速融入工作环境、发挥专业效能。其二,农业产业当下多元复合型人才需求与学校培养模式单一性之间矛盾凸显。现阶段,农业产业蓬勃发展的浪潮催生了对人才全方位、多层次的诉求,不仅渴求精通专业技术的骨干力量,更亟待兼具管理运筹帷幄能力、敏锐市场洞察先机能力及开拓创新思维的复合型精英。反观学校人才培育进程,往往过度聚焦于专业知识的单向灌输,培养模式呈现出同质化、单一化的特征,缺乏对学生综合素养全方位、系统性的雕琢打磨。如此一来,既在客观上束缚了学生未来职业拓展的边界,使其陷入发展瓶颈,又在宏观层面掣肘了农业产业整体的创新活力释放与持续发展动能积蓄。

2)课程设置与产业实践结合契合度低

课程设置是实现教育与产业融合的关键环节,但目前学校的课程体系与农业产业实践结合不够紧密[③]。一方面,课程架构失衡问题显著,理论教学在课时分配上占据主导地位,实践教学环节则处于明显劣势。学校教学进程中,理论课程耗时冗长,致使实践教学时间被大幅压缩,二者比例严重失调。如此一来,学生虽能积累一定的理论知识,然而由于实践场景匮乏,缺乏将抽象理论具象化、实操化的契机,难以深度洞悉知识内核,进而在直面实际农业生

---

① 王军,赵有生,吕一枚,等.高等职业院校开放式校企协同育人模式的探索与实践[J].中国职业技术教育,2014(32):14-17.

② 姚东伟.职业院校产教融合人才培养模式的研究与实践[J].机械职业教育,2016(2):23-29.

③ 卜树坡,刘勇,陈晓磊.高职院校专业设置与苏州区域产业需求对接研究[J].机械职业教育,2020(1):29-32.

产困境时,因实践技能欠缺而陷入窘迫境地,无法有效施展所学化解难题。另一方面,课程内容与农业产业现实生产流程存在脱节现象,对前沿技术追踪及创新模式吸纳乏力。在科技迅猛发展的时代浪潮下,农业产业已然成为新技术、新模式的孵化沃土,诸多颠覆性创新成果不断涌现。反观学校课程体系,更新迭代滞后,未能与时俱进地将前沿动态融入教学内容,致使学生构建的知识框架和能力模型与产业前沿需求渐行渐远,无法精准对接产业发展脉搏,难以在毕业后迅速适应产业革新带来的挑战。

2. 科研与产业融合之浅

1)科研成果转化困难

学校的科研工作应紧密围绕农业产业的实际问题展开,但目前科研成果转化面临诸多困难①②。其一,部分科研项目呈现出理论研究过度倾斜态势,对实践应用效能的斟酌严重缺位。在科研推进过程中,过度聚焦于理论体系的架构与雕琢,忽视了农业产业作为应用终端的切实诉求,致使科研产出与产业实际需求之间产生显著鸿沟,难以切实落地生根,赋能农业产业发展。究其根源,科研人员在项目策划与实施阶段,往往因深入农业产业一线调研的广度与深度不足,对生产、经营、管理等环节的现实困境缺乏精准洞察,进而致使研究路径偏离实际需求轨道,所获成果无法有效填补农业产业实践中的技术与知识空白。其二,科研成果转化机制与平台的缺失构成核心梗阻。学校科研阵营与农业企业实体之间,信息交互渠道梗阻不畅,极大程度迟滞了科研成果商业化、产业化的步伐。在缺乏完备转化机制的情境下,科研成果仿若被禁锢于实验室的"孤岛",难以逾越重重障碍迈向广袤的田间地头,成为制约农业产业借由科研创新之力实现迭代升级的关键短板,使得前沿科研成果无法及时转化为现实生产力,为农业发展注入动力。

2)科研对产业发展的支撑不足

学校科研对于农业产业发展理应起到关键的支撑作用,然而当前其贡献却并不突出。科研成果在数量和质量上都存在不足,难以契合农业产业现代化发展的迫切需求。首先,农业产业现代化进程中需要大量先进、实用的科研成果来推动技术革新与生产效率提升,但目前的科研成果无论是在数量上还是在创新性、实用性等质量方面都有所欠缺。其次,科研对农业产业的前瞻性研究和战略规划的缺乏,使得农业产业在发展过程中缺乏科学指引。尤其是在农业产业结构调整和农业生态环境保护等重要领域,由于缺乏深入的科研支撑,农业产业发展方向模糊,策略不明确,难以实现可持续发展。最后,科研与产业协同创新能力的不足,也阻碍了创新合力的形成,无法有力推动农业产业的升级发展。

3. 产业与教育、科研融合协同机制之缺

1)缺乏有效的沟通协调机制

在"产科教"农业园区融合育人的进程中,产业、教育、科研的紧密结合至关重要,但当前

① 张二金.高校科技成果转化:理论框架,现实困境与未来图景[J].江苏高教,2024(1):58-63.

② 闵华,鲍悦华.后"三权下放"时代我国高校科技成果转化活动存在问题与对策分析[J].中国高校科技,2022(11):8-14.

三者间沟通协调机制的缺失成为突出问题①。农业企业、学校和科研机构各自独立运作，信息难以共享，合作交流平台匮乏。农业企业在生产中遭遇的技术难题无法及时传达至学校和科研机构，使得科研方向偏离实际需求，造成资源浪费。同时，学校和科研机构的教学及科研成果也难以顺畅地传递给农业企业，极大地影响了融合育人的成效。此外，不同部门的管理体制和评价标准各异，进一步加大了沟通协调的难度。这种状况导致产业、教育、科研无法形成合力，阻碍了农业产业的发展和人才培养质量的提升。

2)缺乏利益共享机制

在农业领域的协同发展格局中，农业企业遵循着追求经济效益最大化的底层逻辑，将盈利视为运营的核心导向，致力在市场竞争中斩获最优经济回报。学校肩负着为社会输送栋梁之才、赋能区域发展的重任，因而将人才培养质量的雕琢以及社会服务能力的夯实作为矢志不渝的追求，力求培育出德才兼备、适应时代需求的专业人才，并为地方发展贡献知识力量。科研机构则置身于学术探索前沿，一心专注于科研成果的孵化产出，渴望凭借前沿性、突破性的研究成果在学术殿堂中争得一席之地，累积深厚学术影响力。由于缺乏合理有效的利益共享机制，各方的利益诉求难以得到充分满足。在这种情况下，各方在合作过程中极有可能因利益冲突而产生矛盾，进而严重影响合作的稳定性和可持续性。利益分配机制的不健全使得产业、教育、科研之间难以形成紧密的融合关系，阻碍了资源的有效整合和协同创新，不利于农业产业的创新发展以及人才培养和科研成果转化的顺利推进。

(三)人才培养"拓界难"

1.校内统筹人才培养广度之问

1)专业结构与农业产业园区需求匹配度不足

农业产业的发展变化迅速，新技术、新产业、新业态不断涌现。然而，当前学校的专业结构与农业产业园区的实际需求之间存在较大的差距②。一方面，在农业教育领域，部分传统农业专业深陷课程体系与教学内容的滞后泥沼，前瞻性严重匮乏。具体而言，课程架构未能与时俱进地纳入现代农业发展前沿知识与关键技能模块，教学内容仍囿于陈旧理论与传统实操范式，致使其培养路径与现代农业产业园区对高素质人才的需求轨迹渐行渐远，难以孕育出具备前沿视野、创新思维以及多元复合技能，契合园区发展诉求的专业人才。另一方面，伴随农业产业的深度转型升级浪潮，智慧农业、农业大数据等新兴领域异军突起，成为驱动产业革新的关键力量，对适配人才的渴求愈发急切。然而，反观学校教育端，在这些前沿领域的专业布局与人才雕琢机制上却呈现出明显短板。专业设置未能精准锚定新兴领域人才需求痛点，课程研发滞后，实践教学资源匮乏，难以搭建起系统完备的人才培养架构，导致在新兴领域人才的"供"与"需"之间出现巨大缺口。

---

① 刘继安，徐艳茹，吴洪富，等.科教融合育人存在的问题、挑战与改革路径(笔谈)[J].中国高教研究，2024(9)：69-74.

② 孙晓宇，郭彩扣.职业教育专业与产业结构适应性研：以广西北部湾六市为例[J].天津中德应用技术大学学报，2023(6)：6-12.

2)耕读教育学习成果认证体系不完善

耕读教育作为农业教育体系中的关键构成要素,在塑造学生的农业情怀根基、锤炼实践动手能力以及激发创新探索精神等维度发挥着不可替代的重要作用,是为农业领域孕育复合型人才的核心育人路径之一。然而,审视当下耕读教育的实践生态,其学习成果认证体系仍深陷不完善的困境之中。具体而言,学生于耕读教育实践进程里所积累的丰富田间实操经验、实现的技能进阶跨越等宝贵学习收获,因缺乏规范化、制度化的认证流程与标准,难以转化为被教育体系正式接纳与认可的有效成果凭证。

3)农业行业职业素养培育深度不够

农业行业不仅需要专业知识和技能,更需要特定的职业素养。然而,目前在人才培养中,对农业行业职业素养的重视程度不够①。对农业从业者应有的坚韧不拔的品质、对土地的热爱以及对农业可持续发展的责任感等方面的培育较为欠缺。同时,农业行业的职业规范和道德准则也没有得到充分的强调。这使得培养出的人才在进入农业领域后,可能难以适应农业工作的特殊性和复杂性。缺乏深度的职业素养培育也影响了农业行业的整体形象和发展前景,使得农业行业难以吸引更多优秀人才的加入,阻碍了农业产业的创新和进步。

2. 校外统筹人才培养广度之思

1)农业产业园区人才培养功能布局不均衡

在校外人才培养的统筹规划进程中,核心聚焦点在于有机整合万州国家农业公园、区外诸多农业产业园等多元主体所蕴含的丰富资源,旨在耕读教育、游学实践、顶岗实习以及就业安置等各个关键环节精细雕琢,构建起一套各有侧重、功能分布科学合理的人才培育体系,以此为农业领域源源不断输送适配型人才。但剖析当下现实状况,农业产业园区在人才培养的功能规划与布局层面深陷不均衡的泥沼。部分园区受功利主义思维驱使,将目光过度聚焦于眼前的经济效益获取以及短期可见成果的速成,却漠视了人才培养本应遵循的长期性规律与系统性逻辑,未能为人才成长铺设稳固基石、提供持续滋养。与之相对,另有一些园区虽坐拥丰富资源,却囿于匮乏行之有效的资源整合策略以及协同合作机制,致使自身在人才培养维度的潜在优势被禁锢,难以充分释放效能。

2)职后培训机制与策略滞后

随着农业产业的快速发展和技术的不断革新,职后培训对于提升农业从业人员的专业素养和技能水平具有越来越重要的作用。然而,当前职后培训机制与策略滞后的问题较为突出。一方面,培训内容与方式深陷传统单一的泥淖,多聚焦基础理论灌输、陈旧实操范式,对智慧农业、农业电商等前沿领域涉及甚少,无法为从业者构筑复合型知识技能体系,难以匹配现代农业园区多元人才需求。另一方面,培训资源稀缺,教材陈旧、设备不足,师资队伍更是青黄不接,兼具理论与实践经验者寥寥,使得培训辐射范围窄、成效差。再者,因激励缺失,补贴、晋升激励难觅踪影,考核体系粗放,无法精准衡量学员成长,从业者参与热情低迷,极大限

① 张德文,许金波.高职院校职业素养教育的价值诉求,现实困境与路径选择:以无锡南洋职业技术学院为例[J].职业技术教育,2020(2):71-75.

制人才培养向广度、深度拓展。

3)人才培养流动性和互动性不足

校外统筹在人才培养上还需要解决的一个关键问题是人才培养的流动性和互动性不足。在当前农业教育与产业协同发展的格局下，学校同农业产业园区之间人才的流动与互动面临重重阻碍。在地域层面，二者地理位置上的分隔使得交通成本、沟通成本陡增，人员往来不便；在待遇方面，园区与学校在薪资福利、工作环境等条件上的差异，削弱了人才流动的意愿；在职业发展路径层面，园区晋升渠道不明晰、学校教学与科研任务分配不均等问题，让人才对跨界流动心存顾虑。如此一来，学校无法深度挖掘园区实践资源，园区也难汲取学校人才培养、科研转化之力。这不仅窄化人才培养范畴，拉低培养效率与成效，还易引发教育资源错配、重复投入，难以构建二者相辅相成、协同共进的理想生态。

(四)成果转化"跃级难"

1.科研成果与产业需求之离

1)科研选题偏离产业实际

学校的科研工作往往存在选题与农业产业实际需求脱节的问题[①]。一方面，不少教师深受传统学术评价体系影响，在课题选定过程中，将目光过度聚焦于学术价值的深挖，执着于高屋建瓴的前沿基础理论钻研，像对农业生物分子层面的精细探究、新兴农业信息技术底层架构的剖析等。这类研究虽具理论开创性，却与当下农业产业亟待攻克的现实难关，诸如农产品质量安全提升、农业面源污染治理、传统农业向智慧农业转型困境等相去甚远，实践指导意义匮乏。另一方面，科研选题环节缺乏扎根农业产业实地的扎实调研。农业园区作为产业核心聚集区，有着丰富且亟待解决的个性化问题，如特色农产品保鲜技术瓶颈、园区智能化管理系统的实操难题等。但学校科研选题常因未深入其中洞察需求，导致成果与园区实际应用场景严重脱节，难以转化为助力园区发展的现实生产力。

2)产业需求挖掘深度不够

农业产业的需求复杂多样且处于动态变化之中，目前对产业需求的挖掘往往浮于表面[②]。一方面，于农业产业动态演进进程中，未能精细解构不同发展阶段独有的需求特性。尤其在产业迈向升级转型的关键节点，对诸如智能农业装备、绿色生态种植工艺等新技术、新工艺的渴求极为急切，然而科研端因调研剖析深度欠缺，难以精准锚定这些攸关产业突破的核心需求，致使科研方向出现偏差。另一方面，面对农业产业与多领域交叉融合催生的广阔创新空间，科研团队缺乏对潜在需求的敏锐捕捉能力。随着农业与物联网、生物技术、生态环保等领域深度渗透，诸多新兴需求隐匿其中，像农业碳足迹精准管控、农产品区块链溯源等潜在应用场景亟待开发，但由于挖掘浅尝辄止，无法及时洞察，使得科研成果宛如无的之矢，难以与产业现实需求精准匹配，最终造成转化率低迷的困境。

---

① 屈佩斯，高涵.教育科研质量评价的偏离与回归[J].高教论坛，2021(12)：79-81.

② 王婉，王伟.基于产业需求的科研立项与成果转化机制研究[J].科学管理研究，2014(5)：36-39.

3)缺乏产业专家参与科研

科研工作往往由学术专家主导,他们在理论研究方面具有深厚造诣,但可能对产业实际需求的了解不够深入。产业专家拥有丰富的行业经验和对市场动态的敏锐洞察力,他们能够准确把握产业发展的痛点和方向。然而,由于缺乏产业专家参与科研,科研项目在选题、设计和实施过程中可能与产业实际需求偏离。这使得科研成果难以在产业中得到有效应用,降低了成果转化的幅度。同时,也导致科研与产业之间的沟通不畅,无法形成良好的互动和协同效应,阻碍了农业园区融合育人的深入发展,使得科研成果难以真正服务于产业升级和人才培养。

2. 科研成果转化机制之匮

1)缺乏有效的政策支持

目前,对于"产科教"融合育人模式下的成果转化,缺乏完善的政策支持体系①。一方面,政府在关键扶持举措上发力不足。资金投入维度,农业科研成果迈向转化落地阶段,对资金的需求呈海量之势,从实验室研发到田间试验、市场推广皆需重金支撑,然而学校作为科研主力,所获科研经费捉襟见肘,无力承担全流程转化成本;税收优惠层面,政策激励的缺失使得企业与社会资本面对成果转化项目时瞻前顾后,参与积极性受挫,资金注入渠道受阻。另一方面,政策法规在核心细则制定上含糊不清。知识产权保护范畴内,成果转化时知识产权归属界定模糊,易引发主体间的权属争端;利益分配环节,各方在成果收益占比、分配时机等关键问题上缺乏明确指引,纠纷频现,极大阻碍了成果转化的流畅推进。

2)缺乏专业的成果转化服务机构

在农业科研成果转化链路中,专业服务机构扮演着不可或缺的枢纽角色,其应在技术评估、市场推广、法律咨询等关键节点提供精准助力,然而当下此类专业机构存在显著缺位现象。从技术评估层面审视,专业技术评估机构的匮乏使得科研成果宛如蒙尘明珠,其蕴含的技术先进性、创新性以及潜在市场爆发力难以得到科学量化与精准洞察。这直接导致企业在面对琳琅满目的科研成果时,仿若置身迷雾,缺乏精准筛选合作项目的有效标尺,决策陷入盲目。聚焦市场推广维度,由于专业推广机构的稀缺,诸多具有应用潜力的科研成果被困于实验室,无法突破信息屏障,及时、有效地触达农业园区与企业等目标受众,极大限制了成果的普及范围与应用深度。再者,于成果转化的法治护航环节,专业法律咨询机构的缺失使得法律风险敞口大开。在知识产权界定、成果交易合同拟定等关键流程,一旦出现纠纷,难以及时化解,徒增成果转化不确定性,为其顺利推进埋下隐患。

3)利益分配机制不健全

成果转化涉及学校、科研人员、农业园区和企业等多个主体,合理的利益分配机制是确保成果转化顺利进行的关键。但目前利益分配机制不健全,各方的利益诉求难以得到平衡②。一方面,学校及科研人员出于对自身发展的考量,侧重追求可观的经济收益以保障科研持续

① 付八军.破解高校科技成果转化的体制性障碍[J].国家教育行政学院学报,2024(1):69-78.

② 龚敏,江旭,高山行.如何分好"奶酪"?基于过程视角的高校科技成果转化收益分配机制研究[J].科学与科学技术管理,2021(6):141-163.

投入,以及获取学术荣誉来提升业内影响力;与之相对,农业园区与企业立足市场本位,将重心置于严控成本、提升产品与服务的市场竞争力,以实现盈利最大化。另一方面,在至关重要的利益分配环节,由于缺乏精准明晰的衡量标准与操作规范,各方在科研成果流转、联合开发时,极易就知识产权所属、收益瓜分比例等关键议题滋生分歧,进而挫伤成果转化热情,迟滞转化效率。

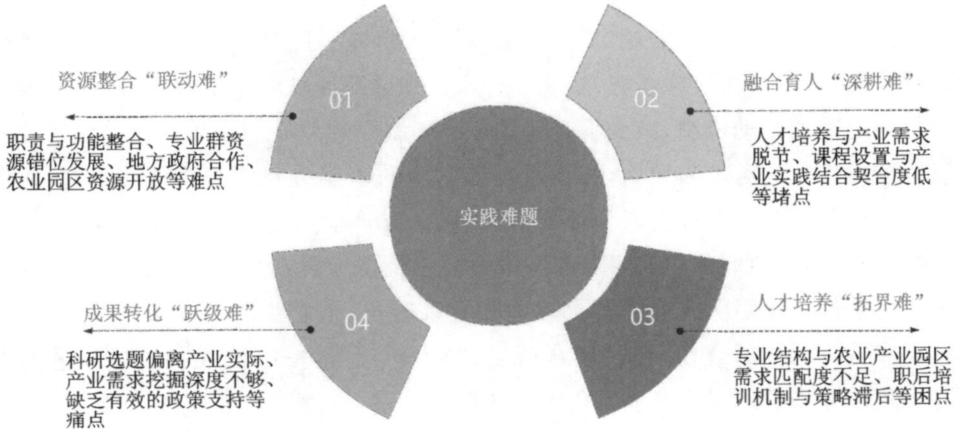

"产科教"农业园区融合育人实践难题剖析图

二、反思与展望

(一)完善"产科教"融合机制

1. 当前融合机制的现实与掣肘

国家层面已出台多项政策,如国务院办公厅印发的《关于深化产教融合的若干意见》,旨在推动产教融合,促进教育链、人才链与产业链、创新链的有机衔接。党的二十大报告也强调了推进产教融合的重要性,为"产科教"融合提供了政策导向和支持。同时,各地职业院校积极与企业合作,开展生产性实习实训、技术研发和成果转化等活动,推动"产科教"融合的实践探索。一些地区还建立了产教综合体、职教集团、产业学院等不同形态、不同类型的"产科教"平台组织,为融合提供了有力支撑。

但从目前实施的情况看,这一机制仍然存在一些显而易见的问题。首先,从政府层面来看,尽管出台了一系列鼓励和支持"产科教"融合的政策文件,但在实际执行过程中,政策的细化程度和落地效果仍有待加强。政策的配套措施不完善,导致企业和高校在参与过程中遇到诸多困难,如资金短缺、人才流动受限等。其次,在"产、科、教"一体化方面,高校作为知识创新和人才培养的摇篮,具有举足轻重的地位。然而,目前高校在课程设置、科研方向、实践教学等方面与产业需求存在一定的脱节。课程设置过于理论化,缺乏符合企业需求的高素质人才培养的实用性和创新性。再者,企业在"产科教"融合中往往扮演着技术需求方和成果转化方的角色。然而,由于企业在技术研发投入、人才储备、市场运作等方面的差异,企业在参与

"产科教"融合中的积极性和参与度参差不齐。有的公司缺乏技术革新的动力，对合作持观望态度；而另一些企业由于资金、技术等方面的制约，难以担当深度整合的重任。

2. 完善融合机制的路径与策略

完善"产科教"融合机制，需要明确其路径与策略，以确保产业、教育与科研三者之间的深度融合与协同发展。一是政策细化与落地。政府应进一步修订完善政策法律体系，以制度供给为抓手，明确多元主体的办学职责，充分调动政府、行业、企业、学校、科研机构等多元主体的活力。制定具体的操作层面的规定，如产教融合共同体项目申请和评审流程、政策落地的监测和评估机制等，以细化实施措施、步骤和标准。加强跨区域政策的配套和协同，构建不同区域政府部门之间的联动机制，减少不同地区标准和制度的差异和矛盾。二是课程设置与教学改革。学校应以产业需求为导向，在注重培养学生动手能力和创新精神的同时，对课程设置和教学模式进行调整。通过引入企业实践课程、建立产学研合作基地等方式，让学生在实践中学习和成长，提升他们的职业素养和竞争力。三是技术研发与成果转化。与企业研发机构共同组建自己的研发团队或开展技术攻关和成果转化，企业要加大技术研发投入。同时，加强与高校和科研机构的合作，通过联合研发、技术转让等方式，实现科技成果的商业化应用。四是人才培养与引进。建立多元化的人才培养体系，通过订单培养、定向培养等方式，为企业提供符合需求的高素质人才。同时，加强人才引进工作，通过设立人才引进计划、提供优惠政策等方式，吸引国内外优秀人才来园区工作和创业。五是平台建设与服务。搭建"产科教"融合平台，为高校、企业和科研机构提供信息共享、技术交流和合作洽谈等服务。通过平台的建设和运营，促进各方主体的深入交流与合作，推动"产科教"融合的深入发展。

（二）强化科技创新驱动

"产科教"农业园区作为农业科技创新和人才培养的重要平台，旨在通过产业、教育与科研的深度融合，推动农业科技创新和成果转化，培养适应现代农业发展需要的高素质人才。这一实践对于提升我国农业科技创新能力和推动农业现代化具有重要意义。

一方面要高度重视科技创新在农业园区开发中的作用。在现代农业园区的建设过程中，科技创新不仅能够提升农业生产效率和产品质量，还能够推动农业产业的转型升级和可持续发展。通过引进先进的农业技术装备，可实现对农业生产过程的精确控制和优化管理，实现农业增效、增产。同时，科技创新还能够推动农业生产方式的变革，如智能化、自动化等技术的应用，可以大大减轻农民的劳动强度，提高生产效率。此外，通过优化农业生产技术和管理模式，可以实现对农产品品质的有效控制和提升。例如，通过引入绿色生态农业技术，可以减少化肥和农药的使用量，提高农产品的安全性和营养价值。农业产业的转型升级和多元化发展，可以通过引进新技术、新产业、新模式来促进。例如，通过发展智慧农业、数字农业等新兴产业，可以推动农业与信息技术的深度融合，提升农业产业的智能化水平和市场竞争力[①]。

另一方面要强化科技创新驱动的路径与策略。一是针对当前农业园区科技创新存在的

① 王茹，刘秋娥. 推动现代农业园区建设的思考[J]. 北方经济，2013(20)：39-40.

问题和不足，可以加大研发投入。政府应加大对农业科技创新的投入力度，设立专项基金或提供贷款贴息等政策支持，鼓励企业和高校开展农业科技研发活动。二是建立创新平台。搭建农业科技创新平台，为高校、企业和科研机构提供信息共享、技术交流和合作洽谈等服务。通过平台的建设和运营，促进各方主体的深入交流与合作，推动农业科技创新的深入发展。同时，加强对平台的管理和运营，保证平台持续有效地运转起来。三是加强人才培养。加强农业科技人才的培养和引进工作，通过设立人才引进计划、提供优惠政策等方式，吸引国内外优秀人才来园区工作和创业。同时，加强高校与企业的合作，通过联合培养、实习实训等方式，为学生提供丰富的实践机会和职业发展平台。四是推动成果转化。加强农业科技成果的转化和应用工作，通过建立产学研合作机制、设立成果转化基金等方式，推动科技成果的商业化应用。五是优化创新环境。优化农业园区的创新环境，通过完善基础设施建设、加强知识产权保护、提供融资支持等方式，为科技创新提供良好的发展环境。科技创新驱动需要政府、企业、教育机构等多方的共同努力和参与。在教育强国、中国式现代化和高质量发展的背景下，应不断加强基础研究、构建产学研用协同创新体系、优化科技创新环境、推动开放合作与国际交流等方面的工作，同时结合教育强国、中国式现代化和高质量发展的实际需求，制定针对性的策略措施，以推动科技创新驱动的高质量发展。

（三）促进产业融合发展

"产科教"农业园区作为农业科技创新、人才培养和产业升级的重要平台，通过融合产业、教育与科研资源，旨在提升农业综合竞争力和创新能力。这一实践不仅有助于培养适应现代农业发展需要的高素质人才，还能推动农业产业的转型升级和可持续发展。

一方面要高度重视产业融合在农业园区中的作用。在现代农业园区的建设过程中，产业融合不仅能够提升农业产业链的整体竞争力，还能够推动农业与第二、第三产业的深度融合和协同发展。一是通过优化农业产业链上下游的衔接和整合，可以形成完整的产业链体系，提高农业生产效率和产品质量。同时，产业融合还能够推动农业产业链的延伸和拓展，如发展农产品加工业、乡村旅游业等新兴产业，提升农业产业链的价值链和附加值。二是行业整合能够推动农业与第二、第三行业的深度融合和协同效应的提升。通过引入新技术、新产业和新模式，可以推动农业与信息技术的深度融合，提升农业产业的智能化水平和市场竞争力。同时，行业整合也能够推动形成收入来源多元化、盈利模式多元化的农业与金融、文化等行业的整合。

另一方面要促进产业融合发展的路径与策略。一是优化产业链布局。农业生产效率和产品质量将通过加强农业产业链上下游的协同与整合而得以提升。同时，促进农产品加工业、乡村旅游业等新兴产业的延伸和拓展，提升产业链和价值链附加值，促进农业产业链条的延伸和拓展。二是推动产业创新。加大农业产业创新发展力度，引进促进农业产业转型升级、多元发展的新技术、新产业、新模式。通过促进农业与信息技术的深度融合，开发智慧农业、数字农业等新兴产业；促进农业与金融、文化等产业融合发展，开发农产品电子商务、乡村休闲旅游等新兴业态[①]。三是加强品牌建设。加大农业品牌的打造和提升力度，促进农产品的知名度、影响力不断提升。通过创建特色农产品品牌，开展农产品品牌宣传活动，提高市场竞争力，增加农产品附加值。同时，加强农产品品牌的管理和维护工作，确保品牌能够持续发挥作用。四是促进产业融合平台建设。搭建产业融合平台，为农业产业链上下游企业和科研机构提供信息共享、技术交流和合作洽谈等服务。通过平台的建设和运营，促进各方主体的深入交流与合作，推动产业融合的深入发展。同时，加强平台的管理和运营工作，确保平台能够持续发挥作用。五是加强政策支持和引导。政府要通过制定相关政策和规划、给予资金扶持和税收优惠等方式，加大对农业产业整合的政策扶持和引导工作力度，鼓励企业、科研单位等积极参与到产业整合活动中来。同时，加强对产业融合活动的监管和评估工作，确保产业融合活动能够取得实效[②]。

（四）提升社会服务功能

在现代农业园区的发展中，"产科教"融合育人模式不仅促进了农业科技的进步和人才的培养，还极大地提升了园区的社会服务功能。该模式的实施，使农业园区不仅成为农业科技创新的摇篮，也将成为服务地方经济、推动农业现代化、推动乡村振兴的重要力量。

一是服务地方经济发展。"产科教"农业园区通过融合育人模式，将科研成果转化为实际生产力，为地方经济发展注入了新的活力。一方面，园区内的企业和科研机构通过技术转移和成果转化，推动了地方农业产业的转型和升级。这些科研成果的应用还带动了相关产业的发展，如农产品加工、农业观光等，使当地在提高农产品产量的同时，提高了质量。另一方面，园区通过提供技术培训和咨询服务，提升了当地农民的职业技能和素质，使他们能够更好地适应现代农业的发展需求。这些经过培训的农民，不仅成为园区科技成果的推广者和应用者，还成为地方经济发展的重要力量。二是推动农业现代化。"产科教"农业园区在融合育人的过程中，注重将现代科技手段引入农业生产，推动了农业的现代化进程。农业新品种选育、病虫害防治、农业智能化等方面，园区科研单位和企业都取得了显著成效，这些成果的运用，极大地促进了农业增产增效。同时，园区还通过推广先进农业技术装备，提升农业生产的科技含量和附加值。这些技术装备的应用，不仅使农产品增产提质，而且使农民增收的同时，也使农业生产成本得到降低。三是促进乡村振兴。"产科教"农业园区在融合育人的过程中，还积极参与乡村振兴工作。园区通过提供技术支持和人才支持，推动了乡村产业的发展和壮大。同时，园区还通过开展科技扶贫和文化扶贫等活动，提升了乡村的整体素质和竞争力。在科技扶贫方面，园区通过提供农业技术咨询和培训服务，帮助贫困地区农民提高农业生产技能和科技水平，从而增加他们的收入。在文化扶贫方面，园区通过举办农业文化活动、推广农业文化遗产等方式，提升了乡村的文化品位和吸引力。四是深化产学研合作。"产科教"农业园区在融合育人的过程中，不断深化产学研合作，推动了科技创新和人才培养的深度融合。园区企业和科研单位通过与相关院校和科研单位的合作，在科研课题、技术研发等方面共同

① 刘照润青.基于农业分区的陕西省现代农业发展水平评价[J].安徽农业科学，2018，46(3)：178-182.

② 秦真.乡村振兴战略背景下的农业经济管理优化研究[J].农业开发与装备，2023(8)：101-103.

攻关，取得了丰硕成果。同时，园区还通过共建实验室、实习基地等方式，为高校和科研机构提供了实践平台和人才培养基地。这些实践平台和人才培养基地的建立，不仅提升了高校和科研机构的科研水平和创新能力，还为企业提供了源源不断的人才支持和技术加持。

尽管"产科教"农业园区在融合育人的过程中取得了显著的成绩，但仍存在一些问题和不足。例如，在技术创新、成果转化等方面，园区企业、科研单位还存在一定困难；在人才培养上，高校和科研单位与产业需求的对接还需要进一步加强。针对这些问题和不足，我们可以采取以下措施：一是加大政策扶持和经费支持力度，为企业和科研单位提供更多的创新资源，为园区创新提供更大的动力；二是加强高校、科研单位与行业需求的对接与协作，促进人才培养与行业发展深度融合；三是强化园区社会服务功能，增强综合竞争能力，增强园区影响力。

（五）展望园区育人趋势

1."党建＋"园区堡垒夯实

未来，党组织在"产科教"农业园区建设中始终发挥引领方向的作用，始终保持与党的方针政策和国家法律法规的高度一致，确保园区的发展方向不偏离党的初心和使命。园区党支部和党员作为战斗堡垒的坚强后盾，是确保"产科教"农业园区发展的必然选择。通过加强党员思想教育，提升党员的政治觉悟和法治观念，使党组织真正成为园区发展的坚强领导核心。党组织进一步加强党员思想教育、开展党组织活动等方式，增强党员的政治意识和责任意识，为国家"三农"建设提供后备力量，有助于提升党员在园区建设中的积极性和创造性，激发党员的先锋模范作用。通过组织党员参与志愿服务、技术培训等活动，增强党员的凝聚力和向心力，为园区发展贡献力量。同时，党组织不断协调处理园区内的利益关系，确保园区发展可持续，充分发挥其协调作用，引导各方理性表达诉求，寻求共同利益点；通过建立健全的利益协调机制，确保园区内的和谐稳定，为园区发展提供良好的社会环境。

一方面，在推进"产科教"融合的过程中，党组织应发挥关键作用，通过整合资源、攻关难题和培养人才等策略，全面提升农业科技创新能力①。整合资源是"产科教"融合的基础。党组织的凝结可以更加深入发掘并利用园内的科研资源、教育资源和产业资源，推动三方深度融合。例如，通过引入先进的科研技术和管理经验，提升农业园区的科技含量和经济效益。同时，引导村民积极参与各类志愿活动，适当予以奖励，从而激发村民的积极性，促进农产品种植。攻关难题是"产科教"融合的核心。党组织的汇聚可以组织园内外的科研机构、高校和企业共同研究农业领域的难题，推动农业科技创新和成果转化。通过加强产学研合作，实现优势互补、资源共享，提高农业竞争力。培养人才是"产科教"融合的重要保障。党组织的后备资源强调人才培养工作，通过设立各类奖金、项目资金池、建立实训基地等方式，为农业领域培养更多高素质、专业化的人才。这些人才将为农业园区的持续发展提供有力支撑，推动农业科技的不断创新和应用。同时，党组织的与时俱进，可以将数字素养、人工智能、农业元宇宙纳入教育特色方向，通过培养高素质技术技能人才，为园区发展注入新动力。此外，动态调整的专业群，可以升级改造精

① 孟咪，潘英文."五治融合"激发基层社会治理活力[N].南宁日报，2023-05-05(05).

准对接产业链需求，为乡村振兴提供坚实的人才支撑。在德育方面，党组织可通过红色故事讲述等活动，培养师生爱国情怀、传统文化和农耕文化的认同感。通过与高校、科研机构的合作，引入更多先进技术和管理经验，提升农业园区的整体竞争力。同时，注重人才培养与市场需求的对接，打造更具特色的涉农专业群，助力乡村全面振兴。

另一方面，党组织作为乡村发展的领导核心，在引领方向、统筹协调、推动合作等方面扮演着关键角色，确保园区在符合国家政策导向和当地经济特点的基础上，充分发挥其示范带动作用，实现可持续发展，有效推动当地农业现代化的进程。通过建设"产科教"农业园区，展示农业现代化的成果和趋势，带动周围地区农业发展，引导农民转变传统农业观念，推动农业种植技术和管理水平的提升，为乡村振兴战略的实施奠定坚实基础①。引导园区内的企业加大投入，推动农业产业转型升级。通过引进先进的农业技术和设备，提高农作物的产量和品质，降低生产成本，提升农业的整体效益②。党组织也可以鼓励农民以土地、资金、技术等方式参与园区的发展，实现农民与企业的互利共赢。品牌建设是提升农产品竞争力和市场占有率的必要手段。党组织更加重视园区内农产品的品牌建设，通过加强质量控制、宣传推广等方式，提升农产品的知名度和美誉度，进一步增强消费者对园区农产品的信任度和忠诚度，能够促进农业产业的可持续发展。一是在方向引领上，党组织为园区发展提供坚实的政治保障。通过深入解读国家农业发展战略和当地实际需求，党组织为园区制定了符合政策导向和市场需求的发展规划。例如，针对畜牧产业的蓬勃发展，党组织精准对接畜牧产业链，整合优化专业群资源，通过建设亦师亦农结构化教学创新团队，编写"工作手册"式数字化教材，校企共同开展模块化教学、混合式教学的教法改革等一系列举措，实施"人工智能+"的涉农专业群升级改造，形成契合区域"三农"人才培养范式。二是在统筹协调方面，党组织为园区发展提供有力的资源保障。通过统筹协调园区内的各类资源，包括人才、资金、技术等，确保资源得到有效配置和充分利用。例如，针对农村电商产业的发展，党组织联合政府、区域电子商务协会和农村合作社开展"党旗引领、直播助农"活动，通过精心打造多个乡村振兴服务站，覆盖周边乡村，形成一张张庞大而有序的服务网络。三是在推动合作方面，党组织为园区发展注入强大动力。通过积极推动园区内的企业、高校、科研机构等建立合作关系，党组织共同推动农业科技的创新和发展。

2."农学+"专业交贯紧密

未来，在全面乡村振兴的征程上，师生学农报国意识逐渐增强，专业群之间交互更加频繁，精准教育更加科学，现代农学教育资源库建设更加丰富，专业集群凝聚合力更加明显，人才按需培养模式更加有效。根据现代农业产业对由"单一技能"向"一专多能"转变的人才培养要求，未来将海量培养"一懂两爱""一专多能"适应农业产业新质生产力的高素质复合型、创新型、国际化、技术技能型人才，培育能工巧匠、大国工匠，并推动农业产业的转型升级和可持续发展。

① 刘加夫.论文化扶贫在乡村振兴中的意义、作用及路径[C]//2018中国区域经济研讨会论文集，2018:254-257.

② 阿不力米提·阿不都热西提.农家肥积造施用技术模式探讨[J].新农民，2020(27):53.

专业群作为专业集聚在一起的虚拟专业共同体,体现了独立性与集合性的统一。内在结构组群方式要以优势特色学科为核心,将涉农其他多个相关内涵的专业组成专业群,同时对接“现代化科技农业、畜牧装备开发、生物育种、智慧养殖、动物防疫、投入品生产、大数据溯源屠宰加工”等产业集群,整体服务区域现代工业产业链发展。外部环境组群方式是以区域农业产业发展的产业群、产业链、岗位群设置等为依据,凸显静态性与动态性的协同统一。在坚持静态性专业基础上,遵循专业动态性。根据经济社会发展的大趋势,依据区域产业群布局、产业链、岗位群设置等进行专业群内部的优化和调整,包括新增专业及方向、撤销专业及方向、专业发展定位、专业人才培养定位、专业标准体系调整等,进而形成常态化的专业“设置—调整—退出”动态机制,使专业群的专业结构合理、内部资源整合优化①。最终,群内各项资源逐步形成技术领域相近、职业岗位相关、技术基础相通、专业资源共享的形态模式。各专业在理论基础、技术领域、职业岗位、人才培养模式、教学资源、实践条件、师资队伍等方面密切相关,优势明显,特点鲜明,集聚效应好,具有非常强的产业服务能力。

同时依托专业集群打造多元化、全方位的专业群人才培养定位,不断优化课程体系、强化实践教学、深化校企合作、提升师资队伍水平和创新人才培养模式等措施,为实现“三农”人才培养定位和目标提供有力保障②。“产科教”农业园区将更加注重专业集群的交互并用,以市场为导向,以就业为目标,通过不同专业集群,整合更多优质教育资源和人才资源。一方面,园区可加强与国内外知名大学、科研机构的合作交流;另一方面,园区可加强与企业和社会组织的合作与交流,推动人才培养的多元化和市场化。这种多元化的人才培养模式,对于培养更多具有创新精神的高素质人才和具有实践能力的优秀人才大有裨益。同时,这种模式也将为园区提供更多的创新资源和人才支持,推动园区绿色健康可持续发展,有效促进综合创新能力的提升。

3.“园区+”产业沃野千里

面向未来,园区服务范围不断扩大,更加注重国际交流与合作。随着“产科教”农业园区的不断发展,持续优化育人环境将成为园区发展的重要方向。这包括加强基础设施建设、完善服务体系、提升管理水平等多个方面。通过不断优化育人环境,园区将为学生和企业提供更好的学习、工作和生活条件,从而吸引更多的国内外高素质人才和创新资源来到园区。一方面,园区将加强与高校和科研机构的合作,共同开展科研项目和技术研发,推动科技创新和成果转化;将加强与国外知名高校、科研机构的合作与交流,引进更多的国际先进技术和人才资源。另一方面,园区将加强与企业的合作,共同开展人才培养和实习实训活动,提升学生的实践能力和职业素养;将加强与国际农业组织和企业的合作与交流,提升园区的国际竞争力和国际影响力,同时也为园区提供更多的国际资源和合作机会,推动园区的国际化发展和创新能力的提升③。

---

① 黄海建.职业教育专业群建设的逻辑、路径和方法论[J].南宁职业技术学院学报,2022,30(6):19-23.

② 齐玉水,吴连书.完善治理结构培养经济社会需要的应用型人才[C]//环渤海高校本科教育质量提升高峰论坛论文集,2017:136-142.

③ 程青青.西宁国家农业科技园区管理模式及发展对策研究[D].西宁:青海大学,2023.

一是推动"园区＋基地＋农户"发展。立足园区农产品加工产业优势，构建现代农业产业链，积极发展订单农业，努力打造现代农业基地，创建绿色种植畜养示范基地。同时依托国内外先进企业食品、饲料、生猪全产业链等优势资源，建成生猪扶贫代养场，不断增加农户收入。二是实施"园区＋物流＋电商"行动。签引电商销售入园，构建冷链物流体系，促进农产品线上线下融合，与线上销售平台如阿里巴巴、京东等电商企业合作建设农村电商服务中心和站点；同时利用本土电商平台实现全面上线销售，并与广泛客商达成营销协议，促进重庆优势大宗商品如柑橘、烤鱼等出口销售。三是探索"园区＋旅游＋文化"模式。结合产业特色，发掘园区和企业文化，打造农业透明化工厂，建设农业体验馆、涉农产业园、观感中心等工业旅游基地发展工业旅游；以农业原料基地为依托，结合人文资源，打造地方观光旅游产业特色，开展柑橘节、烤鱼节以及三峡美食文化节等旅游观光活动促进产业纵深发展。这种深度融合的"园区＋"培养模式，不仅有助于提升学生的综合素质，增强学生的竞争能力，更重要的是促进了产业的转型升级。同时，这种模式也将为园区提供更多的高素质人才和创新资源，推动园区的持续发展和创新能力的提升。

4."创新＋"发展新益求新

未来，"产科教"农业园区发展能够滋长创新的种子，延续新的农业革命。实践育人更加扎实，创新创业能力更加突出，"产科教"农业园区将更加注重实践教育和创新创业能力的培养。一方面，园区将加强对实习实训基地的建设和管理，为学生提供更多的实习机会，提供更多的实践锻炼平台。另一方面，园区将加大创新创业教育培训活动力度，增强创新创业能力，增强学员的动手能力①。这种强化实践教育、培养创新创业能力的模式，对学生动手能力和创新精神的培养都会有很大的帮助。同时，这种模式也将为园区提供更多的创新创业资源和人才支持，推动园区的创新创业活动和产业的发展。农业科技创新更加先进，农业成果转化更加多产。一方面增加园区农业科技创新元素、促进农业科技研发转化。另一方面，园区将加大力度推广应用科技成果的产业化、商品化，加大力度推广应用科技成果。同时，这种模式也将为园区提供更多的创新资源和科技成果支持，推动园区的持续发展和创新能力的提升。社会责任感更加强烈，可持续发展更加科学。一方面，园区将加大社会责任教育培训活动的力度，促进学生增强社会责任感和学农兴农的"三农"使命，提升公民的"一懂两爱"意识。另一方面，园区将加强可持续发展理念的宣传和推广工作，推动园区的可持续发展和绿色转型。这种强化社会责任、可持续发展的模式，对培养学生的社会责任意识和绿色环保意识会起到非常大的帮助作用。同时，这种模式也将为园区提供更多的社会责任和可持续发展支持，推动园区的可持续发展和绿色转型。"产科教"农业园区融合育人模式作为推动农业现代化和乡村振兴的重要力量，具有广阔的发展前景和巨大的发展潜力。通过不断提升社会服务功能、深化产学研合作、优化育人环境等措施，可以更好地推进"产科教"融合育人模式的发展和创新能力的提升。同时，也应关注并应对未来可能出现的挑战和机遇，以更加开放和包容的心态迎接未来的变革和发展。

① 贾佳仪. 区域产业协同创新项目选择评价研究[D]. 长沙：湖南大学，2016.

总之，在现代化农业产业发展与园区升级中，"产科教"融合的重要性愈发凸显，它不仅能够有效缓解人才培养与产业需求之间的矛盾，还能通过资源共享、优势互补，推动行业的整体升级。以职业教育为例，中国正在积极推进市域"产科教"联合体和行业"产科教"融合体建设，这一举措旨在加强职业院校与企业之间的合作，实现教育链、人才链与产业链、创新链的有效衔接。通过合作办学、合作育人、合作就业、合作发展等多种方式，使职业院校培养的毕业生能够更好地满足企业的实际需求，从而提高毕业生的就业质量和企业的竞争力。同时，这种紧密的"产科教"融合还能够促进技术创新和成果转化，为行业的持续发展提供源源不断的动力[①]。因此，完善"产科教"融合机制需要从政策供给、资源共享、信息交流、教学改革、目标定位、企业参与、体制机制创新、师资队伍建设以及科技成果转化等多个方面入手，以党建为引领，以农业为目标，以专业为载体，以产业为需求，以创新为动力，形成全方位、多层次的农业园区融合体系。这将有助于推动产业、教育与科研的深度融合与协同发展，为经济社会发展和产业升级提供有力支撑。加强"产科教"融合是行业发展的必然选择，也是实现农业园区高质量发展的关键路径。

"产科教"农业园区将按照《教育强国建设规划纲要(2024—2035年)》文件精神指引，坚持以习近平新时代中国特色社会主义思想为指导，深入贯彻党的二十大和二十届二中、三中全会精神，全面贯彻习近平总书记关于教育的重要论述，塑造立德树人新格局，加快建设现代职业教育体系，培养大国工匠、能工巧匠的高技能人才；建设学习型社会，以教育数字化开辟发展新赛道，塑造发展新优势；建设高素质专业化教师队伍，筑牢教育强国根基；深化教育综合改革，激发教育发展活力；根植中国大地办教育，完善教育对外开放战略策略，让"产科教"农业园区扎根土壤，焕发生机，续写和美乡村的壮丽诗篇，描绘绿意盎然的生动图景，接续培养以身献农的"大国工匠"，同时为中国式现代化夯实农业农村基础，开创乡村全面振兴新局面，为全面建成社会主义现代化强国、全面推进中华民族伟大复兴提供有力支撑。

① 张楠. 探索现代学徒制在职业教育中人才培养模式的构建[J]. 当代教育实践与教学研究(电子刊)，2018(6)：379-380.